사계절 천체 관측

사계절 천체 관측

베르너 E. 셀닉 + 헤르만-미카엘 한 지음
김지현 옮김·김순욱 감수

북스힐

차례

관측 천문학-당신의 새로운 취미 6

낮의 천문학 9

일상에서 볼 수 있는 천문 현상 10

어두워지기 전 24

밤의 천문학 29

맨눈으로 관측하기 30

행성과 친구들 42

망원경에 대한 간단한 지식 61

쌍안경과 망원경 62

천문 가대 74

태양계의 천체 87

달-우리와 가장 가까운 이웃 88

태양의 관측 94

행성의 관측 104

별, 성운, 은하 ········· 139

별-우주의 불빛 ········· 140

가깝고도 먼 은하 ········· 156

천체 사진의 실제 ········· 177

필요한 장비 ········· 178

고정된 카메라로 촬영하기 ········· 181

추적 가능한 카메라로 촬영하기 ········· 185

망원경을 이용한 촬영 ········· 189

디지털 사진 보정 ········· 194

행성 사진과 장비 ········· 197

행성 사진과 촬영 ········· 202

행성 사진과 보정 ········· 209

부록 ········· 214

관측일지 ········· 214

별자리 지도 ········· 216

참고문헌 ········· 222

찾아보기 ········· 225

이미지 출처 ········· 229

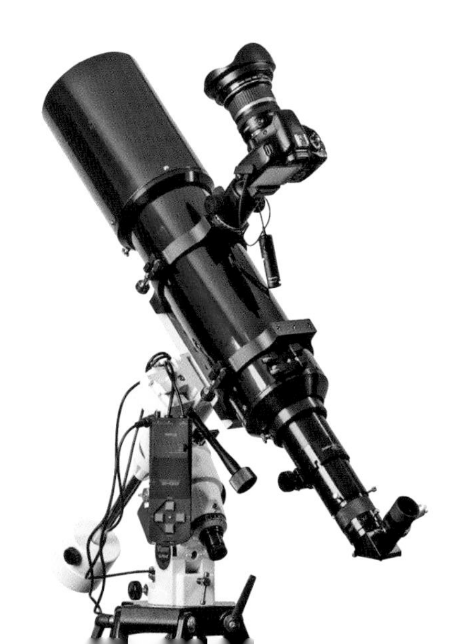

관측 천문학-
당신의 새로운 취미

시원한 여름밤, 하늘은 반짝이는 별로 가득하다. 우연히 공공 천문대나 천체투영관을 방문한 당신의 마음속에 놀라운 우주를 탐색하고 싶은 마음이 타오른다. 당신이 무엇을 생각하든, 탐색할 것은 무궁무진할 것이다!

관측 천문학은 경이로운 취미다. 이 책의 저자인 우리 두 사람은 모두 과학자로서 객관적이고 냉철하며, 자연 현상을 과학적으로 세심하고 정확하게 포착하고, 정보와 데이터를 모으고 조사하는 데 익숙한 사람들이다. 그럼에도 가장 오래된 과학인 관측 천문학은 우리에게 늘 경이롭기만 하다. 우리는 시간이 날 때마다 어두운 밤하늘이 선사하는 우주의 아름다움을 눈에 담는다. 때로는 맨눈으로, 때로는 망원경이나 카메라로 말이다.

수많은 천체와 천문 현상은 조금만 주의를 기울이면 맨눈으로도 관측할 수 있다. 하지만 그 외의 경우에는 적절한 도구가 필요하다. 특히 천체의 빛이 약하다면 더더욱 그렇다. 쌍안경이나 작은 망원경은 취미로 천문 관측을 막 시작한 아마추어 천문학자들에게 적합한 도구다. 우리는 가게에서 수많은 종류의 장비들을 찾아볼 수 있지만, 초보자가 관측 장비의 사용법과 활용법을 온전히 익히기는 힘들기 마련이다. 이 책은 여기에 도움을 주기 위해 최선을 다할 것이다.

창백한 회색빛으로 차오르는 달

별과 친구가 되고자 하는 마음가짐과 장비까지 마련했다면 이제는 중요한 질문으로 넘어갈 차례다. 이것으로 하늘에서 무엇을 관측할 수 있을까? 울퉁불퉁한 달의 표면을 관측하는 것도 물론 대단하지만, 이것만으로는 부족하지 않을까? 맨눈으로 식별 가능한 3,000여 개의 별을 하나하나 조사하는 것은 너무나 지루한 작업이다. 그렇다면 무엇을 하면 좋을까? 여기로 되돌아온 당신에게 조언을 해주자면, 주변에 위치한 공공 천문대를 방문해서 그날 관측 가능한 천체를 관찰해 보라는 것이다. 공공 기구를 이용하는 것도 괜찮지만 자신의 장비를 이용하면 더욱

멀리 떨어진 수많은 별들이 함께 만들어낸 은하수. 어두운 부분은 성간먼지로 이루어진 성운이며, 빨간 반점들은 뜨거운 별들에 의해 빛나는 가스다.

좋을 것이다.

이 책을 차분하게 정독하고, 지침서로 활용하라. 계획적으로 관측하고, 관측일지를 작성하라. 관측일지에는 관측한 것과 자신만의 문제 해결법을 기록하는 것을 추천한다. 스스로의 경험을 곱씹을수록 더욱더 성장해 가는 자신을 발견할 수 있을 것이다. 앞으로 나아가라. 비록 아마추어 천문학자의 세상이라도 전문가는 하루아침에 하늘에서 뚝 떨어지지 않는 법이다!

이 책은 하늘에서 관측 가능한 천체에 대해 다루고, 해와 달을 비롯해 다양한 행성들을 소개한다. 우리가 이미 잘 알고 있는 이러한 천체들은 아마추어 장비로도 관측할 수 있다. 그다음에는 별들과 저 멀리 떨어져 있는 은하를 관측하는 법으로 넘어간다. 우리는 작은 망원경으로도 아득히 멀리 떨어진 다양한 천체에 다가갈 수 있다. 이 책은 또한 관측 목표에 적합한 장비와 이러한 장비의 사용법에 대해서도 이야기한다. 우리는 당신이 장비 활용법을 배우고 관측 목표를 적절하게 선택하는 법을 익힐 수 있도록 최선을 다할 것이다. 취미로서의 관측 천문학이 당신에게 더 많은 기쁨을 안겨 줄 수 있도록 말이다.

다른 아마추어 천문학자를 만나 정보를 교환하고 도움을 주고받고 싶은가? 수많은 지역 천문 모임을 찾아보라. 혹은 '별의 친구 모임www.sternfreunde.de' 등과 같은 다양한 인터넷 모임이 도움이 될지도 모르겠다.

그럼 최고의 취미활동인 천문학에서 행복을 찾고, 즐겁게 하늘을 관측하길 바란다!

베르너 E. 셀닉
헤르만-미카엘 한

낮의 천문학

일상에서 볼 수 있는 천문 현상

안타깝게도 우리 지구는 천체 관측을 하기에 이상적인 장소가 아니다. 대기는 별빛의 일부를 흡수하고, 자전과 공전은 관측 방향에 혼선을 불러일으킨다.

왜 하늘은 파란색일까?

구름 없이 맑고 푸른 겨울 하늘 아래, 눈 쌓인 산 위에 서 있는 사람이라면 이 질문에 대한 대답에 한 발짝 다가갔다고 말할 수 있다. 하얀 눈은 다른 흰색 물체와 마찬가지로 모든 색깔의 빛을 균일하게 반사시킨다. 눈 쌓인 풍경을 사진으로 찍어 보면, 햇볕이 내리쬐는 부분만이 실제로 하얗게 보인다는 사실을 알 수 있을 것이다. 반대로 응달에 있는 눈은 하늘의 파란색만을 반사시킬 수 있으므로

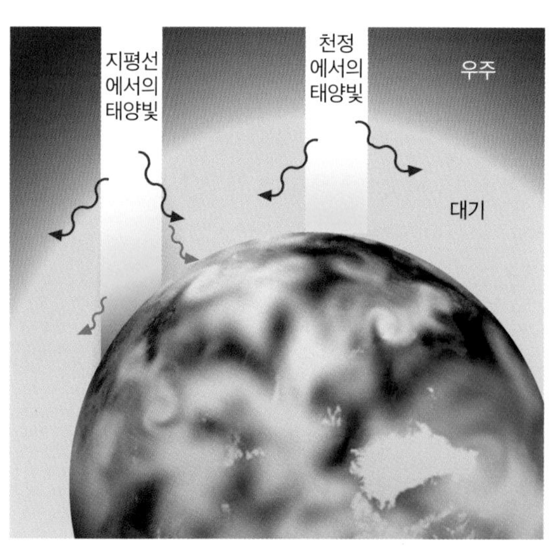

붉은 노을빛과 푸른 하늘. 빛이 직선으로 떨어질 때 빛은 비교적 짧은 경로로 대기를 통과하며, 따라서 파장이 짧은 (파란)빛이 하늘을 물들인다. 반면 해가 지평선을 향해 갈 때면 빛은 비교적 긴 경로로 대기를 통과하며, 긴 파장의 (붉은)빛이 남게 된다.

푸른색을 띤다. 하지만 태양은 노란빛으로 빛나지 않던가? 적어도 하늘 높이 떠 있는 그 순간에는 말이다. 그렇다면 눈은 왜 노란색이 아니라 흰색으로 보이는 것일까?

눈의 증명

하늘의 푸른빛만을 반사할 수 있는 응달의 눈은 푸른빛으로 보이지만 햇빛 아래의 눈은 하얗게 빛난다. 이때는 파란 하늘빛과 노란 태양빛을 모두 반사시키는데, 파란빛과 노란빛을 더하면 하얀빛이 되기 때문이다. 반대로 말해, 하얀빛에서 파란색을 완전히 혹은 일부 산란시키면 노란빛이 된다. 바로 이러한 일이 지구의 대기에서 발생하며, 때문에 태양의 흰빛이 푸른 부분을 잃고 노랗게 보이게 된다.

그렇다면 이제 어떻게 하얀 태양빛이 분산되고, 하늘은 왜 파랗게 보이는 것이며, 태양은 왜 뚜렷하게 하늘에서 구분되는지 알아보도록 하자.

다시 한 번 자세히 관찰해 보자. 태양은 오직 하늘 높이 떠 있을 때만 노란빛으로 보인다. 반대로 지평선에 가까워질수록 태양은 노란빛이 도는 주황색에서 주황색으로, 종국에는 붉은빛으로 보인다. 이를 보고 태양의

눈 쌓인 풍경. 여기서 눈은 하얗게 보이거나 푸르게 보인다.

색깔이 스스로 바뀐다고 생각하는 사람은 거의 없을 것이다. 그렇다면 이를 설명하기 위해서는 반드시 다른 이유가 있어야만 한다. 어쩌면 이것이 하늘이 파란색인 이유와 관련이 있지 않을까? 왼쪽 그림을 살펴보자. 오른쪽에는 높이 떠 있는 태양이 보인다. 이때 대기를 통과하는 빛의 경로는 비교적 짧다-빛은 지상에서 50 km 정도 떨어진 두꺼운 대기층을 수직으로 통과하기만 하면 된다. 왼쪽은 지평선에 가까운 해를 나타낸다. 대기의 윗부분까지는 흰색 태양빛이 도달하지만, 정작 지상의 관측자는 붉게 빛나는 태양과 붉은 하늘만을 볼 수 있다. 기하학적으로 굳이 측정해 보지 않아도 그림을 살펴보면 태양빛이 대기 바깥에서부터 비스듬하게 대기층을 통과해야 하며, 두꺼운 대기층을 통과하는 경로가 첫 번째보다 훨씬 길다는 것을 알아차릴 수 있을 것이다. 따라서 태양과 하늘은 붉게 빛나게 된다(물론 햇빛이 비치는 산 위의 눈도 저녁 햇살을 받으면 붉은빛을 띤다). 태양빛이 긴 경로로 대기를 통과하는 과정에서 원래의 흰 색깔을 잃어버리기 때문이다. 다른 파장의 태양빛은 이를 통과하지 못하기 때문에 태양은 낮에 비해 어두우며, 낮만큼 따뜻하지도 않다. 이때도 태양은 지평선 가까이가 아닌 몇백 킬로미터 높이의 서쪽 하늘을 조금은 푸른빛으로 물들인다. 태양빛에서 남은 중간 길이의 노란빛 파장마저도 걸러지고 나면 마지막에는 붉은빛의 공 모양만 이 하늘에 남는다.

문제 해결

다시 말해 푸른 하늘은 빛의 산란 과정에 따른 부산물이다. 지구 대기 내에서 발생하는 이러한 산란 과정은 대기를 통과하는 빛의 경로가 길수록 효과가 더 커지는데, 푸른빛에서 더욱더 뚜렷하게 관찰된다. 영국 물리학자 존 윌리엄 레일리경은 19세기에 관찰을 통해 이러한 사실을 밝혀냈다. 하늘의 색깔을 결정짓는 것은 대기에 흩어져 있는 원자와 분자들이다. 이 원자와 분자들이 햇빛을 받으면 잠시 동안 전기가 통할 수 있고, 이로 인해 발생한 초과 에너지(빛)는 즉시 주변 환

해질녘의 금성과 목성. 어디에 위치해 있는지만 안다면 금성은 낮에도 찾아볼 수 있다.

경으로 되돌아간다. 그리고 이렇게 외부에서 원자와 분자들에 쏟아진 에너지는 주변 모든 방향으로 '반환'할 수 있기 때문에, 발생한 빛의 일부는 원래 외부에서 받은 에너지(빛)의 방향에서 빠져나와 다른 모든 방향으로 '산

해질녘과 동틀녘에는 하얀 태양빛 중 붉은빛만이 대기를 통과한다.

22도의 고리 모양 햇무리는 빛이 높은 곳에서 얼음 결정에 의해 굴절되어 발생한다.

란'된다.

빛에 대해 더 정확히 이해하기 위해 물리 모형을 이용해 보자. 물리에서 빛은 (그리고 다른 전자기파 광선들은) 각기 다른 진동수와 파장을 가진 파동으로 설명할 수 있다. 이때 각 색깔의 빛은 각기 다른 파장을 갖는다. 예를 들어 파란빛은 420~480 nm나노미터의 파장(1 nm는 10억분의 1 m)을, 빨간빛은 640~800 nm의 파장을 가진다. 공기 분자는 이 파장보다 50~100분의 1배 정도 작다. 1861년 레일리경은 파장의 크기가 산란과 큰 연관이 있으며, 이를 통해 색깔을 분리할 수도 있다는 사실을 발견했다.* 빛의 파장이 짧을수록 산란 시 빛은 크게 굴절된다. 따라서 파란빛은 빨간빛에 비해 16배 더 강하게 산란된다.

하늘이 낮 동안 파랗게 보이는 것은 이 때문이다. 푸르게 빛나는 하늘은 아름답지만 천문학적 관점으로 보았을 때는 큰 단점이 된다. 낮에 별을 맨눈으로 볼 수 없을 만큼 밝기 때문이다. 다만 달과 금성은-운이 좋으면 목성도-예외적으로 하늘이 밝더라도 맨눈으로 관측할 수 있다. 여기에서 우리는 낮하늘이 밤하늘에 비해 약 1만 배 정도 밝다는 결론을 이끌어낼 수 있다.

* 그래서 레일리 산란이라고 한다.

대기 현상

흰 태양빛이 사실은 다양한 색깔로 이루어져 있다는 사실은 무지개를 통해서도 알 수 있다. 무지개는 태양광이 빗방울을 만나 반사되면서 발생한다. 빛은 빗방울의 표면에서 반사되는 것이 아니라-만약 그랬다면 산란된 색이 선이 아닌 점으로 나타날 것이다-방울 안쪽까지 뻗어나가 유리 렌즈에서와 마찬가지로 "부서진다." 즉 직선으로 뻗어 나가다가 굴절되어 빗방울 뒤쪽에서 반사된다. 이러한 빛의 굴절은 파장과 큰 관련이 있기 때문에 푸른빛은 붉은빛에 비해 더 크게 굴절된다. 이렇게 산란 및 반사된 빛은 빗방울의 앞쪽으로 빠져나가면서 다시 한 번 굴절된다. 이번에도 푸른빛은 붉은빛에 비해 더 크게 굴절된다. 우리가 바깥쪽은 빨갛고 안쪽에는 파란색이 있는 무지개를 볼 수 있는 것은 이 때문이다. 무지개는 보라색-남색-파란색-초록색-노란색-주황색-빨간색으로 총 7개의 색깔로 분리되어 보인다. 숫자 7은 이 때문에 과거에 세상의 완전함을 의미하기도 했다.

햇무리를 비롯해 다양한 무리 현상(광륜), 헐레이션halation과 무지갯빛 구름(채운) 등의 대기 현상들도 마찬가지로 어떠한 매개체가 태양광이나 달빛을 다양한 색깔로 분산시키고, 특정한 각도로 반사시키거나 굴절시키기 때문에 발생한다.

22도 햇무리는 특히 자주 찾아볼 수 있는 무리 현상 중 하나다. 이 외에도 46도 햇무리, 빛기둥 현상과 환일환 등 다양한 형태의 무리 현상은 빛이 육각형 모양의 얼음 결정을 통과하며 굴절되면서 발생한다. 이때 결정이 향하는 방향이 무리의 모습을 결정짓는다. 햇무리(와 달무리), 빛기둥이 나타나기 위

햇무리는 대표적인 무리 현상이다.

야광운은 대부분 지평선 가까이에서 나타난다.

달 주변의 헐레이션. 달 주변의 빛나는 부분을 고르게 둘러싸고 있다.

해서는 얼음 결정이 수평을 향해야 한다. 반면 22도 햇무리는 특정한 방향의 얼음 결정이 필요하지 않다. 이러한 얼음 결정은 특히 높이 떠다니는 권운에서 쉽게 찾아볼 수 있다. 권운은 대기 중의 습도가 높을 때 온난 전

선이 접근하면 발생한다. 헐레이션은 반대로 비교적 두께가 얇은 구름에서 주로 발생하며, 태양빛이나 달빛이 비교적 큰 물방울에 의해 굴절되면서 나타난다. 물방울의 크기가 작을수록 헐레이션의 직경이 크게 나타나며, 3도에서 6도 사이의 직경에 도달하기도 한다. 파장은 이러한 굴절 현상에 크게 영향을 미치기 때문에 헐레이션의 바깥쪽은 주로 붉은빛을 띠며, 안쪽으로 갈수록 색깔이 섞여 회색을 띤다. 때로는 태양 주변의 얇은 구름이 무지갯빛을 띠기도 하는데, 이는 구름 내부에서의 굴절 현상에서 원인을 찾아볼 수 있다.

하지나 동지 무렵 고위도의 북쪽 혹은 남쪽 하늘에서 관찰할 수 있는 야광운은 주로 80 km 이상의 높이에서 떠다닌다. 이러한 형태의 구름은 습도가 적을 때 지구 대기 밖에서 만나 천천히 떨어지는 운석 먼지 입자가 결정화되어 나타난다. 이러한 야광운은 높이 있는 얇은 구름에서 찾아볼 수 있는데, 관측

자의 기준에서는 이미 해가 거의 진 후지만, 아직 온전히 지지는 않았기 때문에 빛나는 것이다. 이는 왜 야광운이 하지나 동지 무렵 고위도에서 주로 찾아볼 수 있는지를 설명한다-관측자가 더 남쪽에 있는 경우에는 구름이 지평선에 매우 가깝게 위치해 있거나 태양에 의해 더 이상 빛날 수 없을 것이기 때문이다.

천구의 회전

태양은 매일 특정한 방향에서 뜨고 저녁에는 반대 방향으로 진다. 이는 누구나 경험을 통해 익히 알고 있을 것이다. 태양은 높거나 낮은 호를 그리고, 정오에는 호의 꼭대기에 위치한다-천문학자처럼 말을 해보자면, 정중正中한다. 하루, 1주일, 1개월, 매일매일 태양이 정중하는 방향을 관찰해 보면 이 방향 또한 언제나 같다는 것을 알 수 있을 것이다. 태양이 정중하는 것을 다른 말로는 남중南中한다고도 표현한다. 즉 태양은 정오에 정남쪽에 위치한다. 한번 남쪽을 바라봐 보자. 왼쪽은 동쪽을 가리키고, 오른쪽은 서쪽을 가리킬 것이다. 뒤편은 네 번째 기본 방위인 북쪽을 가리킨다. 독일인이라면 전래동화에서도 들어 보았을 것이다. "해는 동쪽에서 뜨고 남쪽으로 솟아올라 서쪽으로 진다네. 북쪽에서는 해를 볼 수 없다네."•

별은 밤마다 똑같은 패턴으로 움직이기 때문에, 과거 사람들은 지구를 중심으로 하늘

저기압으로 인한 소용돌이는 자전에 의해 북반구에서는 언제나 시계 방향으로 회전한다.

전체가 매일 동쪽에서 서쪽으로 회전한다고 생각했다. 실제로는 지구가 같은 시간 동안 자신을 축으로 해 반대 방향으로-즉 서쪽에서 동쪽으로-돌고 있는데도 말이다. 이 속도는 적도를 기준으로 1초당 460 m로 음속보다도 빠르다. 우리가 하루 종일 소닉붐••을 듣지 못하는 이유는 지구가 대기와 함께 텅 빈 우주에서 회전하기 때문이다.

지구의 자전에 대한 발상은 고대 그리스에서 처음 선보였지만, 관측 자료가 부족하다는 이유로 받아들여지지 않았다-별이 하늘을 따라 서쪽으로 이동하는 것만으로는 충분하지 않았던 것이다. 19세기 중반 프랑스의 물리학자인 장 베르나르 레옹 푸코Jean Bernard

• Im Osten geht die Sonne auf, 독일 동요.

•• 음속폭음이라고도 하며, 초음속으로 움직일 때 발생하는 충격파(shock wave)를 의미한다.

Léon Foucault는 자전을 증명하는 실험을 진행했다. 그는 팡테옹에 길게 늘어진 진자를 설치해-공간 변화가 없는 곳에서의-진자운동을 통해 지구가 자전한다는 사실을 증명할 수 있었다. 자전에 대한 또 다른 증거는 열대 기후의 태풍에서 찾아볼 수 있다. (북반구나 남반구의) 고위도에서 적도 방향으로 흐르는 공기는 빠른 자전 속도로 인해 북쪽이나 남쪽으로 이동하지 못하고 북동쪽이나 남동쪽으로 움직인다(이를 북동 혹은 남동 무역풍이라고 한다). 같은 이유로 저기압 주변의 기단은 북반구에서는 시계 방향으로, 남반구에서는 반시계 방향으로 회전한다.

우리가 보는 방향도 자전에 따라 변화한다. 지평선은 동쪽으로 점점 내려가 하늘에 새로운 부분을 보여 주는 것과 동시에 서쪽으로는 끊임없이 높아져 우리의 시선을 점점 차단하는 것처럼 보인다. 우리의 언어는 과학의 발전을 따라잡지 못했다. 우리는 여전히 동쪽에서 해(혹은 다른 별)가 보이면 해가 "떴다"라고 표현하며, 지평선이 이를 덮으면 해가 "졌다"라고 이야기하기 때문이다.

하늘의 북점과 남점을 연결해 천정(관측자 수직 위의 점)을 통과하고 하늘을 동쪽과 서쪽으로 가르는 선을 그려 보자. 정확히 정오에 해가 이 선을 가로지르기 때문에, 우리는 이를 정오선 혹은 자오선이라고 부른다. 서점과 동점을 연결해 하늘을 북쪽과 남쪽으로 나누는 선은 중선이라고 불린다.

카리브 해나 열대 지역으로 휴가를 떠난 적이 있다면, 그곳에서는 해가 훨씬 가파르게 뜨고 밤에는 가파르게 진다는 것을 눈치챘을지도 모르겠다. 지구가 구형을 하고 있어 관측자가 적도 근처에 위치할 때는 언제나 동일한 하늘이 비춰지는 중위도나 극지방과 다르게 회전하기 때문이다.

하늘이 이상하다고?

남반구에서는 심지어 태양이 하늘을 거꾸로

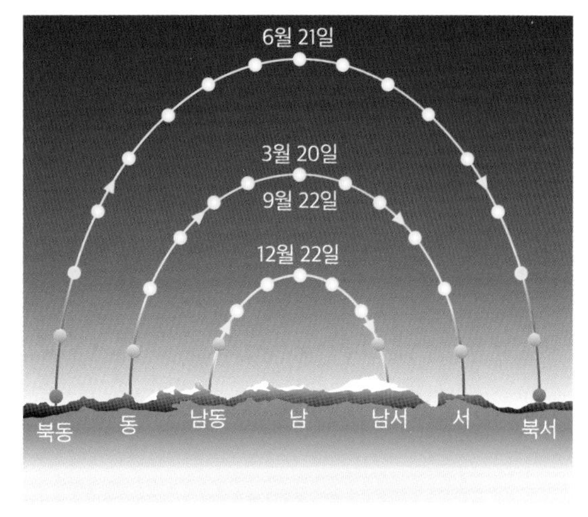

태양은 오직 봄과 가을에만 정동쪽에서 떠서 서쪽으로 진다. 일주호는 겨울에 훨씬 짧고 낮으며, 여름에는 반대로 더 길고 높다.

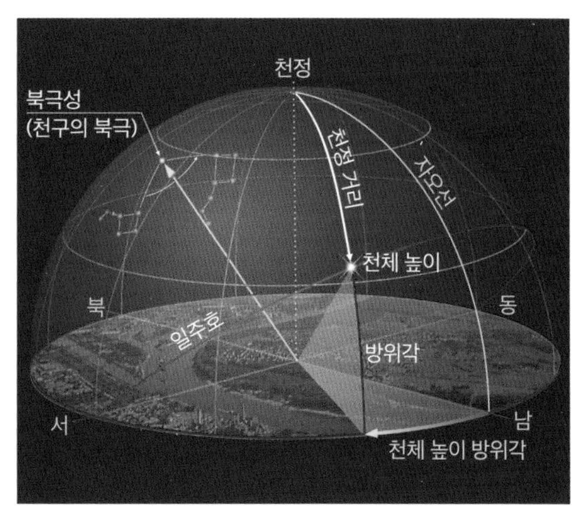

방위각 및 고도 좌표 측정의 원리

방위각과 높이

하늘에서 별의 위치를 알기 위해서 높이와 방위각의 좌표를 이용한다. 별의 높이는 지평선(h=0도)을 기준으로 측정한다. 꼭짓점이나 천정은 90도를 나타낸다. 별의 방위각은 천문학적 남쪽(A=0도)에서 시작해 서쪽(90도), 북쪽(180도), 동쪽(270도)으로 측정한다. 내비게이션에서는 반대로 북쪽(A=0도)에서 시작된다.

도는 것처럼 보인다. 남반구(정확히 말하자면 해의 남쪽에 위치한)에 있는 관측자의 눈에도 태양은 정오에 가장 높은 곳에 떠 있을 것이다. 하지만 해가 질 때는 (북반구에 사는 우리가 볼 때 그러하듯) 오른쪽으로 지는 것이 아니라 왼쪽으로 질 것이다! 당연히 지구의 남반구만 반대로 도는 것이 아니다. 단지 남반구의 관측자가 북반구의 관측자와는 반대로 하늘을 바라보고 있을 뿐이다. 예시를 들어 보자. (북반구에 위치한) 우리는 횡단보도 앞에 서 있다. 차는 왼쪽에서 오른쪽으로 지나간다. 다시 말해 모든 자동차들은 왼쪽(동쪽)에서 횡단보도(남쪽)를 지나 오른쪽(서쪽)으로 지나간다. 이제 횡단보도 반대쪽(지구의 남반구)에도 사람이 서 있다고 가정해 보자. 이 사람에게는 자동차가 오른쪽(여전히 동쪽)에서 횡단보도(여기는 북쪽)를 지나 왼쪽(여전히 서쪽)을 지나는 것으로 보일 것이다. 동쪽과 서쪽은 변하지 않는다. 태양은 여전히 동쪽에서 떠서 서쪽으로 지며, 지구의 자전 방향 또한 여전히 서쪽에서 동쪽

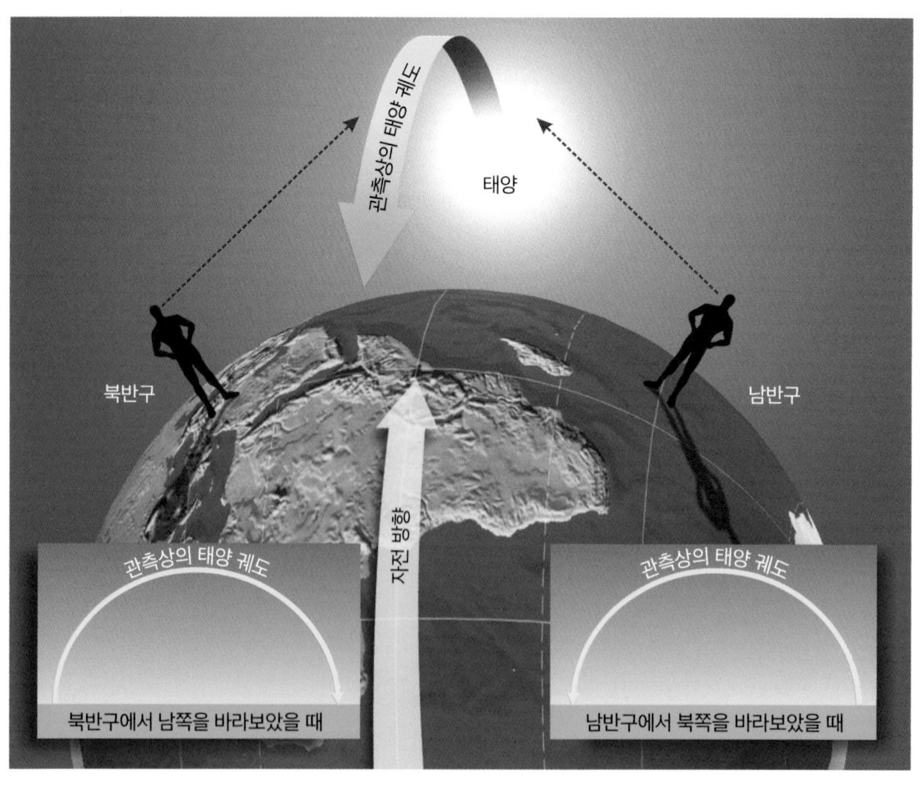

남반구에서 관측했을 때는 하늘 위 별들이 반대 방향으로 움직이는 것처럼 보인다.

이다. 변한 것은 오직 관측자가 바라보는 방향뿐이다.

그래도 지구는 돈다

아침이 되면 태양은 항상 동쪽에서 뜨지만 언제나 같은 시간, 같은 장소에서 뜨는 것은 아니다. 해는 12월 중순이나 말에는 남동쪽에서 뜨고 낮은 호를 그리며 오후에 남서쪽으로 진다. 반면 6개월 뒤에는 이른 아침에 북동쪽에서 보이기 시작해 높은 호를 그리며 늦은 밤에 북서쪽으로 진다. 인간이 문명을 이루기 시작한 지 얼마 되지 않았을 때까지는 태양이 다시 돌아오기를 바라며 매년 재물을 바치곤 했으며, 이 모든 것이 지구가 움직이기 때문이라는 것을 알게 된 것은 500여 년밖에 되지 않았다. 우리가 사는 이 행성은 23시간 56분 4.09초(= 1항성일)마다 자전할 뿐 아니라 1년 동안 태양을 중심으로 공전하기도 한다.

기울어진 축

지구의 자전축은 지구에 수직하지 않고 23.45도 기울어져 있다. 자전축의 방향은 바뀌지 않는다. 따라서 6개월 동안은 북반구가 태양 쪽으로 더 기울어져 있으며(그렇기 때문에 북반구가 여름일 때 남반구는 겨울이다), 나머지 6개월 동안은 반대로 해로부터 멀어지게 된다(북반구의 겨울=남반구의 여름).

지점, 즉 6월 21일(하지)과 12월 21일(동지)에는 태양과 지구 사이의 각도가 가장 크다. 태양은 이날에 북위(하지의 경우) 혹은 남위(동지의 경우) 23.45도에 위치한다. 이 기간 사이의 연속되지 않은 두 날 동안에는 태양이 정확히 지구의 적도 위에 위치한다. 태

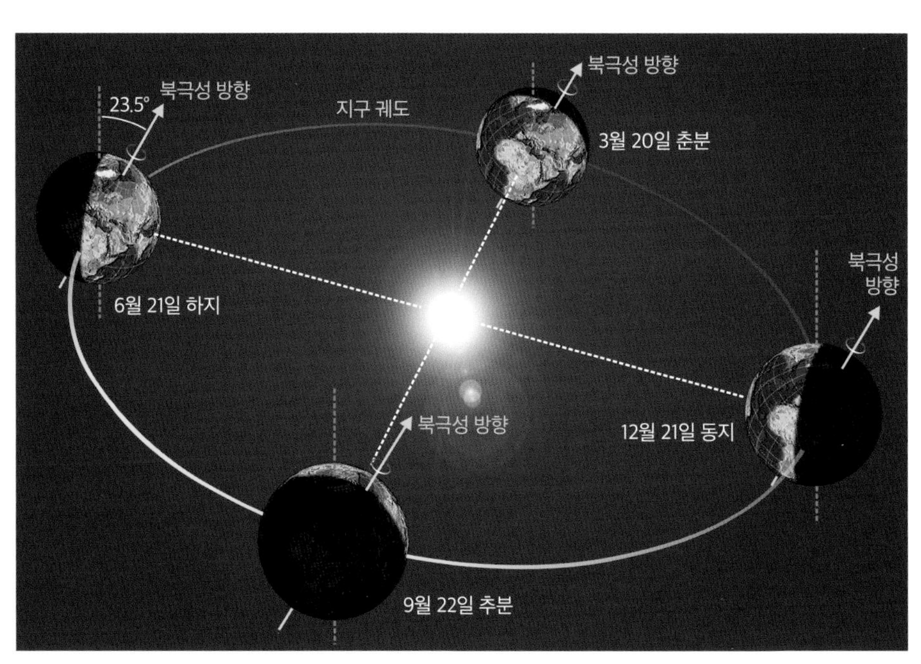

계절은 지구의 공전과 기울어진 자전축으로 인해 생긴다.

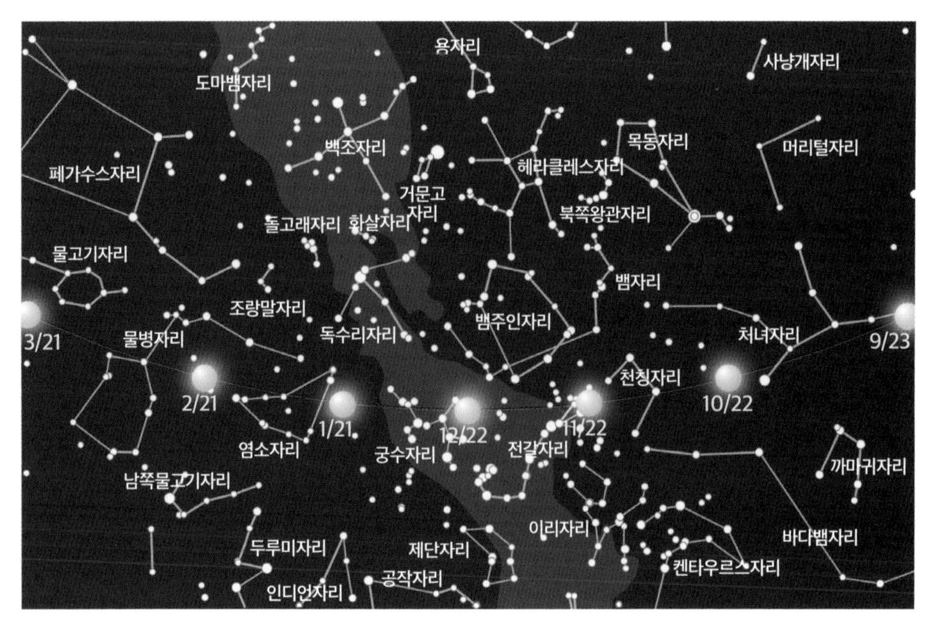

태양은 1년 동안 황도 별자리 사이를 통과하며 이동한다.

양은 춘분인 3월 20일을 기점으로 적도를 넘어 북반구로 이동하고, 9월 22일인 추분을 기점으로는 적도를 넘어 남반구로 이동한다.

이에 반해 지구 궤도가 타원형이라는 사실은 계절에 아무런 영향을 미치지 못한다. 물론 공전으로 인해 지구와 태양 사이의 거리가 1억 4,710만 km에서 1억 5,210만 km까지 늘어나기는 하지만 말이다. 우리의 행성은 1월 초에 해에서 가장 가까운 지점(근일점)에 위치하며, 7월에는 원일점(해에서 가장 먼 지점)에 위치한다.

태양과 지구 사이 거리는 소위 말하는 천문단위(AU)인 평균 1억 4,960만 km에서 +/-1.7%만이 변화할 뿐이다. 따라서 원일점에서 태양광의 강도는 근일점에서의 강도와 약 7%밖에 차이나지 않는다-이는 계절에 따른 온도차를 설명하기에는 너무 작은 값이다. 이 외에도 태양과 지구 사이의 거리가 계절에 영향을 미친다면 북반구와 남반구의 계절은 언제나 같아야 한다.

태양의 겉보기운동

태양의 연주운동이 정말로 공전으로 인한 것이라면, 태양의 배경인 하늘 또한 시간에 따라 변화해야 한다. 비록 낮에는 맨눈으로 별을 볼 수 없지만 우리가 해질녘에도 하늘을 관찰한다면 황도 별자리를 지나는 태양의 겉보기운동을 - 간접적이지만 - 명확하게 확인할 수 있을 것이다. 별자리는 밝은 저녁 하늘에 떠서 차례대로 (보는 방향을 기준으로 서쪽, 즉 해가 지는 방향으로) 사라지고, 몇 주 동안 보이지 않다가 태양이 뜨기 전 아침 하늘에 다시 나타난다. 이렇게 별자리가 서서히 사라지기 전에 태양은 별자리 오른쪽(서

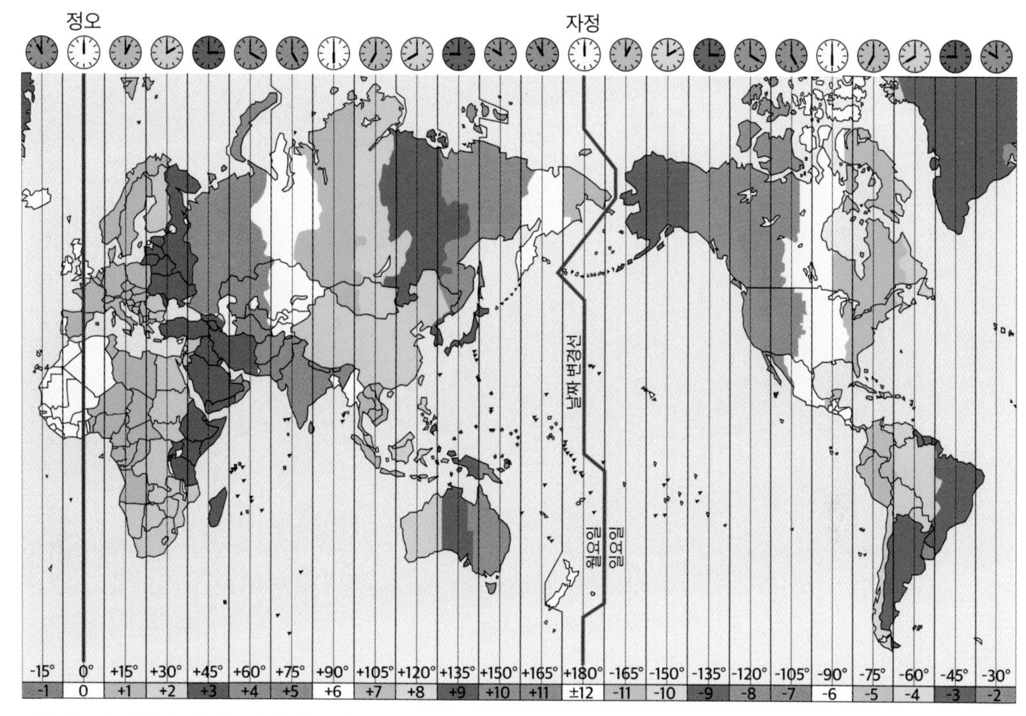

지구의 표준시간대. 시차는 세계 기준시(UTC)를 기준으로 해 시간 단위로 표기된다.

쪽)에 위치하고, 별자리가 다시 나타날 때는 태양이 왼쪽(동쪽)에 자리하고 있다-따라서 태양은 이 사이 기간 동안 이 별자리들을 가로질러 이동한다.

지구의 공전으로 인해 우리는 태양이 별자리 사이에서 매일 조금씩, 평균 약 1도 정도 왼쪽으로 이동하는 모습을 볼 수 있다. 그렇기 때문에 관측자가 정오에 정확히 남쪽에 있는 태양을 관측하기 위해서는 지구가 매일 한 바퀴보다 조금 더 돌아야 한다. 태양일은 정확히 24시간으로, 항성일에 비해 4분 정도 더 길다. (태양을 기준으로) 정오를 따지는 것이 자정을 따지는 것보다 간단하기 때문에 19세기까지는 하루를 낮 12시인 정오에 시작했다.

지구의 시간

과거 사람들은 태양을 기준으로 한 삶을 살았다. 일출이 하루의 시작을 알렸고, 해가 남쪽에 위치하면 정오임을 알았으며, 해가 지

균시차란?

태양일(태양이 남중한 시각부터 다음에 남중하는 시각 사이의 시간)은 24태양시간으로, 항성일보다 평균 236.56항성초 길다. 1년 동안 태양의 움직임을 관찰한다면 비슷하게나마 평균 차이 값을 구할 수 있을 것이다. 태양이 남중하는 시간을 측정했을 때 9월 초에 1태양일은 1항성일 216항성초지만, 12월 말에는 1항성일 256항성초다. 따라서 9월의 하루는 12월의 하루보다 40항성초 정도 짧다. 여기에 대한 원인으로는 지구 공전 궤도가 타원형을 하고 있어 공전 속도가 달라진다는 점과 천구 적도를 기준으로 황도가 기울어 있다는 점을 꼽을 수 있다. 이에 따른 실제 태양의 정오와 일반적인 정오의 차이를 균시차라고 한다.

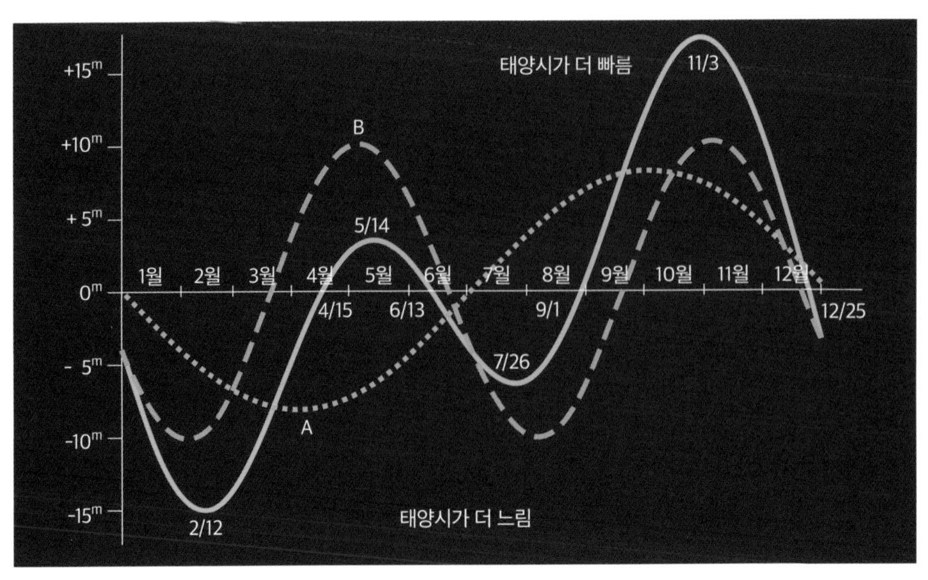

2균시차의 값(노란 곡선)은 다양한 조건(초록색 및 주황색 곡선)을 통해 얻을 수 있다.

면 집으로 향했다. 당시 모든 마을은 각기 다른 시간대를 가지고 있었다. 지구가 동쪽으로 돌고 있기 때문에 서쪽에 위치한 마을보다 동쪽에 위치한 마을에서 태양이 더 빨리 남중했기 때문이다. 경도당 4분씩 차이가 존재하기 때문에 독일의 도시인 드레스덴과 쾰른 사이에는 28분의 시간차가 발생한다. 해시계는 실제 현지 시간인 태양시를 나타낸다. 오늘날에도 오래된 해시계는 다양한 장소에서 오래된 집들을 장식하고 있으며, 여전히 정확한 현지 시간을 표시한다.

혼돈을 방지하는 표준시간대

손목시계가 가리키는 시간과 태양시를 비교해 보자. 아마 꽤 큰 차이를 보일 것이다. 실제 태양시는-지리적 장소와 무관하게-규정된 시간과 1시간 이상의 차이를 보인다. 현지 시간 보정을 고려하더라도 1년 동안 30분 이상의 일정하지 않은 오차가 존재한다.

쉽게 말해서 현지 시간 보정은 우리를 하나의 표준시간대에 맞춰 살게 하고, 드레스덴의 시간과 쾰른의 시간을 같게 만드는 것에 대한 대가다. 이 표준시간대는 19세기 말에 국제적 협의를 통해 만들어졌으며, 지구를 북쪽에서 남쪽까지 세로로-오렌지 슬라이스 모양으로-분할한다. 지구는 이에 따라 기본적으로 15도 기준으로 나뉘며, 일반적으로는 옆 시간대와 1시간씩 차이가 나게 된다(19페이지 위 그림 참고).

중앙유럽 표준시는 독일, 오스트리아, 스위스와 북쪽·서쪽·남쪽에 인접한 국가들에 해당되는 시간대이며 경도를 기준으로 15도 동쪽에 위치한다. 이 시간 선은 독일의 가장 동쪽에 위치한 괴를리츠를 통과한다. 세계 표준시(UT, Universal Time, 잉글랜드의 그리니치 천문대를 기준으로 1시간)에 비해 독

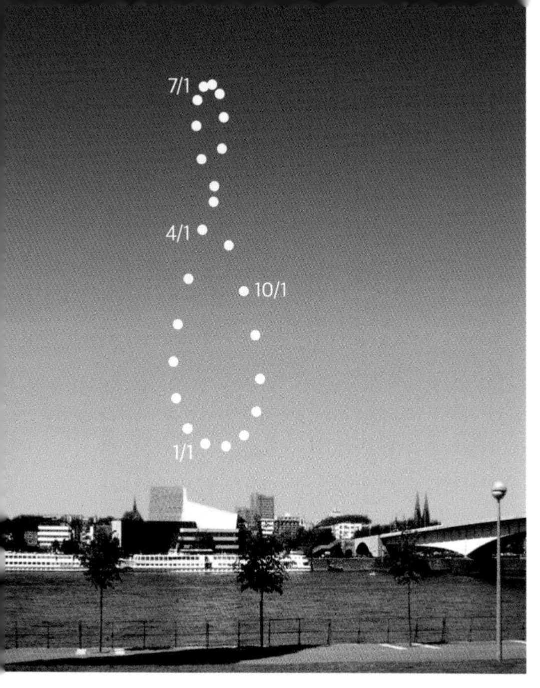

태양이 언제나 현지 시간으로 12시에 정남쪽에 위치하는 것은 아니다. 태양은 1년 동안 8자형의 아날렘마 모양으로 움직인다.

일의 시간은 1시간이 빠르다. (2020년 기준으로) 3월 마지막 주 일요일과 10월 마지막 주 일요일 사이의 시간에는 이 시간대와 대부분의 EU 국가에서 1시간 빠르게, 즉 동유럽 표준시간대에 맞추게 되는데, 이를 중유럽 일광 절약 시간대(중앙유럽 표준시의 서머타임)라고 한다. 하지만 이는 EU 의회에 의해 곧 철회될 예정이다. 철회 이후 계속해서 중유럽 표준시를 사용할지, 동유럽 표준시에 맞추게 될지는 아직 정해지지 않았다.

균시차

현지 시간 보정을 고려하더라도 태양시가 정확하지 않은 이유는 지구의 공전 궤도가 타원형이기 때문이다. 지구는 태양 주위를 일정한 속도로 돌지 않는다. 지구가 1월 초 근일점에서는 하루에 약 1도 정도를 움직이지만, 7월 초 원일점에서는 하루에 0.95도 정도밖에 돌지 못한다. 따라서 실제 태양일은 여름보다 겨울에 약 17초 정도 더 길다. 평균 태양시와 해시계가 나타내는 실제 현지 시간의 차이는 약 8분까지도 벌어진다.

균시차를 일으키는 두 번째 요소는 지축 경사다. 하루의 길이가 일정하기 위해서는 태양이 천구 적도를 따라 일정하게 움직여야 한다. 하지만 실제 태양은 타원 궤도로 움직이며, 천구 적도에 23.45도 기울어진 궤도를 가진다. 이 태양일의 경로를 천구 적도에 투사해 보면 태양일의 경로 길이는 1년 동안 변화한다는 것을 알 수 있다. 복잡해 보이는 균시차 곡선은(20페이지 그림 참고) 이 두 요소가 얽혀진 결과다. 곡선에서의 최댓값은 16.35분으로 11월 초에 나타난다. 다시 말해 이날에는 실제 태양이 16분 하고도 21초 더 이르게 남중하며, 오후는 오전에 비해 명확하게 짧게 보인다.

반대로 약 3개월 보름 뒤인 2월 중순에는 태양의 남중이 30분 이상 늦어지며, 오후가 오전보다 명확하게 길어 보인다.

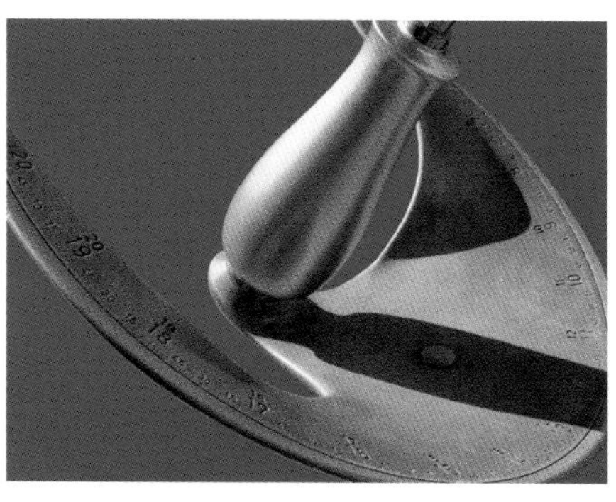

위 해시계 바늘의 휘어진 모양은 균시차에 맞추어 시간을 자동으로 보정한다.

어두워지기 전

지구의 대기는 낮에만 밝게 빛나는 것이 아니다. 일몰 후에도 하늘은 몇 시간 동안이나 어둡지 않은 상태를 유지한다. 물론 한낮에도 어둠이 찾아오기도 한다. 달이 태양을 가리게 된다면 말이다.

"밤이 되어야 비로소 별이 빛난다." 프리드리히 실러Friedrich von Schiller의 작품 『발렌슈타인의 죽음』의 한 구절이다. 아니면 "태양은 충분히 빛났으니 이제는 별을 보게 해다오"(괴테의 『파우스트』)라는 구절은 어떤가. 하지만 밤이 오기 전에는 아직 일몰이 남아 있다. 이때 대기는 마법을 부려 태양이 지는 것을 늦춘다.

굽은 경로의 빛

지평선으로 지는 태양을 자세히 관찰한다면, 태양이 지는 속도가 점점 느려진다는 것을 알 수 있을 것이다. 뿐만 아니라 태양의 아래쪽 가장자리는 위쪽 가장자리에 점점 더 가까워져 지평선 너머로 사라지기 직전에는 동그랗던 해가 타원형으로 왜곡된다.

이러한 현상은 대기가 빛을 굴절시키기 때문에 나타난다. 태양빛은 대기를 비스듬하게 통과하며, 대기층의 밀도는 지면에 가까워질수록 높아지기 때문에 태양빛의 경로는 직선을 약간 벗어나게 된다. 이 때문에 일몰 때는 태양이 실제 위치보다 높은 곳에 있는 것처럼 보인다.

태양이 지평선 5도 위에 위치할 때는 지름의 3분의 1이 굴절되며, 지평선 바로 위에 있을 때는 0.5도 이상 굴절된다. 다시 말해 태양의 아래쪽 가장자리가 지평선에 아예 닿아 있는 것처럼 보인다. 사실 태양은 지평선 아래로 져버렸는데도 말이다. 이 때문에 일몰은 실제보다 약 3.5분 정도 지연된다.

일몰의 단계

모두가 알다시피 일몰이 끝난 직후에도 하늘은 완전히 어둡지 않다. 태양빛이 여전히 대기의 윗부분을 비추기 때문이다. 일몰 30분 뒤(분점 기준), 즉 태양이 지평선 6도 아래에 도달했을 때는 태양의 '마지막' 빛이 약 35 km 높이에서 천정점을 통과한다. 천정점에서의 대기 밀도는 지구 표면 대기의 100분의 1에 지나지 않는다. 이때의 밝기는 낮하늘 대비 100분의 1 정도로, 하늘에서 가장 밝은 별 정도만 겨우 찾아볼 수 있다. 이는 조명 없이 신문을 읽을 수 있을 만큼 밝다는 사실을 의미하며, 이 단계를 시민박명이라고 부른다.

일몰 약 70분 후 태양은 지평선 12도 아래에 도달한다. 이제 마지막 빛은 140 km 높이의 천정에 닿으며, 이곳의 대기 밀도는 지표면의 600분의 1밖에 되지 않는다. 남은 빛은 더 이상 관측에 지장을 주지 않지만 지평선은 여전히 눈에 띄게 밝다. 지평선에서는 마

일몰-태양빛이 대기에 닿아 있기 때문에 하늘은 여전히 밝다.

지막 태양빛이 대기 위 35 km에 닿아 있기 때문이다. 이 두 번째 일몰 단계에서는 하늘에서 가장 밝은 별들을 찾아볼 수 있음과 동시에 지평선 또한 여전히 알아볼 수 있으므로, 과거 항해사들은 이 시간 동안 천문 관측을 통해 장소를 파악하곤 했다. 지평선을 기준으로 특정 별의 높이를 측정하면 바다에서의 위치를 짐작할 수 있었던 것이다. 따라서 두 번째 일몰 단계는 항해박명이라고 부른다.

여기에서 40분 뒤, 즉 일몰 약 2시간 뒤 태양은 지평선 18도 아래에 위치한다. 마지막 태양빛은 천정에서 약 330 km 높이의 대기를 통과한다. 이곳의 대기 밀도는 지표면에서의 밀도의 600억분의 1이다. 여전히 남아 있는 빛은 이온층의 대기광airglow만큼이나 약하다. 대기광은 낮 동안 태양이 뿜어내는 강한 자외선 때문에 원자에서 떨어져 나간 전자가 밤에 다시 원자와 결합하면서 발생한다. 이때는 맨눈으로는 볼 수 없는 약한 빛이 방출된다.

다시 말해 하늘은 완전히 어두워졌다. 지평선 부근에서도 태양빛은 대기 80 km 위에 위치한다. 이곳의 대기 밀도는 5만분의 1밖에 되지 않는다. 이제 하늘은 별의 밝기 등급이 7등급인 별-맨눈으로 볼 수 있는 별 밝기의 마지노선이다-을 볼 수 있을 만큼 어두워졌다. 하늘이 '제대로' 어두워졌으며, 맨눈으로 볼 수 있는 모든 별들이 검은 밤하늘을 수놓았다는 의미다. 천문학적인 일몰은 이제 끝났다.

5월 말부터 7월 말까지 중유럽의 하늘은 '완전히' 어두워지는 법이 없다. 이 시기에는 밝은 여름밤이 지속된다.

밝은 밤

해가 지평선 18도 아래에 위치한다면, 즉 '천문박명'이 찾아왔다면 이제는 관측 장소의 위도와 태양의 위치에 모든 것이 달렸다. 실제로 북극 부근에 거주하는 사람들은 하지 근처 몇 주간 백야를 경험한다. 이때의 밝은 일몰 즈음에는 태양이 북쪽 지평선 아래로 움직이는 것을 관측할 수 있는데, 이는 북극권에 가까워질수록(북위 66.6도) 뚜렷해진다. 이 선을 넘어가면 자정에도 지평선 위에 떠 있는 태양을 관찰할 수 있다-이를 주극이라고 한다(37페이지 참고). 북극에서는 6개월 동안 해가 지지 않고 지평선 위에 머문다. 태양은 매일 동쪽에서 시작해 남쪽과 서쪽을 거쳐 북쪽으로 이동하는데(엄밀히 말하자면 북극에서는 모든 방향이 남쪽이다) 첫 3개월 동안은 고도가 점점 높아지다가 마지막 3개월 동안 다시 점차 낮아진다. 반대로 나머지 6개월은 극야가 찾아온다. 이때는 처음 몇 주 동안의 일몰 단계를 거쳐 서서히 어두워지다가 마지막 몇 주 동안 서서히 밝아지게 된다.

일식

때로는 낮에도 갑자기 어둠이 찾아오곤 한다. 삭의 상을 띤 달이 지구 주위를 공전하다 정확히 태양과 지구 사이에 위치해 태양을 가리는 순간이 바로 그때다. 태양이 눈에 띌 만큼 어두워지기 위해서는 달이 태양의 상당 부분을 가려야만 한다. 우리가 이를 알아차리기 위해서는 달이 적어도 태양의 절반 혹은 3분의 2 이상을 가려야만 한다. **하지만 주의하자. 보호 장비 없이 맨눈으로 태양을 쳐다봐서는 안 된다. 일식 안경을 사용해야만 안전하게 일식을 관측할 수 있다!**

겉보기에는 하늘에 떠 있는 달과 태양의 크기가 비슷하기 때문에 때로는 지구의 작은 위성이 태양을 완전히 가려버리기도 한다. 개기일식이 일어나는 몇 분 동안에는 비교적 밝은 별들과 다른 행성을 관측할 수 있을 만큼 어두워진다. '검은 태양'을 감싸는 빛인 광환(코로나) 현상도 만만치 않게 인상 깊다. 이는 달이 태양빛을 온전히 가리지 못해 나타나는 현상이다. 금환일식도 마찬가지다.

이 경우에는 태양이 고리 모양을 띠고 있는데, 이때 새어나오는 빛 때문에 광환과 별은 관측할 수 없다. 달의 그림자는 작아 지구 표면의 일부분만을 가릴 수 있기 때문에 일식은 특정 장소에서만 관측이 가능하며, 월식에 비해 발생 빈도가 낮다(100페이지 참고). 독일어권에 거주한다면 2020년부터 2040년까지 스물세 번의 월식을 볼 수 있지만(그중 다섯 번은 개기월식이다), 일식은 열네 번만 발생하며, 개기일식은 관측할 수 없다.

맑은 하늘 기다리기

하늘이 충분히 어둡다고 해서 언제나 원하는 별을 관측할 수 있는 것은 아니다. 대기는 또 다른 방식으로 우리의 기대를 저버린다. 구름이나 안개는 우리의 시야를 곧잘 차단하곤 한다. 몇 년간의 통계에 따르면, 우리가 살고 있는 위도에서 3일에 한 번은 별을 관측하는 것이 불가능하며, 1년 중 겨우 50일만 천문학적 관측에 필요한 하늘 상태를 유지한다.

기다림에 지쳐버렸거나, 맑은 겨울밤에 관측을 나가기에는 너무 추위를 잘 탄다거나, 늦게 시작되는 여름밤을 기다리기에는 잠이 많다 하더라도 맑은 밤하늘을 볼 수 없는 것은 아니다. 수많은 대도시(혹은 몇몇 작은 소도시)에서는 대낮이거나 비오는 날에도 북두칠성이나 오리온자리를 찾아볼 수 있다 - 물론 가짜이기는 하지만 말이다. 하지만 오늘날 천체투영관이 제공하는 환상은 별의 반짝임까지도 재현해낼 만큼 훌륭하며, 사이버 공간에서 찾아볼 수 있는 '가상세계'보다 월등히 뛰어나다.

천체투영관은 타임머신으로도 활용할 수 있다. 천체투영관을 이용하면 중세시대나 고대 이집트, 외치*가 살던 시대의 하늘도 볼 수 있기 때문이다. 또한 버튼 몇 개를 누르는 것만으로도 남반구로 여행을 떠나거나 남십자성의 아름다움에 반하기도 하고 남극의 극야를 경험할 수도 있다. 타임랩스 기능을 통해 몇 주, 몇 개월 혹은 몇 년이 소요되는 천문 현상을 쉽게 이해할 수도 있다. 천체투영관과 천문대에 대한 정보는 www.sternklar.de/gad에서 찾아볼 수 있다.

개기일식은 특정한 장소에서만 관측할 수 있으며 매우 드물게 발생한다.

* 알프스 산맥에서 발견된 미라의 이름. 약 5,000여 년 전에 살았던 것으로 추정된다.

밤의 천문학

맨눈으로 관측하기

하늘을 관측하고자 한다면 계절마다 달라지는 별자리와 친해져야 한다. 여기에는 망원경이 필요하지 않다. 황도 별자리는 행성을 찾는 데 큰 도움을 준다.

밤하늘 바라보기

일몰이 다가오면 하늘은 점차 어두워지고 점점 더 많은 빛이 하늘을 수놓는다. 가장 밝은 별-이나 행성들-로 시작해 밝지 않은 천체들도 점차 떠오를 것이다. 이미 초반 단계에서부터 별을 찾아보고자 하는 사람들은 회전하는 별자리 지도와 이른 저녁 자신의 장소를 알아둘 필요가 있다. 위치 잡기, 즉 하늘에서 방향을 찾는 것은 적어도 이른 저녁에는 어렵지 않다. 일몰 1시간 이내로는 하늘의 색을 통해 해가 지는 방향을 알 수 있다. 이는 대략적으로 서쪽이다. 좀 더 정확히 말하자면 겨울 즈음에는 남서쪽이고, 여름 즈음에는 북서쪽이다. 서쪽을 보고 있다면, 왼쪽 손은 남쪽을 가리키고 오른쪽 손은 북쪽을 가리키게 된다. 따라서 해가 지고 1시간 뒤쯤 충분히 어두워지면 북극성은 해가 진 방향을 기준으로 오른쪽에서 찾아볼 수 있을 것이다. 나머지 별들과 별자리와는 반대로 북극성은 밤 시간 내내 하늘 위에 머문다. 자전축

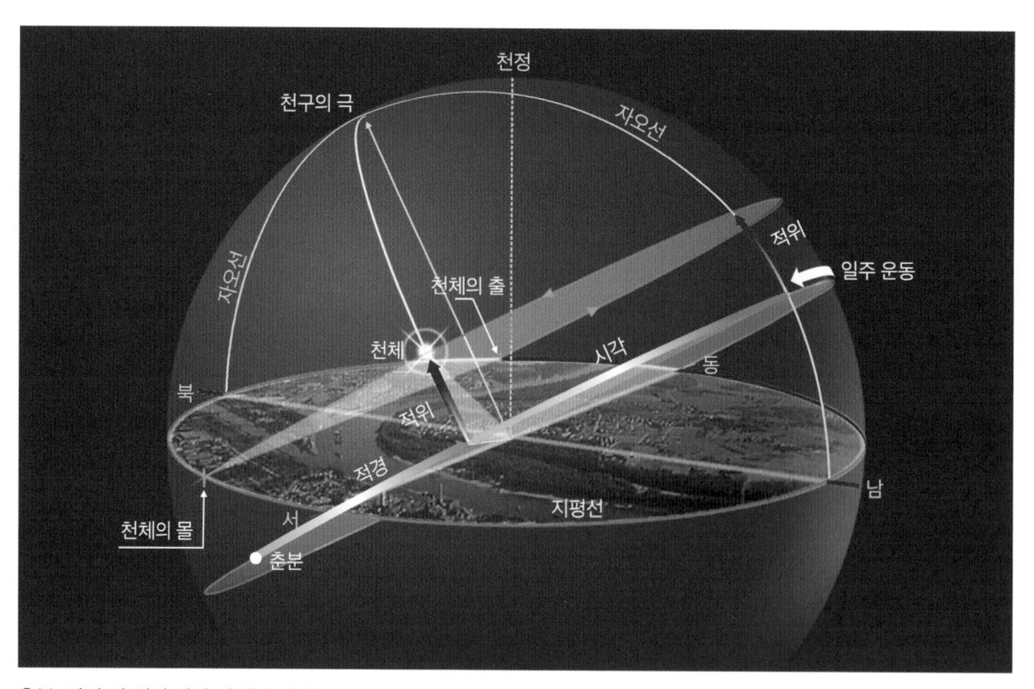

춘분, 적경 및 별의 시각 사이의 관계

이 거의 정확히 북극성을 향하기 때문에 북극성은 언제나 거의 같은 위치에 존재한다.

회전하는 별들

다른 별자리를 찾는 것은 초심자에게 어려울 수 있다. 문제는 지구가 회전한다는 사실이다. 우리에게는 밤하늘이 밤 시간 동안 회전하는 것처럼 보인다. 별자리는 밤의 시작에는 남동쪽 하늘 중간에 걸쳐 있다가, 밤의 끝으로 갈수록 남서쪽으로 움직여 해가 뜰 때는 져버리고 만다. 저녁에 북서쪽 지평선 저 아래 있는 다른 별자리는 밤 시간 동안 보이지 않다가 다음 날 아침에 북동쪽에서 떠오른다. 기본적으로 이러한 현상은 시계의 시침이 도는 것과 별반 다르지 않다. 시침도 마찬가지로 시간이 지남에 따라 움직이지 않는가. 또한 시계 읽는 법을 익히는 것과 마찬가지로 조금만 연습한다면 누구나 쉽게 별자리를 찾아볼 수 있다.

지구의 공전은 이를 더 어렵게 만든다. 공전 때문에 별자리는 언제나 같은 시간 같은 위치에 뜨지 않는다. 예를 들어 남중한 오리온자리를 관측하고 싶다면 10월 중순에는 새벽 4시에 일어나야 한다. 하지만 12월 중순에는 자정 즈음에 남중하고, 2월 중순에는 20시에 남중한다. 반대로 오리온자리를 매일 같은 시간(예를 들어 20시)에 관찰한다면 12월 중순에는 동쪽을, 2월 중순에는 남쪽을, 그리고 4월 중순에는 서쪽 지평선 방향을 찾아봐야 할 것이다. 기본적으로 별이 뜨는 시간은 매일 4분씩 당겨진다. 이는 앞서 말했다시피

적도 좌표계

하늘에 떠 있는 천체(별, 행성, 은하 등)의 위치는-지구에서와 마찬가지로-두 좌푯값으로 나타낼 수 있다. 지구 표면에서는 이를 위도와 경도로 나타내지만, 하늘에서는 적경과 적위로 나타낸다. 적경은 그리스 문자 α(알파)로 나타낼 수 있으며, 0은 천구의 적도를 나타낸다. 적경은 춘분점을 기준으로 해 동쪽 방향으로 계산하고, 단위로는 시, 분, 초를 사용한다. 적위는 δ(델타)로 나타내며, 천구의 적도를 기준으로 천체와의 각도를 북쪽(+)과 남쪽(−)으로 표기한다. α와 δ를 통해 각 천체의 위치를 알 수 있으며, 이는 카탈로그나 지도책에서 찾아볼 수 있다.

태양일과 항성일의 차이와 일치한다. 이러한 차이는 1개월이 지나면 2시간, 1년이 지나면 정확히 하루로 벌어진다. 그렇기 때문에 밤하늘의 별은 3개월마다 완전히 바뀌게 되는 것이다(6시간 차이). 이것이 봄, 여름, 가을, 겨울마다 다른 별자리를 볼 수 있는 이유다.

별의 밝기

별을 관찰해 본 사람이라면 누구나 알 수 있다시피 별의 밝기는 모두 같지 않다. 하늘을 살펴보면 몇몇 별들은 유난히 밝게 빛나며, 반대로 잘 보이지 않는 별도 존재한다. 이러한 별들은 함께 별자리를 이룬다. 천문학자들은 별의 밝기를 알아보기 위해 특정한 체계를 이용한다. 이미 2,100여 년 전 그리스의 천문학자였던 히파르코스Hipparchos는 이 체계의 기반을 닦아 놓았다. 그는 별을 1~6까지의 등급으로 나누어 가장 밝은 별은 1등급으로, 가장 어두운 별은 6등급으로 분류했다.

19세기 중반 영국의 천문학자인 로버트 포그슨Norman Robert Pogson은 이러한 주관적인

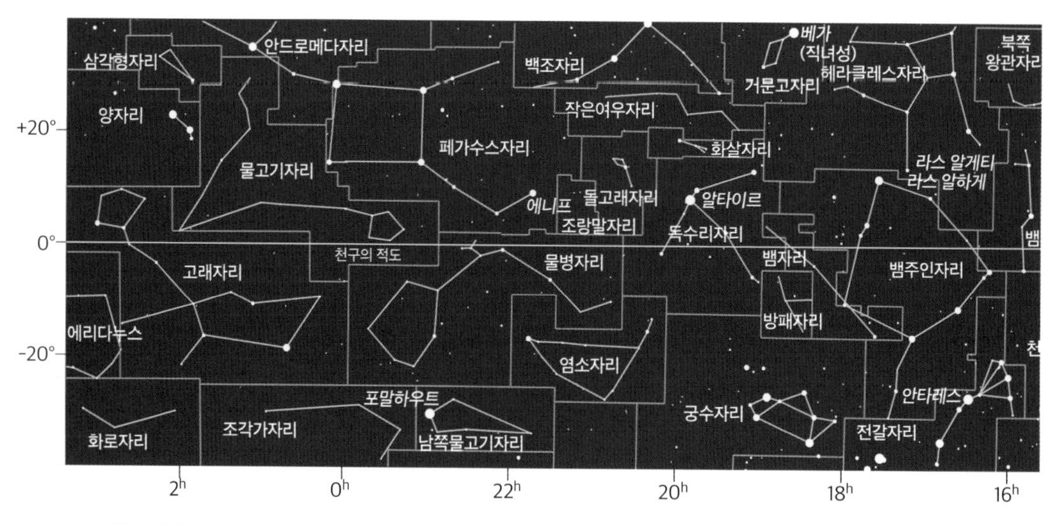

별자리와 천구의 적도 고리

분류를 기반으로 객관적인 밝기 척도를 확립했다. 이 밝기 척도에서는 1:100의 밝기 비율이 5등급 차이를 나타낸다. 즉 1등급인 별은 6등급인 별보다 100배 더 밝다. 하지만 1등성으로 분류된 별보다 더 밝은 빛을 내는 별과 행성들이 있으므로, 이 밝기 체계는 음수로까지 뻗어 나간다. 라틴어 소문자 m은 밝기 정보 단위로 밝기 등급, 즉 광도를 표기한다(이는 시간 정보에서 분을 나타낼 때도 사용된다). 지구에서 볼 수 있는 가장 밝은 별인 시리우스는 -1.5^{m}의 밝기를 갖는다. 금성의 밝기는 -4.7^{m}이며 보름달의 평균 밝기는 -12.6^{m}이고, 태양은 -26.7^{m}이다. 사람이 맨눈으로 볼 수 있는 별의 밝기의 마지노선은 6^{m}이며, 쌍안경으로는 8^{m}의 별까지도 볼 수 있다. 이 외에도 일반적인 아마추어용 망원경으로는 13^{m}의 별을 볼 수 있으며, 고감도 CCD 센서를 장착한 전문가용 대형 망원경으로는 거의 30^{m}의 별까지 볼 수 있다.

첫 번째 별자리

어쩌면 천구 적도 부근의 별자리들을 기억해 두는 것이 별자리를 찾는 데 도움이 될지도 모르겠다(오른쪽 페이지 위 그림 참고. 중간 수평선은 천구의 적도다). 시계에 적힌 기호들을 기억하면 시계를 보기 쉬운 것처럼 말이다. 천구의 적도는 지구의 적도를 천구에 투사한 것이며 중유럽에서는 남쪽 하늘 방향의 중간 높이 정도에 위치한다.

이미 언급한 겨울 별자리인 오리온은 작은개자리(주성은 프로키온), 사자자리(주성은 레굴루스), 처녀자리(주성은 스피카), 뱀주인자리(주성 없음), 독수리자리(알타이르), 물병자리, 물고기자리 그리고 고래자리와 에리다누스자리(4개의 별자리 모두 주성 없음)의 동쪽(즉 왼쪽)에 위치한다.

황도 13궁

하늘 위 88개의 별자리 중에서 황도 13궁은

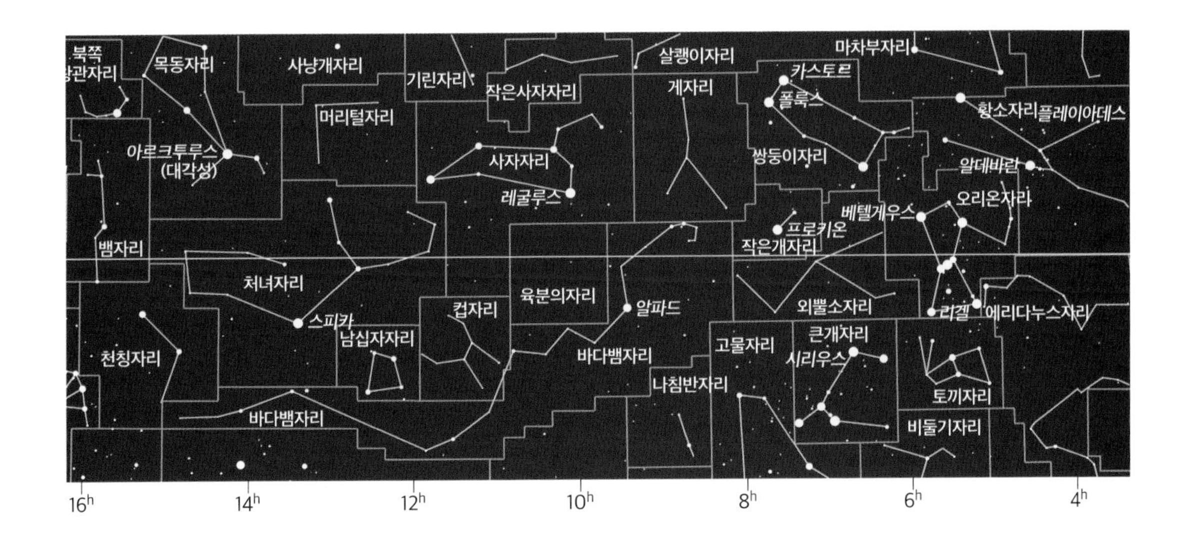

특별한 위상을 가지고 있다. 태양뿐만 아니라 달과 모든 행성들이 이들을 가로지른다. 아마 점성술이라고도 불리는 별자리 점을 통해 이들에 대해 들어 본 적이 있을 것이다. 하지에 태양이 뜨는 위치에 자리 잡고 있는 쌍둥이자리부터 시작해 보자. 비슷한 밝기의 두 별, 폴룩스와 카스토르가 이 별자리에 존재한다. 눈에 잘 띄지는 않지만 왼쪽에는 게자리가 자리하고 있으며, 그다음에는 사자자리(주성은 레굴루스)와 처녀자리(주성은 스

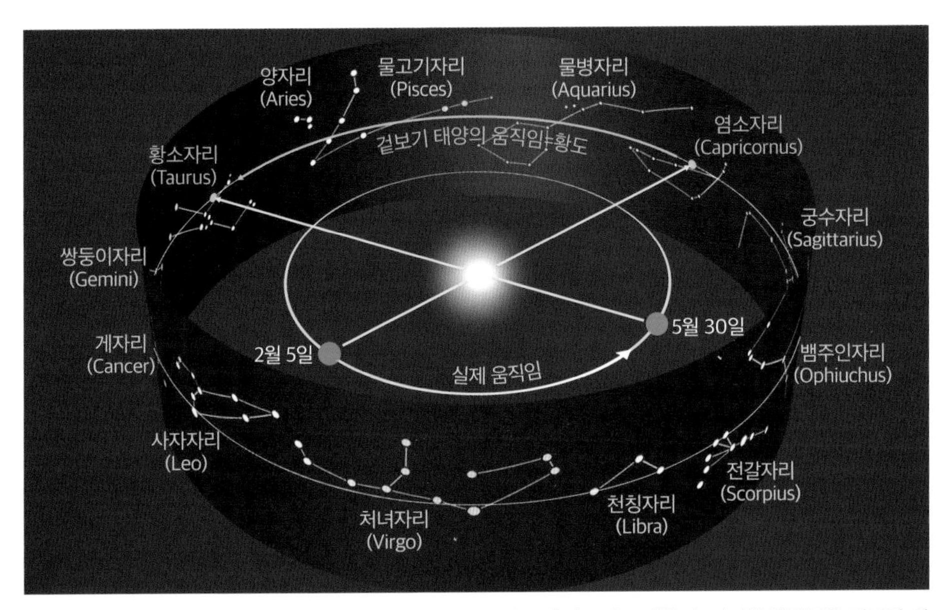

1년 동안 태양은 황도 13궁을 가로지른다. 주변에는 달과 다른 행성들이 존재한다. 이러한 행성들은 지구와 거의 같은 평면에서 태양 주변을 공전하기 때문이다.

겨울 밤하늘에는 특히 많은 별들이 반짝거린다. 가장 밝은 별인 시리우스 또한 이곳에서 찾아볼 수 있다(사진 속 왼쪽 아래). 왼쪽 위의 또 다른 밝은 천체는 목성이며, 사진 촬영 시점에는 쌍둥이자리 내에 위치한다. 고리 행성인 토성은 황소자리 내에 자리하고 있다.

피카)가 존재한다. 천칭자리 또한 그다지 눈에 띄지 않는다. 붉게 빛나는 별인 안타레스를 가진 전갈자리와는 다르게 말이다. 하지만 안타깝게도 전갈자리는 초여름에 남쪽 지평선 아래에 위치하기 때문에 찾아볼 수 없다. 관측자가 남쪽 지방-카리브 해나 열대 지방-에 있다면 전갈자리는 꼬리와 함께 특히 눈에 띄며, 실제 전갈과도 굉장히 닮았다는 점을 알 수 있을 것이다. 이제 뱀주인자리로 넘어가 보자. 열세 번째 황도궁으로 불리는 이 별자리는 전통적인 황도 별자리에 속하지 않기 때문에 점성술에서 곧잘 빠지곤 한다.

동쪽으로 더 가보면 궁수자리를 만나 볼 수 있다. 이 별자리의 밝은 별들은 작은 찻주전자를 닮았으며, 여름 동안 남쪽 지평선 가까이 떠 있다. 어두운 곳에서 차가 흘러나오는 듯한 주전자의 오른쪽을 바라본다면 밝은 은하수를 찾아볼 수 있을 것이다. 이 방향에는 은하수의 중심부가 자리하고 있다. 그다음 세 별자리에는 밝은 별을 거의 찾아볼 수 없으며, 그렇기 때문에 비교적 알아보기 쉽지 않다. 염소자리와 물병자리, 물고기자리는 연초에 태양이 지나가는 별자리다. 이들은-조금만 노력한다면-가을의 저녁 하늘에서도 찾아볼 수 있다. 밝게 빛나는 붉은 별인 알데바란과 플레이아데스성단을 포함하는 양자리와 황소자리로 황도 13궁은 마무리되

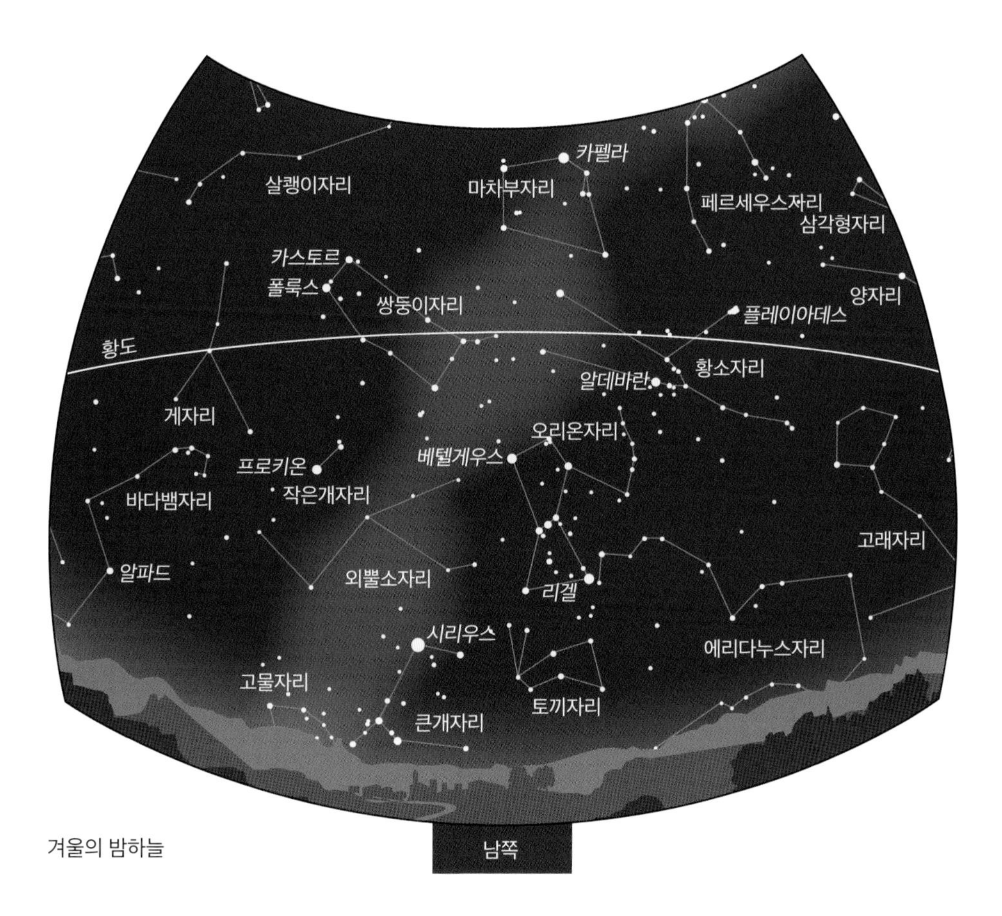

겨울의 밤하늘

며, 황소의 뿔(마차부자리의 아래)과 첫 시작이었던 쌍둥이자리의 발은 서로 맞닿아 있다.

겨울의 별자리

오리온자리는 사람들이 밤하늘을 쳐다보기 시작할 때부터 존재해 왔다. 메소포타미아 지역에 살았던 바빌론 사람들은 4,000여 년 전 이 별자리를 SIPA.ZI.AN.NA라고 불렀다. 이것이 바로 고대 그리스 신화에 등장하는 하늘의 사냥꾼, 오리온자리의 시초다. 3개의 별로 이루어진 허리띠와 어깨에 위치한 붉은 별 베텔게우스, 발에 위치한 하얀 별 리겔은 누구나 쉽게 찾아볼 수 있다.

소위 말하는 겨울의 대육각형은 오리온자리의 붉은 별, 베텔게우스 주변에서 찾아볼 수 있다. 카펠라(마차부자리), 알데바란(황소자리), 리겔(오리온자리), 시리우스(큰개자리), 프로키온(작은개자리) 그리고 폴룩스(쌍둥이자리)로 이루어진 이 육각형은 겨울밤을 맑고 푸르게 비춘다. 오리온자리의 아래쪽에는 몸을 말고 있는 토끼자리를 찾아볼 수 있으며, 오리온자리의 오른쪽 발에 위치한 리겔 근처에서는 에리다누스 강이 서쪽을 향해 굽이치며 흐른다. 여기에서 남쪽으로 더 가면-북반구 기준 지평선 너머에 위치한-물줄기의 시작인 아케르나르에 다다른다.

큰개자리는 하늘에서 찾아볼 수 있는 가장 밝은 별인 시리우스를 가지고 있으며, 작

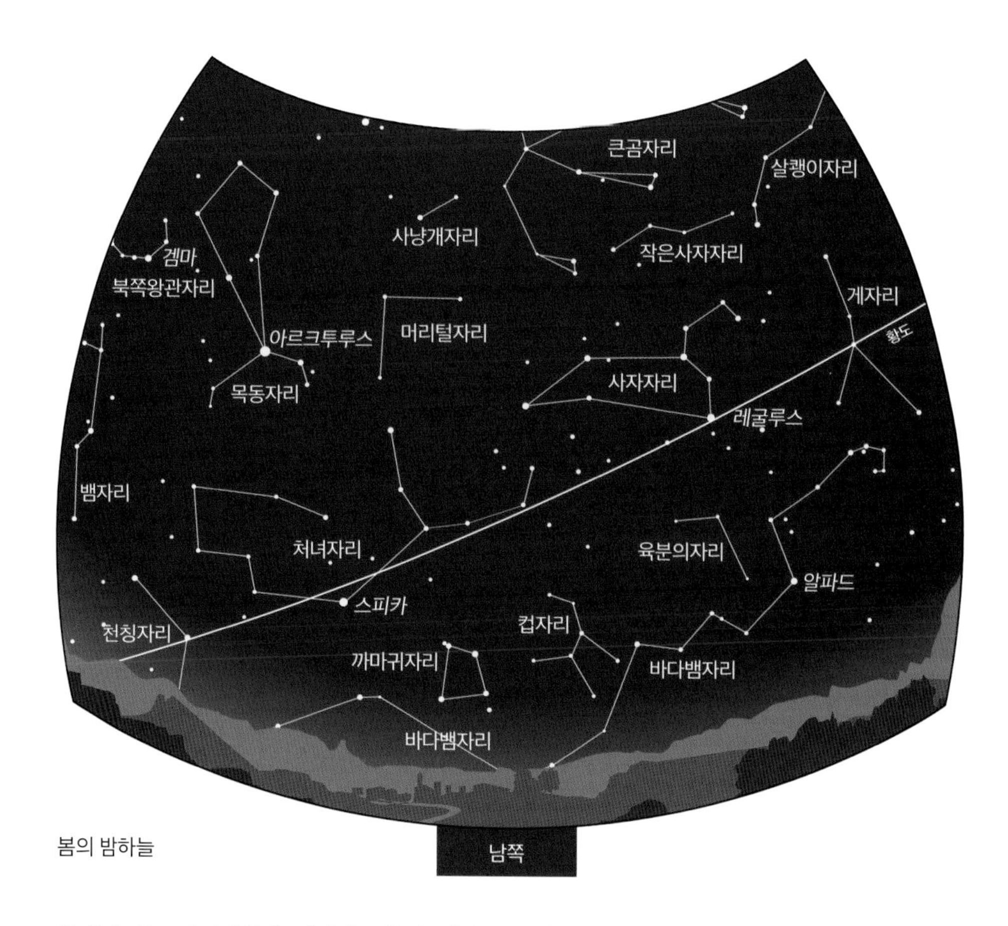

봄의 밤하늘

은개자리는 프로키온을 가진다. 이 둘 사이에는 찾기는 힘들지만 외뿔소자리가 숨어 있다. 큰개자리의 동쪽에는 남쪽 하늘에서 볼 수 있는 몇몇 별자리들이 수평선 위로 고개를 빼꼼 내밀고 있다. (아르고호의) 고물자리, 나침반자리와 보이지 않는 공기펌프자리가 바로 그것이다. 이 별들은 낮게 떠 있기 때문에 종종 지평선 근처 안개층에 숨어 있고는 한다.

봄의 별자리

레굴루스를 주성으로 갖는 사자자리가 봄의 밤하늘을 이끈다. 오른쪽으로 굽은 갈고리 손잡이 부분에 위치한 레굴루스는 누구나 쉽게 알아볼 수 있다. 이 갈고리는 서쪽(오른쪽)을 바라보는 사자의 머리를 표현하고, 나머지 부분은 길게 뻗은 몸을 연상시킨다. 동물의 왕이 먹잇감에게 소리를 치거나 이미 식사를 마치고 평화롭게 조는 모습이 떠오르지 않는가. 사자자리 위에는 작은사자자리가 웅크리고 있다. 사자자리 밑에는 바다뱀자리가 있으며, 그 주변에서는 잘 보이지 않는 육분의자리와 컵자리, 까마귀자리가 있다. 이 부근에서 빛나는 이등성이 바로 외로운 알파드다. 바다뱀자리의 주성인 이 별은 레굴루스의 왼쪽 아래에서 찾아볼 수 있다.

하얗게 빛나는 스피카를 주성으로 갖는 처녀자리는 사자자리 바로 뒤에 위치한다. 처

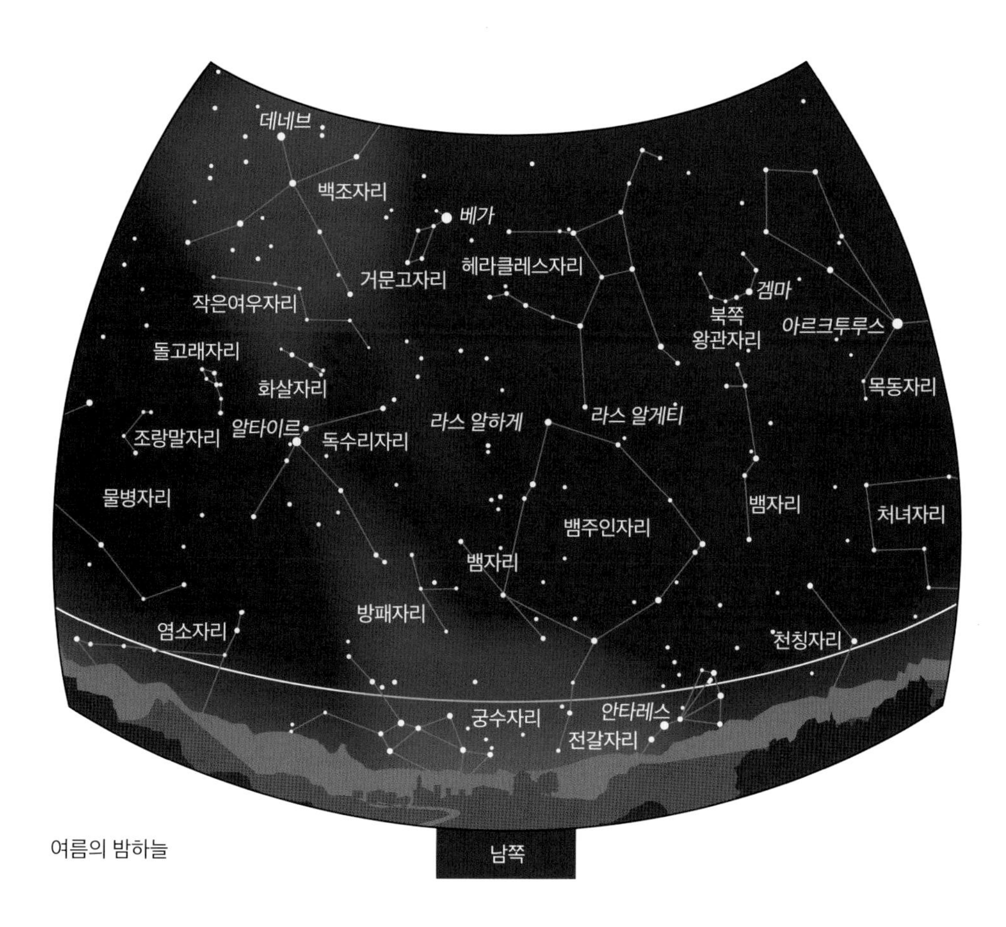

여름의 밤하늘

녀자리 바로 위에는 머리털자리가 위치하고 있다. 그 왼쪽 옆에는 주황빛으로 빛나는 아르크투르스를 포함하는 강인한 목동자리가 떠다닌다. 마지막으로 목동자리 왼쪽에는 작은 반원 모양의 별자리를 찾아볼 수 있다. 바로 북쪽왕관자리다. 이 별자리의 주성은 겜마이며, 보석이라는 의미를 가지고 있다.

여름의 별자리

여름으로 넘어가면서 2개의 거대한 별자리 뱀주인자리와 헤라클레스자리가 하늘에 나타난다. 이 별자리들은 이등성이나 더 약한 빛을 가진 별들만을 가지고 있기 때문에 찾아내기 쉽지 않다. 두 별자리의 주성인 라스 알하게[거인의 머리(뱀주인자리)]와 라스 알게티[무릎 꿇은 자의 머리(헤라클레스자리)]는 이들의 머리에 위치한다. 동쪽으로는 은하수가 펼쳐져 있다. 여기에서 우리는 또 하나의 밝은 별, 베가를 찾아볼 수 있다. 베가는 왼쪽 아래의 작은 마름모와 연결된 거문고자리의 주성으로 하늘 높이 떠 있다. 그 왼쪽에는 백조자리가 목을 길게 뻗고 날개를 펼친 채 날고 있다. 백조자리의 주성은 데네브로 뭉툭한 꼬리에서 찾아볼 수 있다. 백조 아래에는 작고 눈에 잘 띄지 않는 별자리인 작은여우자리, 화살자리와 돌고래자리가 위치한다. 독수리자리의 주성인 알타이르는 여름 대삼각형을 그리는 세 번째 꼭짓점이다. 독

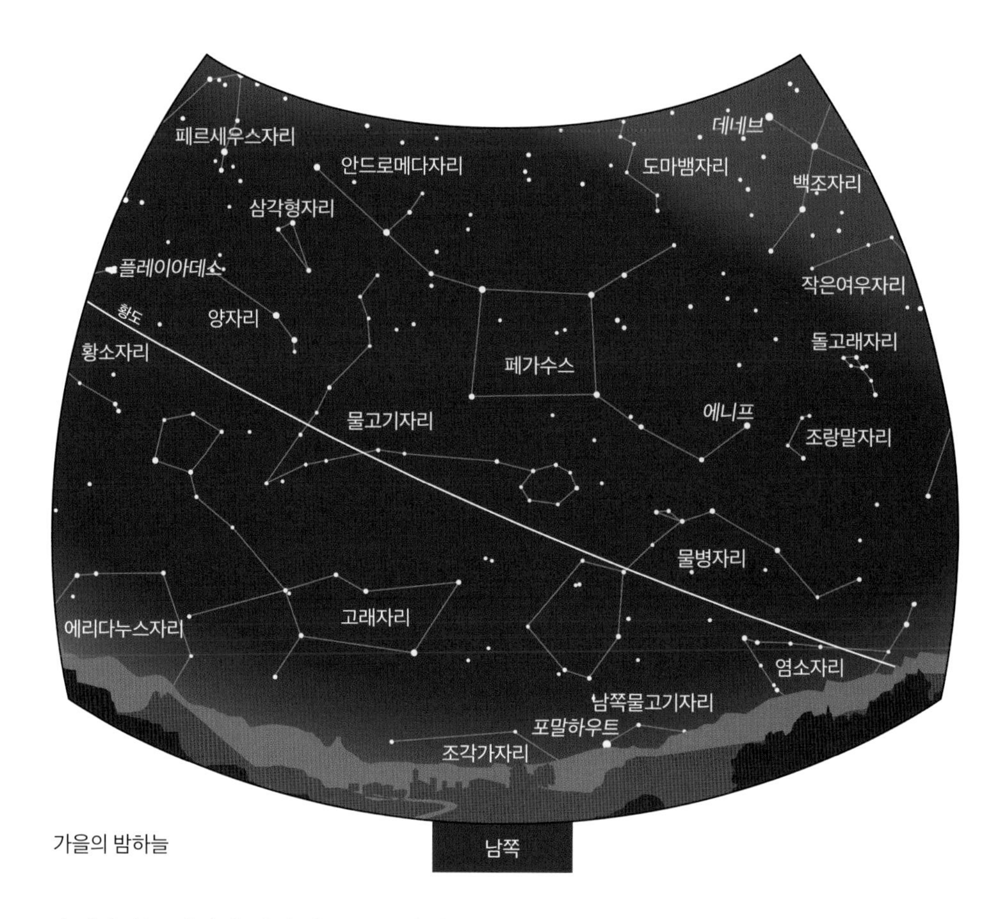

가을의 밤하늘

수리자리는 말리기 위해 펴놓은 우산 혹은 구부러진 닻을 연상시킨다. 여기에서 멀지 않은 곳에서는 방패자리와 궁수자리가 위치한 은하수의 밝은 구름이 자리한다.

가을의 별자리

사람들은 봄보다 가을의 밤하늘에서 더 많은 별들과 별자리를 놓치곤 한다. 가을 밤하늘의 길잡이가 되어 주는 별자리는 신화에 등장하는 날개 달린 말, 페가수스다. 큰 사각형 모양의 거대한 몸통은 하늘 높이에서 찾아볼 수 있다. 오른쪽 아래 꼭짓점에는 약간 구부러진 별의 사슬을 찾아볼 수 있는데, 이는 말의 목과 머리를 나타낸다. 오른쪽 위 꼭짓점의 별의 사슬은 길게 뻗은 앞다리를 나타내며, 왼쪽 위 꼭짓점은 다른 별자리에 속한다. 바로 세페우스와 카시오페이아의 딸, 안드로메다다. 페가수스의 아래쪽에는 두 물고기자리가 팔딱거린다. 아주 눈에 띄는 별자리는 아니지만 말이다. 그래도 물고기자리의 서쪽이자 말의 몸통 아래에 위치한 작은 타원 정도는 알아볼 수 있을 것이다. 가을 대사각형의 오른쪽 변을 따라 쭉 눈을 돌리면 외로이 빛나는 별 하나가 눈에 띈다. 포말하우트, 남쪽물고기자리의 주성이다. 왼쪽에는 고래 모양을 한 바다 괴물이 장난을 치고 있다. 페가수스 왼쪽에는 양자리와 삼각형자리, 2개의 작은 별자리가 위치하며, 마지막으로 다가올

천구의 북극 주변 밤하늘

겨울 하늘의 그리스 신화의 영웅, 페르세우스를 찾아볼 수 있다.

북극 부근의 별자리

대부분의 별자리들은 계절에 따라 돌며 밤하늘과 낮하늘에 뜨지만, 어떤 별자리들은 1년 내내 하늘 위에 있기도 한다. 북극 부근의 별자리인 이들은 천구의 극을 중심으로 매일 한 바퀴를 돌며 지평선 너머로 지지 않는다. 이 별자리들 중 가장 유명한 것으로는 단연 북두칠성을 포함하는 큰곰자리라고 할 수 있을 것이다. 북두칠성 중 4개의 별은 사각형을 이루고, 3개의 별은 막대를 이룬다. 북두칠성만 있다면 누구나 쉽게 북극성을 찾을 수 있다. 천구의 북극 근처에 서 있어 북극 방향을 나침반보다 더 정확하게 알려주는 바로 그 별 말이다. 사각형 아랫면에 이어진 선에서 쭉 뻗으면(길에서 자동차 모는 것을 생각해 보라) 주변에서 북극성을 찾아볼 수 있을 것이다. 북극성은 계절마다 다른 위치의 하늘에서 찾아볼 수 있다. 겨울에는 저녁에 낮은 북동쪽 하늘을, 연초에는 거의 천정에 가까

북극성은 정확히 천구의 북극에 위치하지 않는다. 따라서 북극성도 작은 아치를 그린다.

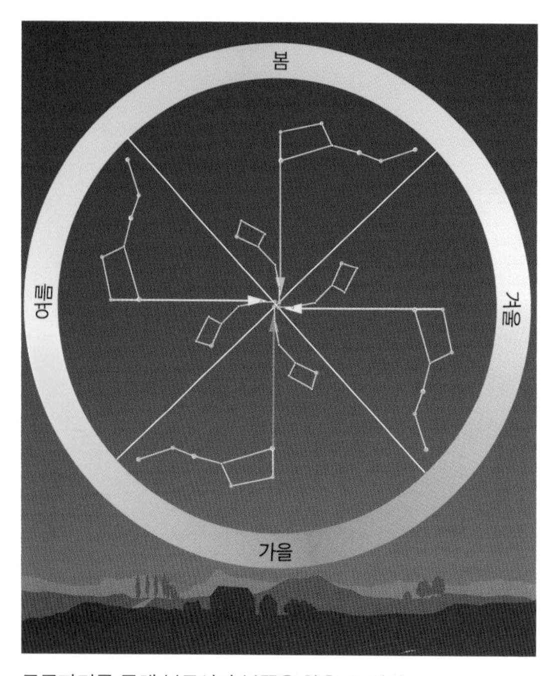

큰곰자리를 통해 북극성과 북쪽을 찾을 수 있다.

운 북동쪽 하늘을, 여름에는 높은 북서쪽 하늘을, 그리고 가을에는 북쪽 지평선에 가까운 낮은 북서쪽 하늘을 찾아보도록 하자.

북극성은 북쪽 하늘에서 찾아볼 수 있는 가장 밝은 별은 아니지만 작은곰자리에서는 가장 밝다. 이 별은 몸통과 이어져 있고 큰곰자리 쪽으로 약간 휘어 있는 막대기 끝에 위치하고 있다.

두 곰 사이에는 용자리의 끝자락이 자리하고 있다. 천구의 북극을 반쯤 휘감고 있는 용자리의 머리는 여름 하늘의 밝은 별, 베가 주변에서 찾아볼 수 있다. 몸통은 천구의 북극 쪽으로 뻗어 가다가 호를 그리며 작은 곰을 휘감고, 작은곰자리와 큰곰자리 사이의 공간을 채운다. 동쪽에서는 도마뱀자리와 세페우스자리를 찾아볼 수 있다. 세페우스자리의 모양은 바람에 날아가기 직전인 집을 연상시킨다. 세페우스는 그리스 신화에서 카시오페이아의 남편으로 등장한다. 가을이나 겨울 높은 하늘에 떠 있는 W 모양의 카시오페이아자리 또한 하늘에서 쉽게 찾아볼 수 있다. 나머지는 생략하도록 한다. 북극 부근의 다른 별자리인 기린자리나 살쾡이자리는 큰곰자리 아래의 여백을 채울 뿐, 밝은 별을 포함하지 않아 눈에 띄지 않기 때문이다.

은하수 길

충분히 어두운 곳에 있다면 맨눈으로도 밤하늘에서 각자 반짝이는 별들뿐만 아니라 여러 별들이 함께 만들어내는 희미한 빛이자 하늘을 가로지르는 거대한 호를 볼 수 있을 것이다. 망원경이 발명되기 전까지는 그 누구도 이 빛이 무엇인지에 대한 질문에 답할 수 없었다. 물론 갈릴레오 갈릴레이는 이미 은하수가 맨눈으로는 각자를 식별할 수 없을 만큼 약한 빛을 뿜어내는 별들의 모음이라고 생각하고 있었지만 말이다.

은하수의 빛은 균일하지 않다. 가장 밝은 성운은 궁수자리 주변에서 찾아볼 수 있다. 하지만 궁수자리는 지평선 가까이에 위치한다. 이에 반해 남쪽의 휴양지에서는 은하수가 눈 속으로 '덮쳐 밀려오는' 듯한 기분을 느낄 수 있다.

큰 도시에서 멀리 떨어진 곳에 있다면 백조자리가 있는 부분과 방패자리의 오른쪽 아래에 인접한 부분은 충분히 밝아 찾아볼 수 있을 것이다. 백조자리는 여름과 초가을 하늘에서 발견할 수 있기 때문에, 우리는 은하수 하면 곧잘 여름을 떠올리곤 한다. 반대로 마차부자리와 큰개자리 사이에 위치한 겨울 은하수는 눈에 잘 띄지 않는다. 남쪽 지방에 있는 관측자라면 용골자리와 남십자자리에서 휘황찬란한 은하수를 볼 수 있겠지만 말이다. 북반구의 관측자는 여러모로 은하수를 관찰하기 불리한 입장에 있다. 은하수의 모양과 별의 분포, 그리고 태양계에서의 위치에 대해서는 다른 장에서 더 자세히 다루기로 한다.

중유럽에서는 여름에 은하수를 가장 잘 찾아볼 수 있다. 백조자리와 궁수자리를 통과하는 은하수를 자세히 살펴보면 암흑성운과 붉은성운을 관찰할 수 있을 것이다.

행성과 친구들

저 멀리 있는 별들은 하늘에 고정된 듯 보이지만 달과 행성들은 각각 지구와 태양을 돌며 춤춘다. 때로는 다른 위성이나 혜성들이 하늘 저 먼 곳을 지나가기도 한다.

달

우리와 가장 가까운 이웃인 달은 태양 다음으로 눈에 띄는 천체다. 평균으로 따지면 달은 지구에서 약 38만 4,400 km 떨어져 있지만, 정확히는 35만 6,000 km와 40만 6,000 km 사이의 거리에서 요동친다. 어쨌거나 이렇듯 달이 지구와 가깝기 때문에 달은 태양 다음으로 밝은 천체로서 존재하며, 숙련되지 않은 관측자도 쉽게 관측할 수 있다. 달이 지속적으로 변화하는 모습-이를 달의 위상이라고 한다-과 매일 바뀌는 관측 조건은 아마추어 천문학자들의 관심을 끌기에 충분하다.

점점 차오르는 달은 이른 저녁 서쪽 지평선 주변에서 찾아볼 수 있다. 거대한 보름달은 높은 하늘에서 관측할 수 있으며, 이지러지는 달은 남쪽 하늘에서 일출과 함께 사라진다.

이 기간 사이에는 아예 달을 관측할 수 없는 날들이 존재한다. 꼭 날씨 때문만은 아니다. 달은 4주에 한 번씩 지구 주위를 돌기 때문에 언제나 똑같은 시간, 똑같은 장소에 뜨지 않는다. 실제로 달이 뜨는 시간은 매일 밤마다 약 1시간씩 늦어진다. 이 때문에 특히 날씨가 좋지 않을 때는 달을 찾아보기 힘들 수 있다.

달의 위상의 형성

달이 아무렇게나 변하는 것처럼 보일지 모르지만 열심히 관측하다 보면 규칙을 찾아낼 수 있다. 일단 달이 지구와 태양 사이에 위치할 때를 시작과 끝으로 잡아 보자. 달이 이곳에 위치해 있을 때는 태양 때문에 낮하늘에서 찾아볼 수 없다. 하지만 이 삭 지점은 굉장히 정확하게 계산할 수 있으며, 대부분의 달력에도 기입되어 있다.

삭 이틀 뒤에는 달이 지구 주위를 도는 궤도에 따라 태양에게서 충분히 멀어져 초승달의 모습으로 저녁 하늘을 비춘다. 저녁에 서쪽 하늘에서 황도가 가파르게 떠오르는 봄즈음에는 달이 태양보다 늦게 지게 된다. 반대로 겨울에는 황도가 완만한 상태이며, 태양과 달 사이에 충분한 각도가 벌어지는 데까지 며칠이 더 소요된다. 초승달은-다른 위상과 마찬가지로-조명에 의해 결정된다. 오히려 달의 위상은 지구의 그림자와는 전혀 상관이 없다(지구의 그림자가 달을 가리는 것은 월식이라고 한다. 이에 대해서는 차후에 설명하도록 한다). 삭 기간에는 태양빛이 달의 뒤쪽에만 닿으며, 우리 눈에는 역광만이 보이게 된다. 하지만 이 시기에도 달이 약간은 밝다는 것을 알 수 있다. 이때는 지구에

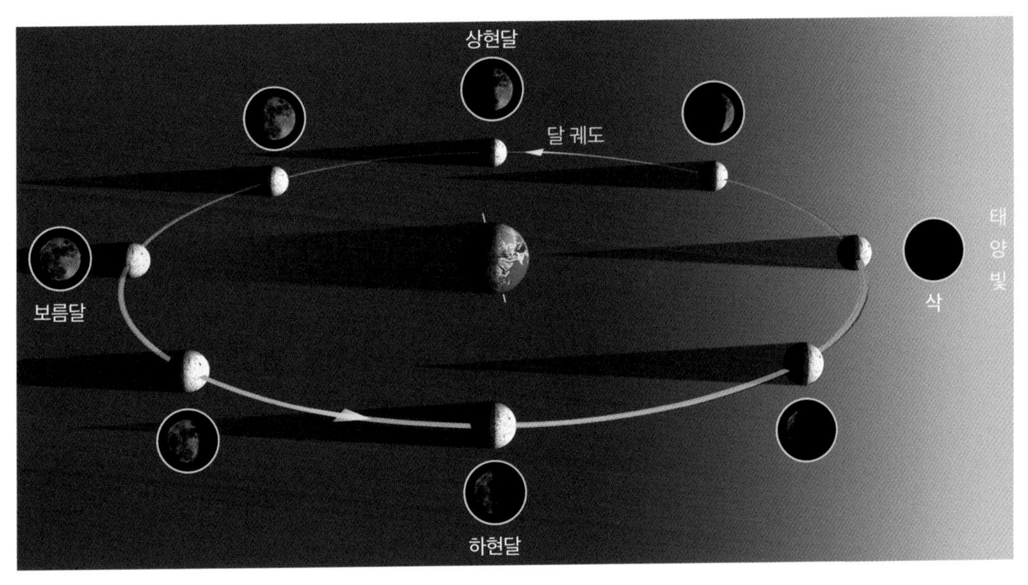

달의 위상의 형성

반사된 태양빛이 달에 닿아 '회색 빛깔'로 빛나기 때문이다.

달이 궤도를 따라 지구를 돌면서 태양에서 멀어질수록 우리가 볼 수 있는 달도 커진다-즉 달이 차오른다. 달과 태양 사이의 각도가 90도가 되면 태양빛은 정확히 달 표면의 오른쪽 면에 닿으며, 이때 우리는 상현달을 볼 수 있게 된다. 이제 달은 다음 삭까지의 거리 중 4분의 1을 움직였다. 해가 진 후 상현달은 남쪽 하늘에 위치하며 자정에 지평선을 넘어 사라진다.

4분의 1이 지난 후 며칠 뒤 달은 점점 배를 내민다. 삭 2주 뒤, 즉 보름달이 될 때까지 말이다. 이 시기에는 달이 점점 늦게 뜨고 늦게 진다. 즉 일몰 무렵에 떠서 일출 전에 진다. 태양 반대편에 뜬 달은 밤 내내 빛이 약한 별을 관측하는 것을 방해할 것이다.

그 이후에도 달이 뜨는 것은 계속 늦어지고, 사람들의 눈에서는 점점 멀어진다. 때문에 마지막 4분의 1 기간 동안 달이 이지러지는 모습은 아름답지만 비교적 보기 힘들다. 이때 달은 늦은 저녁 혹은 자정 이후에 동쪽 하늘에서 떠오른다. 이 기간 동안에는 이전과 같은 오른쪽이 아닌 왼쪽으로 움직이기 때문에 태양빛을 왼쪽 표면에 맞게 된다. 다음 삭 이전 마지막 주, 달은 태양에게로 계속 다가가 점점 얇은 그믐달이 되다가 동틀 무렵에 사라진다.

두 삭 사이의 시간, 즉 음력월은 약 29.5일이다(정확히는 29일 12시간 44분 2.9초). 달의 공전 궤도가 타원형이기 때문에 두 삭 사이의 기간은 약간 변하기도 한다.

별자리를 기준으로 달의 움직임을 좇는다면 달의 움직임이 태양의 움직임과 비슷하다는 사실을 알게 될 것이다(별자리 사이를 통과하는 태양의 움직임은 직접적으로 보기 힘

그믐달. 달의 하늘을 가득 채우는 지구가 달의 어두운 면을 밝힌다.

들지만 궤도를 통해 짐작할 수 있다). 실제로 달의 궤도는 황도와 겨우 약 5도 정도 차이가 날 뿐이다. 천구의 적도와 황도 사이에 교차점이 있듯 황도와 달의 궤도인 백도 사이에도 교차점이 있다. 이를 교점이라고 한다. 여기에서 달이 차오를 때의 교점을 승교점(천구를 북쪽으로 가로지르는 황도와 천구의 적도 사이의 교차점도 승교점이라고 말하기도 한다)이라고 하며, 이지러질 때의 교점을 강교점이라고 한다. 이 중간쯤에는 북회귀선(하지선이라고도 한다)과 남회귀선(동지선이라고도 한다)이 위치한다. 달의 궤도에는 경사가 존재하기 때문에 일반적으로는 달이 삭일 때 태양-지구 사이를 연결하는 선보다 약간 위나 밑에 위치하게 된다. 즉 달이 정확히 태양과 지구 사이에 존재하는 일은 굉장히 드물다. 이때 달의 그림자가 지구로 떨어지는 일식을 관측할 수 있다.

계절마다 변화하는 보름달

보름달은 해 반대편에 뜬다. 하지만 태양이 그리는 호는 1년을 주기로 바뀐다. 마찬가지로 밤에 달이 그리는 호의 모양 또한 변화한다. 겨울에는 보름달이 (여름의 태양이 그러하듯) 하늘에 높은 호를 그리지만 여름에는 반대로 (겨울의 태양처럼) 지평선에 완만하게 뜨는 것을 볼 수 있다. 이는 보름달의 위치가 점점 동쪽으로 이동한다는 의미이기도 하다. 따라서 두 보름달 사이 시간, 즉 음력월은 달이 지구를 도는 데 필요한 시간보다 더 길다-따라서 항성월은 약 27.3일(정확히는 27일 7시간 43분 11.6초)이다. 우리가 앞서

달이 황도 가까이 위치한 경우에는 다른 행성과 조우하기도 한다. 이 사진 속에서는 금성이다.

지구 공전에 대해 이야기할 때와 마찬가지다. 태양일도 항성일보다 길지 않은가.

태양과는 다르게 달의 움직임은 태양과 지구의 중력에 큰 영향을 받는다. 따라서 달 궤도의 공간적 방위는 매해 바뀐다. 정확히 이야기하자면, 백도와 황도 사이의 교점은 18.6년마다 한 번씩 황도 별자리를 통과해 이동한다-즉 백도의 평면은 세차운동을 한다. 이러한 세차운동 때문에 달이 별의 앞을 지나는 경로는 매번 변화한다. 이 기간 동안 달은 적위 10도 이상 움직이게 된다-이러한 차이는 특히 보름달의 위치에서 명확하게 찾아볼 수 있다. 승교점이 춘분과 일치하게 되면 북회귀선은 쌍둥이자리에 닿게 되며, 겨울의 보름달은 하지의 태양보다 5도 북쪽에 위치한다. 같은 방식으로 남회귀선은 궁수자리와 닿게 되고, 여름의 보름달은 동지의 태양보다 5도 남쪽에 위치한다. 이 특이한 현상은 2025년에 실제로 일어날 예정이며, 반대의 현상은 2034년에 관측할 수 있다(44페이지 위 그림 참고). 2025년에는 백도의 승교점이 춘분점 근처에 위치한다. 6월 보름달은 황도에서 5.5도 남쪽에 위치하며, 12월의 겨울 보름달은 반대로 황도에서 4.6도 북쪽에 위치한다. 승교점이 황도의 추분점에 위치하는 2034년에는 이 반대다. 이 중간 점인 2030년에는 하지와 동지에 모두 황도 주변에서 보름달을 관측할 수 있다. 그래프는 북위 51.5도에서의 관측을 기준으로 계산되었으며, 적도 부근에는 해당되지 않는다. 이 위도에서는 달의 궤도를 관측하는 각도가 다르기 때문이다. 따라서 그래프의 두 곡선은 더 아

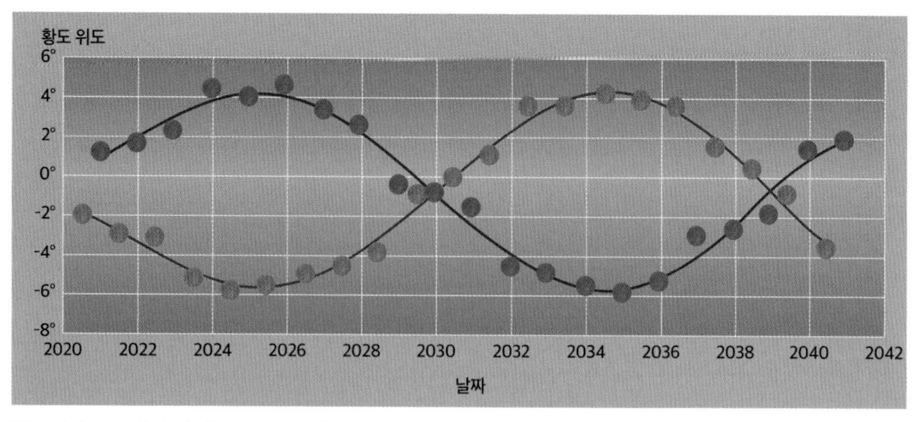

백도가 약간 기울어져 있으므로 보름달은 황도 위나 아래에 위치한다(43페이지 글 참고).

래로 밀리게 될 것이다. 반대로 남반구의 관측자에게는 두 곡선이 위로 올라간다.

달이 황도 주변의 별을 지나가는 궤도를 살펴보면 달의 궤도 변화를 더 확실하게 볼 수 있다. 예를 들어 달이 북쪽의 알데바란, 레굴루스, 스피카 혹은 안타레스를 지났다면 몇 달 혹은 몇 년 뒤에는 남쪽에 있는 별들을 지날 것이며, 때로는 이러한 별들을 가리기도 할 것이다. 승교점을 달이 두 번 통과하는 기간을 교점월이라고 부르며, 약 27.2일(정확히는 27일 5시간 5분 35.9초)이 걸린다.

근지점에 위치한 달은 원지점에 위치해 있을 때보다 명확히 커 보인다.

거대한 달

보름달은 뜨고 질 때 유난히 크게 보인다. 물론 달이 타원 궤도로 지구 주위를 돌기 때문에 지구 가까이에 있을 때(근지점)는 지구에서 멀 때(원지점)보다 더 커 보일 수밖에 없다. 하지만 지평선에서 유난히 커 보이는 달의 원인은 이것으로 설명할 수 없다. 태양 또한 하늘 높이 떠 있을 때보다 지평선 주변에 있을 때 더 크게 느껴진다. 이는 단순한 속임수 그 이상이다. 뇌는 천체가 하늘에 높이 떠 있을 때보다 지평선에 가까울 때 더 멀리 있다고 인식한다. 따라서 이를 상쇄하기 위해 지평선에 있는 물체가 더 크다고 느끼게 되는 것이다.

관측자는 타원 궤도에 따른 달의 크기 변화를 맨눈으로도 느낄 수 있다. 그 사이의 시간이 이를 방해하지만 않으면 말이다. 원지점에서의 달은 근지점에서보다 약 14% 멀리

달이 지구의 그림자에 가려짐에 따라 점차 어두워진다. 위 사진은 2015년 9월 28일의 월식이 이루어지는 과정을 담고 있다.

떨어져 있으며, 크기도 약 7분의 1 정도 차이 난다. 하지만 지구 가까이에 위치한 거대한 달이 지구 저 멀리에 있는 작은 달로 바뀌는 데는 약 2주 정도가 소요되기 때문에, 이를 직접 비교하기는 힘들다.

월식

보름달은 때로 (달과 지구 궤도 사이의) 두 교점 주변에 위치하기도 하며, 이때 달의 전체 혹은 일부가 지구의 그림자에 가려지게 된다. 이때 달의 일부가 지구 그림자에 가려지는 현상을 부분월식, 전체가 가려지는 현상을 개기월식이라고 한다. 개기월식은 약 1.5시간 정도 일어난다. 이 시간 동안에는 달이 태양빛으로부터 완전히 차단되기 때문에 달이 아예 보이지 않을 것이라고 생각하기 십상이다. 하지만 실상은 그렇지 않다. 지구 대기층이 태양빛의 일부를 반사시키기 때문이다. 태양빛의 푸른 부분은 대부분 대기에서 산란되므로 어두운 달은 붉은빛으로 빛나게 된다. 이는 지구의 대기 오염 정도에 따라 약간은 달라질 수 있다. 월식은 달이 지평선 위에 떠 있는 모든 장소, 즉 지구 표면의 약 절반 정도에서 관측할 수 있다(역시 날씨에 따라 달라질 수 있다).

월식과 일식은 18년 하고 10.3일 혹은 11.3일마다(이 사이 윤년의 수에 따라 달라진다) 유사한 조건으로 반복된다. 이 중 0.3일 때문에 월식 혹은 일식은 서쪽으로 약 120도 너머에서 일어나게 된다. 다시 말해 일식 혹은 월식 주기가 다가오면 지난번과는 다른 곳에서 이를 관측할 수 있다. 지구가 이전 일식 혹은 월식보다 0.3일 만큼 더 회전하기 때문이다. 이를 사로스 주기saros cycle라고 하며, 이미 2,000여 년 전에 발견되었다. 사로스 주기는 223삭망월로, 242교점월보다 약 1시간

적은 시간에 해당된다.

행성과 움직임

달(그리고 태양도)을 제외한 몇몇 천체들은 밤하늘에서 가만히 반짝이는 별들보다 더 명확하게 움직인다. 이 천체들은 이러한-과거의 천문학자들은 설명할 수 없었던-움직임에서 비롯된 이름을 가지고 있다. 행성planet은 그리스어로 '방랑하는'을 의미한다. 과거에는 맨눈으로 관측할 수 있는 5개의 방랑별인 수성, 금성, 화성, 목성, 토성 이외에도 태양과 달 또한 행성으로 여겨졌다-이 행성들의 이름은 과거 바빌론, 로마와 게르만 신들의 이름을 딴 요일의 이름에서 가져왔으며(52페이지 표 참고), 토요일은 유대교의 안식일을 의미하는 단어 Sabbath에서 비롯되었다.

내행성: 수성과 금성

행성의 관찰 가능 여부는-달과 마찬가지로-태양과 지구에 대한 상대적인 위치에 따라 결정된다. 따라서 수성과 금성-두 행성 모두 지구보다 태양 가까이에 위치한다-이 지구와 태양 사이에 위치하고, 해와 함께 낮하늘에 떠 있을 때를 기준으로 시작하자. 이 경우에는 수성삭이나 금성삭이 아닌 내합이라고 부른다(반대로 이 행성들이 태양 반대편에 위치할 때를 외합이라고 한다).

수성과 금성은 일반적으로 서쪽에서 동쪽으로 황도를 통과하지만 내합일 때는 음주운전을 하듯 황도를 역행한다. 태양과 행성 사이의 각도는 빠르게 벌어지기 때문에 내합 몇 주 뒤에는 수성과 금성이 다시 낮하늘에 나타난다. 이들의 궤도는 태양과 가깝기

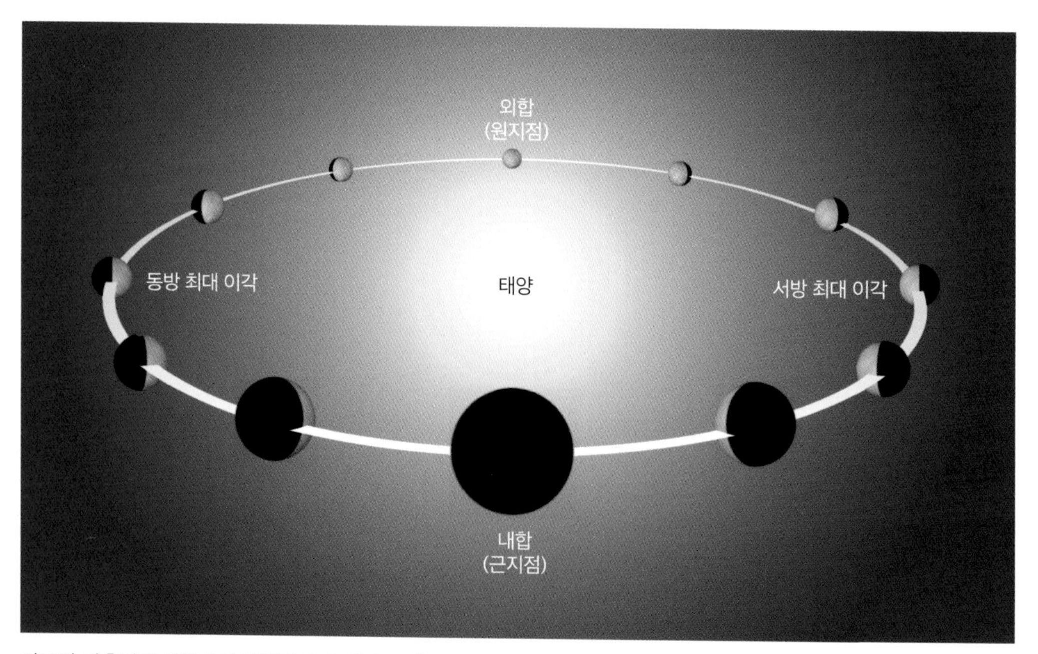

지구의 관측자를 기준으로 내행성인 수성과 금성은 언제나 태양에서 멀지 않은 곳에 위치하며, 그렇기 때문에 아침이나 저녁에만 관측이 가능하다.

때문에 하늘 위 태양에서 멀리 떨어지는 법이 없다. 수성과 태양이 이루는 최대 각도는 28도이며, 금성은 약 47도다. 이는 이 두 행성을 태양이 뜨기 전 동쪽 하늘 혹은 태양이 진 직후 서쪽 하늘에서 찾아볼 수 있음을 의미한다. 즉 서쪽 아침 하늘이나 남쪽 저녁 하늘에서 이 둘을 찾아보는 것은 불가능하다.

금성과 수성의 관찰은 쉽지 않다. 태양과의 최대 거리, 소위 말하는 최대 이각이 항상 유리한 관측 조건으로 이어지는 것은 아니다. 수성의 특이한 궤도(궤도의 경사와 이심률) 때문에 우리의 위도에서는 태양에서 가장 가까운 이 행성을 오직 봄, 여름의 저녁 하늘이나 가을의 아침 하늘에서만 관측할 수 있으며, 이마저도 며칠 혹은 몇 주에 불과하다. 특히 수성은 초보자들에게 어려움을 안겨 주곤 한다. 일출과 일몰 하늘은 너무 밝아서 주변의 별을 길잡이로 삼을 수 없기 때문이다.

이와 반대로 금성은 해와 달 다음으로 가장 밝은 천체이기 때문에 놓칠 일이 없다. 금성이 가장 빛날 때(내합 5.5주 전 혹은 후)에는 낮하늘에서 맨눈으로 찾아볼 수 있을 정도다-물론 어디서 금성을 찾아야 하는지를 알고 있다면 말이다.

아침에 이들을 관측할 수 있는 기간 동안 수성과 금성은 역전운동에서 벗어나 태양을 중심으로 한쪽에 치우친 호를 그리며, 곧 최대 이각에 도달한다. 그러고는-각기 다른 공전 시간에 맞추어-각기 다른 속도로 태양을 향해 움직인다. 수성을 관측하기 좋은 기간

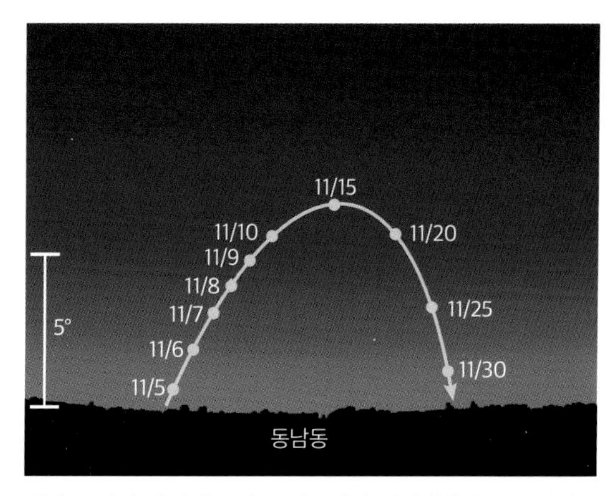

태양 주변의 행성인 수성은 해뜰녘과 해질녘에만, 그중에서도 겨우 며칠만 관측할 수 있다.

은 약 3주에 불과하며, 이에 반해 금성은 6개월 넘게 관측할 수 있다.

이후 이들은 태양빛과 함께 사라져 태양 뒤편으로 지나가는 것처럼 보인다(외합). 그렇게 관측 불가능한 기간 이후에는 다시 저녁에 태양의 왼쪽(동쪽)에서 나타난다. 그러

2012년 6월 6일 태양 앞을 지나가는 금성-이러한 일면통과는 2117년에 다시 볼 수 있다.

2018년 7월 27일, 은하수 옆 화성과 개기월식

고는 또다시 최대 이각에 다다르고, 이때 다시 거꾸로 움직이며 태양을 향해 달려가 다시 관측 불가능한 상태가 되고 만다. 외부에서 관측해 보면 내합에 이를 때까지 수성과 금성이 느리게 움직이는 지구를 추월하는 것을 볼 수 있다. 그러면 다시 지구와 행성의 거리가 좁혀진다.

이 두 (내)합 사이의 기간을 회합주기라고 하며, 태양을 공전하는 (항성)주기보다 더 길다. 지구 또한 태양을 돌고 있기 때문이다. 흥미롭게도 금성의 5회합주기는 8지구년과 며칠밖에 차이가 나지 않는다. 따라서 이 안쪽 이웃 행성의 관측 조건은 8년마다 한 번씩 비슷한 형태로 반복된다.

태양 앞을 지나다

수성과 금성의 궤도는 황도의 평면에 기울어져 있기 때문에 이들은 내합 동안-삭 중의 달과 마찬가지로-태양과 지구를 연결하는 직선 위나 아래에 위치하게 된다. 그럼에도 불구하고 때때로는 이러한 내합이 교점 주변에서 나타난다. 이때는 행성이 마치 정확히 태양 앞을 지나가는 검은 점처럼 보이며, 이를 수성 혹은 금성의 일면통과라고 한다. 수성의 궤도는 태양 더 가까이에 붙어 있기 때문에 수성의 일면통과는 금성의 일면통과보다 더 자주 발생한다. 21세기에 수성의 일면통과는 14회 일어나며, 이중 4회는 이미 지나갔다. 다음 수성의 일면통과는 2032년 11월

13일에 발생하며, 날씨가 맑다면 전 유럽에서 관측이 가능할 것이다. 금성은 이번 세기에 이미 두 번이나 태양을 지나갔다. 충분히 관측이 가능했던 2004년 6월 8일과 끝부분만 겨우 볼 수 있었던 2012년 6월 5~6일에 말이다. 다음 금성의 일면통과는 2117년에 일어날 예정이다.

관측 가능한 것 수성과 금성이 태양 앞을 지나가는 데는 몇 시간이 걸린다. 하지만 수성은 너무 작기 때문에 태양을 지나가는 모습을 보기 위해서는 망원경이 필요하다. 이와는 대조적으로 금성이 지나가는 모습을 보는 데는 쌍안경이면 충분하다. **하지만 주의하자. 보호장치 없이는 맨눈으로도, 광학장치로도 태양을 보아서는 안 된다!** 특히 수성의 일면통과를 관측할 때는 일반 태양 관측이나 일식 관측 때와 똑같은 주의 사항을 지켜야 한다! 가장 안전한 방법은 태양을 흰색 평면에 투사하거나 망원경이나 쌍안경 대물렌즈 앞에 태양 필터를 설치하는 것이다. 태양 보호 부품에 대해서는 92페이지 '태양의 관측' 장에서 더 자세히 다룬다.

외행성: 화성, 목성, 토성

맨눈으로 관측 가능한 세 행성은 지구 궤도 바깥쪽으로 태양을 돌며, 내행성과는 다른 관측 조건을 필요로 한다. 주요 차이점은 이 외행성들이 지구와 태양 사이를 지나지 않는다는 점이다. 즉 이들은 태양으로부터 180도 이동해 하늘 반대편-보름달과 같은 위치에

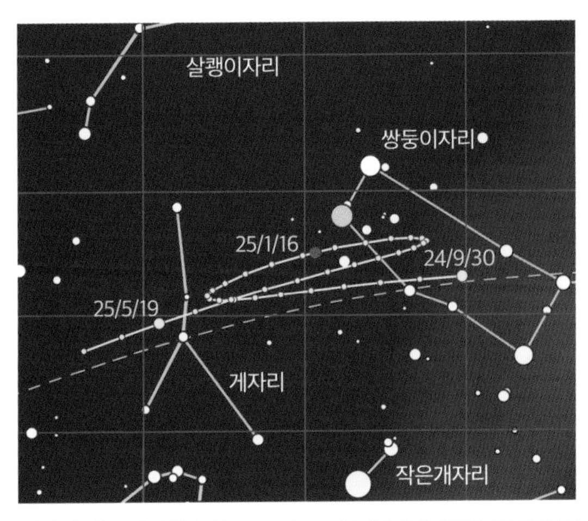

화성의 겉보기 역행운동. 2024/2025년 쌍둥이자리와 게자리 주변. 붉은 점은 역행을 시작하는 날짜를 나타낸다.

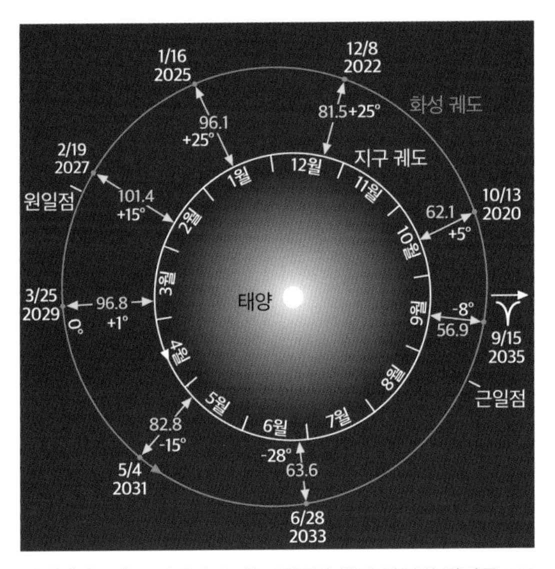

화성의 충. 궤도 사이의 숫자는 지구와 화성 사이의 거리를 100만 km 단위로 나타낸다.

떠 있을 수 있다. 이러한 배치를 충이라고 한다. 충에서는 이러한 외행성들이 일몰 동쪽에서 뜨기 시작해 자정 남쪽 하늘에서 최고 높이에 도달하며, 일출이 다가오면 다시 서쪽 하늘로 사라진다. 이는 밤 내내 이들을 관측할 수 있다는 의미다. 이때 지구와 화성, 목성, 토성 간의 거리가 가장 짧으며, 이 행성들이 특히 밝게 빛난다.

관측 조건에 대한 이야기는-늘 그렇듯-합의 위치에 있을 때로부터 시작한다. 이때 지구를 기준으로 내행성은 태양 너머에 위치한다. 각 행성은 각기 다른 속도로 타원 궤도를 질주하기 때문에 태양과의 각도 또한 다른 속도로 벌어지게 된다. 화성은 26개월에 한 번 태양을 지나므로, 아주 느리게 태양 뒤로 움직여 합 몇 개월 뒤에 아침 하늘에 나타난다. 목성과 토성은 13개월이나 12.5개월이면 다시 태양과 함께 낮하늘에 존재한다. 태양과의 각도 또한 빠르게 벌어져 합 4주에서 6주 뒤에는 다시 관측 가능하다. 이후 몇 개월간 태양과의 각도는 점점 더 벌어지고 하늘에 그리는 호의 높이도 높아진다-이때 행성은 자정 전 동쪽에서 가파르게 떠올라 저녁에도 관측할 수 있다. 또한 지구와의 거리가 차츰 줄어들기 때문에 점점 밝게 빛난다.

충 지금까지 행성들은 대략 일정한 속도로 오른쪽을 향해 움직였다. 황도를 따라 서쪽에서 동쪽으로 말이다. 하지만 이들은 어느 순간 모두 속도를 늦추고 심지어 (겉보기에) 한자리에 정지하다가 자신의 방향을 바꾸어 반대로 움직인다. 이를 통해 태양과의 각도는 더 빠르게 벌어지고 뜨는 시간은 태양이 지는 시간에 따라 더 빨라진다-충이 다가오는 것이다.

화성, 목성, 토성은 각각 다른 형태의 궤도를 가지고 있기 때문에 충일 때의 밝기 또한 언제나 같지만은 않다. 예를 들어 화성은 비교적 더 납작한 타원 궤도로 태양을 돈다. 따라서 화성이 해와 멀리 떨어진(원일점) 충일 때는 지구와 약 5,600만 km, 반대로 해와 가까운 위치(근일점)일 때는 약 1억 100만 km 떨어져 있다. 충은 화성을 관측하기 적합한 시기이며, 15년이나 17년에 한 번씩 나타난다. 2003년 8월에는 특히 화성이 가깝게 다가왔으며, 그 이후인 2018년 여름에도 지구에서 6,000만 km 떨어진 곳에 위치했다. 다음 원일점(충)은 2035년 9월 15일로, 이때 화성은 지구에서 5,690만 km 떨어진 곳에 자리하게 된다. 화성이 지구와 가까이 있을 때는 목성보다 크게 보이지만, 원일점이자 원지점에 위치하게 되면 겨우 이등성 정도의 밝기로 빛날 뿐이다.

목성과 지구 사이의 거리는 원일점일 때와 근일점일 때 약 7,500만 km 정도 차이 나게 된다. 이는 화성과 지구 사이 거리 차이보다 훨씬 크지만, 이에 따른 목성의 밝기 차이는 그다지 크지 않다. 목성이 화성에 비해 훨씬 멀리 떨어져 있으므로 상대적인 거리 차이가 훨씬 작기 때문이다. 고리를 가진 행성인 토성은 전혀 다른 양상을 보인다. 토성의 밝기에는 고리의 방향이 큰 영향을 미친다. 토성

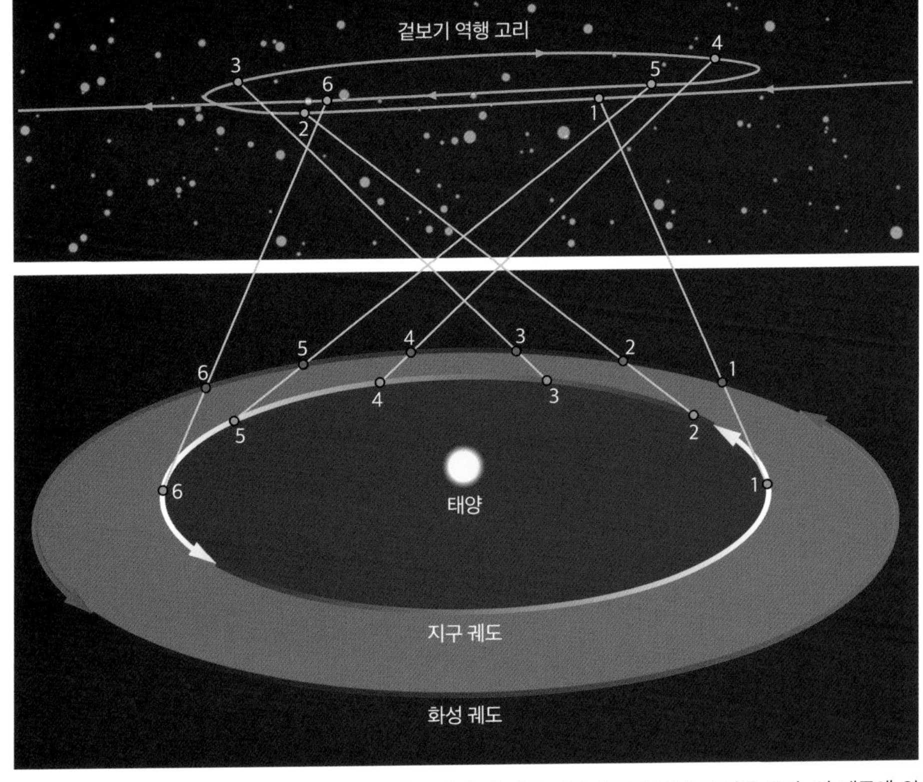

우주에서의 추월: 지구는 바깥 행성들(여기에서는 화성)에 비해 빠른 속도로 태양 주위를 돈다. 이 때문에 외행성들은 하늘에서 특별한 고리 형태로 움직이게 된다.

은 높은 각도(최대 27도)에서 바라볼 때보다 낮은 각도에서 고리의 가장자리를 바라볼 때 훨씬 어둡게 보인다. 이때 얼음으로 덮여 햇빛을 반사하는 고리의 입자들은 토성의 밝기에 주요한 영향을 미친다.

우주에서의 추월 충 이후 외행성들은 별들 사이를 헤치고 서쪽 방향을 향해 계속해서 역방향으로 움직인다. 행성이 역행하는 속도는 점차 늦어지다가 잠시 한자리에 멈춰 선다. 결국 행성은 다시 올바른 방향으로 움직이기 시작한다. 이것이 바로 소위 말하는 겉보기 역행운동이다. 천동설을 굳게 믿었던 중세시대의 천문학자들은 이에 대한 대답을 내놓기 위해 골머리를 썩어야 했다. 하지만 지구를 포함하는 모든 행성이 태양 주위를 돈다는 지동설이 세상에 나타난 후, 이러한 역행운동의 비밀이 밝혀지게 되었다. 지구가 행성들을 추월하기 때문에 행성들은 일시적으로 반대 방향으로 움직이는 것처럼 보인다. 태양계 외부에서 이를 관찰해 보자. 모든 행성들이 똑같이 반시계 방향으로 태양 주변을 돈다. 이때 태양과 행성 사이의 거리가 멀어질수록 공전 주기는 늘어난다. 수성이 태양 주위를 한 바퀴 도는 데는 약 88일이면 충분하지만 금성은 225일, 지구는 365.25일(1년), 화성은 687일(22.5개월) 목성은 약 12년, 토성은 약 29.5년이 걸린다. 안쪽 궤도를 도는 행성은 바깥쪽 궤도를 도는 행성들을 주기적으로 추월한다. 예를 들어 수성은

먼 곳의 목성형 행성인 해왕성과 해왕성의 가장 큰 위성인 트리톤

116일, 금성은 584일마다 지구를 추월한다. 반면 지구는 25.6개월마다 화성을, 13개월마다 목성을, 12.5개월마다 토성을 추월한다. 행성 간의 추월은 고속도로 위 자동차들이 서로를 추월하는 것과 별반 다르지 않다. 둘은 같은 방향으로 움직이고 있지만 빠른 자동차의 탑승자 눈에는 느린 자동차가 거꾸로 가는 것처럼 보인다. 추월당한 자동차는 뒤쪽으로 처지기 때문이다. 이러한 겉보기 역행운동(내행성도 마찬가지로 역행운동을 한다)의 시작과 끝점은 행성의 궤도와 기하학을 통해 쉽게 계산할 수 있다. 이후 외행성들은 점차 태양에게 잡아먹히기 시작하며, 관

UFO는 없다 – 정말로?

밤하늘을 관측하다가 낯선 빛이나 이상한 현상을 목격한 적 있는가? 이때는 누구나 흥분하기 마련이다. 특히 하늘에서 나타나는 다양한 현상들에 대해 아직 잘 알지 못하는 관측자라면 더더욱 말이다. 하지만 안심하라. 설명할 수 없는 일일지라도 진짜 UFO(소위 말하는 다른 별에서 온 우주선)일 가능성은 0에 가깝다. 여기에서는 하늘에서 볼 수 있는 다양한 현상들과 가능성 높은 이유에 대해 설명한다.

점 형태의 빛: 아래쪽에서 반짝이는 구름, 스카이빔, 달빛에 빛나는 비행운, 극광, 혜성

점점 커지는 빛: 관측자 쪽으로 다가오는 유성(드묾)

반짝이는 빛: 불안정한 대기 속의 밝은 별, 선회하는(움직이는) 인공위성, 비행기

빠른 색 변화: 불안정한 대기 속의 밝은 별, 비행기의 위치 등

눈에 띄게 떨리는 별의 운동: 불안정한 대기

약간 뱀처럼 움직임: 위성으로 인한 시각적 착시

눈에 띄는 움직임: 새, 풍선, 비행기, 인공위성, 유성, 화구

며칠이 지나야 눈에 띄는 움직임: 행성, 혜성, 소행성

요일 이름의 유래

행성	로마의 신	게르만 신	라틴어	요일 이름	영어	프랑스어	스페인어
달	Luna	-	dies lunae	월요일	Monday	Lundi	Lunes
화성	Mars	Tyr	dies martis	화요일	Tuesday	Mardi	Martes
수성	Merkur	Wodan	dies mercurii	수요일	Wednesday	Mercredi	Miércoles
목성	Jupiter	Donar(Thor)	dies iovis	목요일	Thursday	Jeudi	Jueves
금성	Venus	Frija(Frigg)	dies veneris	금요일	Friday	Vendredi	Viernes
토성	-	-	dies saturni	토요일	Saturday	Samedi	Sábado
태양	Sol	-	dies solis	일요일	Sunday	Dimanche	Domingo

측할 수 있는 시간도 점점 짧아진다. 이때 외행성들은 점점 이른 시간에 지기 시작해 나중에는 해가 질 때쯤 서쪽 하늘에서 잠시 나타날 뿐이다. 합이 지나고 나면 이러한 행성들은 다시 태양 뒤에서 모습을 나타낸다.

망원경으로 관측 가능한 행성: 천왕성과 해왕성

17세기 초반 쌍안경이 발명된 후 다른 행성들과 같은 방향으로 태양 주위를 도는 두 행성과 수많은 소행성들이 발견되었다. 1781년 독일 출생의 윌리엄 허셜William Herschel은 영국에서 천왕성을 발견했으며, 1846년 베를린 천문대에서 근무하던 천문학자 요한 고트프리트 갈레Johann Gottfried Galle는 해왕성을 발견했다. 해왕성의 위치는 발견 이전에 이미 프랑스 수학자 위르뱅 르베리에Urbain Le Verrier가 천왕성의 궤도 교란을 통해 계산해낸 바 있었다. 1930년 클라이드 톰보Clyde Tombaugh가 발견한 명왕성은 2006년에 행성의 지위를 박탈당했다.*

맨눈으로 하늘을 관찰하는 사람들은-1801년 이후 발견된 다른 소행성들과 마찬가지로-이러한 행성들을 보는 것이 거의 불가능하다. 이는 천왕성의 겉보기 크기가 가장 크고 관측하기 좋은 위치에 있을 때도 마찬가지다. 이 행성의 밝기는 사람이 눈으로 볼 수 있는 최소 밝기보다 겨우 조금 더 밝을 뿐이다. 하루 내내 거의 움직이지 않아 몇 주 뒤에나 움직임을 겨우 눈치챌 수 있다는 점도 관측을 어렵게 만든다.

몇천 년 동안 사람들은 이 행성이-다른 별들과 마찬가지로-크리스털로 이루어져 있으며, 세상의 중심에 위치한 지구 주위를 돈다고(천동설) 믿어 왔다. 이러한 믿음은 16세기 중반에 등장한 지동설로 인해 깨졌다. 지동설은 지구를 포함한 모든 행성들이 태양 주변을 타원형 궤도로 돈다는 것을 의미한다.

별똥별

하늘 위 물체들은 대부분 눈치채기 힘들 만큼 천천히 움직이지만, 가끔은 굉장히 빠르게 움직이는 것들도 존재한다. 갑자기 낯선 빛이 별들 사이를 스쳐 지나간다. 밝은 빛의 꼬리가 눈에 띈다. 그러고는 몇 초나 몇 분 만에 흔적도 없이 사라져버린다.

옛날 사람들은 별이 하늘에서 떨어지는 것은 세상의 종말을 뜻하는 예언이라고 생각했다. 아마도 이것이 별똥별이 떨어질 때 소원을 비는 풍습의 기원일 것이다-마지막으로 비는 소원으로서 말이다. 하지만 실제로는 핀 머리만한 작은 먼지 입자가 이러한 빛의 원인이다. 먼지 입자는 태양 주위를 도는 지구 궤도를 지나려다가 대기를 통과하며 불탄다. 우리가 보는 것은 불타는 먼지 입자가 아니라 수백 킬로미터 위 하늘에서 먼지가 불타며 통과한 대기의 경로다. 먼지 입자가 대기를 통과할 때 마찰열로 인해 주변의 공기 입자들이 빛나게 된다. 이러한 현상을 전문용어로는 유성(별똥 또는 별똥별)이라고 하

* 국제천문연맹(IAU)의 공식적인 결정에 따른 것이다.

국제우주정거장 ISS의 경로가 사진에 긴 꼬리를 남긴다.

밝은 별똥별은 저녁 하늘 산책의 꽃이라고 할 수 있다.

며, 불타는 입자는 유성체라고 한다.

때로는 밤에 어떠한 하늘 위 지점에서 수많은 별똥별들이 나타나기도 한다. 이러한 유성체들이 흐름을 이루어 떨어지는 현상인 유성우에 대해서는 126페이지 '유성 관찰'의 표에서 찾아볼 수 있다.

인공위성

밤하늘을 자주 관측하는 사람 중 별자리에 박식한 사람이라면 하늘에서 반짝이는 알 수 없는 빛을 찾아볼 수 있을 것이다. 하늘에 주기적으로 나타나는 이 빛은 놀라운 속도로 하늘을 가로지른다. 이는 주로 UFO가 아닌 인공위성이다. 인공위성은 몇백 킬로미터 위에서 지구 주위를 돌기 때문에 지상은 어두운 밤일지라도 높은 하늘에 남아 있는 태양빛을 받아 빛난다.

대표적인 예시가 국제우주정거장 ISS다. 이는 기본적으로 북위 및 남위 51.6도의 모든 장소를 선회하는 궤도로 지구를 돌며, 지구 주위를 한 바퀴 도는 데는 92.3분이 걸린

많은 위성은 몇 초 동안 매우 밝게 빛난다.

다. 이는 우주정거장이 매번 특정한 장소 위를 지난다는 것을 의미하지는 않는다. 이 1시간이 조금 넘는 시간 동안에도 지구는 동쪽으로 자전하기 때문에 궤도를 돌고 난 우주정거장은 약간 서쪽에서 발견된다. 국제우주정거장의 궤도 높이는 약 400 km 정도지만 1,000 km 밖에서도 충분히 이를 찾아볼 수 있다. 다시 말해 우주정거장은 꽤 광범위한 장소에서 관측 가능하다. 우주정거장이나 다른 인공위성을 언제나 볼 수 있는 것은 아니다. 인공위성이 반짝이기 위해서는 충분히 어두운 관측 장소와 인공위성을 비추는 태양빛이 필요하다. 국제우주정거장은 태양이 지평선 18도 아래 너머로 지기 전까지 이러한 조건을 충족한다. 우주정거장은 하지 즈음에는 밤새 관측할 수 있지만 가을이나 겨울, 봄에는 일몰 혹은 일출 약 2시간 전후에만 가능하다. 물론 태양이 더 져버린 이후에도 우주정거장이 지평선 부근에 잠시 떴다가 지구 그림자에 가려지는 모습을 볼 수 있다.

인터넷 예보

위성의 궤도는 시간이 지남에 따라 변화한다. 때문에 관측 가능 여부에 대한 장기적인 예보는 불가능하다. 400 km 위의 대기는 지표면에서처럼 밀도가 높지는 않지만 인공위성의 속도를 조금씩 늦추기에는 충분하며, 이로 인해 궤도의 높이는 점차 낮아지게 된다. 태양이 특히 밝게 빛날 때는 지구 대기의 바깥쪽이 데워지며 팽창하고, 이로 인해 인공위성의 속도는 더욱 느려진다.

국제우주정거장과 기타 인공위성의 관측 가능 여부에 대한 정보는 www.heavens-above.com에서 찾아볼 수 있다. 여기에 관측지의 지리적 좌표를 입력하고 원하는 인공위성을 고르기만 하면 된다. 스마트폰 앱으로도 이러한 정보를 찾아볼 수 있다. 앱에서는 관측자의 현재 위치에서 관측할 수 있는 인공위성에 대한 정보를 제공한다.

전형적인 경로

우주정거장은 서쪽에서 동쪽 방향으로 이동하며, 1초당 약 8 km의 속도로 지구 주위를 돈다. 이는 지구의 자전 속도보다 빠르다. 그렇기 때문에 우주정거장은 서쪽에서 동쪽 방향으로 하늘 위 별자리 사이를 지나가는 것처럼 보인다. 일반적으로 우주정거장은 서쪽 지평선에서 떠올라 3분마다 남서, 남 혹은 남동쪽 하늘에서 정중한다. 이때 위치는 그날의 궤도에 따라 다르다. 북위 51.6도보다 남쪽에 위치한 장소에서는 우주정거장을 북쪽 하늘에서 찾아볼 수 있다. 우주정거장은 지평선 위로 뜨기 시작할 때 점차 밝아지며, 이때 밝기는 하늘에서 찾아볼 수 있는 그 어떤 별보다도 밝다. 우주정거장이 지기 시작하면 서부터는 더욱 흥미로워진다. 해가 짐에 따라 동쪽 하늘에 뜬 우주정거장은 지구의 그림자 속으로 사라진다. 밝기가 잦아드는 데는 몇 초밖에 걸리지 않으며, 우주정거장은 한순간에 사라져버린다. 우주정거장을 볼 기회는 1시간 30분 뒤에 또다시 주어질 수도 있고, 다음 날까지 기다려야 할 수도 있다. 이 경우에 우주정거장은 그 전날보다 1시간 이르게 혹은 1시간 30분 뒤에 다시 찾아볼 수 있다. 보급품을 실은 우주선이 우주정거장을 향해 가는 모습이나 랑데부를 목전에 둔 모습을 관측하는 것은 색다른 구경거리다. 이때에는 2개의 밝은 점이 연이어 같은 궤도를 도는 모습을 관측할 수 있다.

극궤도에서의 지구 관측

모든 인공위성이 서쪽에서 동쪽 방향으로 움직이는 것은 아니다. 인공위성 중에는 북쪽에서 남쪽으로(혹은 남쪽에서 북쪽으로) 이동하는 것 또한 존재한다. 지구의 극을 횡단하는 이러한 인공위성은 지구 표면 전체를 관측하는 데 적합하다. 특히 궤도의 높이가 780~800 km라면 더더욱 말이다. 이 경우에는 인공위성이 항상 같은 시간에 동일한 조명 조건을 갖는 동일한 장소를 통과한다. 하지만 이러한 인공위성은 하늘 높이 있는데

2015년 3월, 망원경을 통해 혜성 러브조이(C/2014 Q2)를 관측할 수 있었다.

다, 크기 또한 작아 우주정거장처럼 밝게 빛나지 않는다. 게다가 속도 또한 훨씬 느려 별자리를 통과하는 모습도 비교적 눈에 띄지 않는다. 다만 이러한 인공위성의 수는 비교할 수 없을 만큼 많다. 앞서 말한 웹사이트에서 관측 가능한 모든 인공위성과 로켓 추진체를 검색해 보면, 저녁(혹은 아침)에 찾아볼 수 있는 인공위성 목록을 열람할 수 있다.

혜성-깜짝 방문 손님

하늘에서 갑자기 신기한 물체가 나타난다. 점 모양의 별이 아닌, 특이하게 굽은 꼬리를 가진 무언가가 말이다. 바로 혜성이다. 언론은 언제나 혜성에 큰 관심을 보인다. 과거에는(그리고 가끔은 현재의 언론들도) 혜성을 미래의 재앙을 예고하는 하늘의 표식으로 여겼다. 혜성은 어느 날 갑자기 나타나 몇 주에 걸쳐 별자리 사이를 통과한다-이때 궤도는 해나 달, 다른 행성들과는 다르게 황도에서 멀리 떨어져 있다. 혜성의 궤도가 태양 가까이, 혹은 지구 궤도 근처에 위치할 때 비로소 혜성은 맨눈으로 관측할 수 있을 만큼 밝게 빛난다. 따라서 관측에 다른 내행성과 유사한 제한 사항이 적용된다. 밝게 빛나는 혜성은 저녁 서쪽 하늘, 혹은 아침 동쪽 하늘에서 찾아볼 수 있다. 1996년 3월의 햐쿠타케 혜성처럼 궤도가 가파르게 기울어져 있다면 극 주위나 북극성을 지나기도 한다.

혜성의 꼬리, 정확히 말해 꼬리'들'은 태양에서 멀리 떨어져 있다. 직선으로 뻗어 푸르스름한 색으로 빛나지만 맨눈으로는 관측하기 힘든 가스꼬리와 맨눈으로 볼 수 있는 넓게 퍼진 곡선 모양의 희끄무레한 노란빛 먼지꼬리는 쉽게 구분이 가능하다.

2020년 7월 초, 아침 하늘에 나타난 밝은 혜성 니오와이즈(C/2020 F3)

망원경에 대한 간단한 지식

쌍안경과 망원경

맨눈으로 하늘을 관측하는 데에는 한계가 존재한다. 쌍안경과 망원경은 단순히 천체의 디테일뿐만 아니라 빛이 희미한 천체까지도 볼 수 있게 해준다. 하지만 망원경으로 정확히 무엇을 할 수 있고, 이를 구입할 때는 특히 어떤 점에 유의해야 할까?

사람의 눈은 동공의 직경을 통해 눈을 통과하는 빛의 양을 조절한다. 이러한 동공 직경의 변화 덕분에 우리의 눈은 변화하는 빛에 적응할 수 있다. 밝은 여름에 동공은 1~2 mm로 수축한다. 반면 어두운 밤이나 공간에서는 더 많은 빛을 모으기 위해 6~8 mm까지 팽창한다. 덕분에 우리의 눈은 어둠 속에 있을 때 밝은 공간에서보다 10배에서 60배 많은 빛을 모을 수 있다. 물론 이것은 상당히 일반화된 경우다. 젊은 사람은 나이든 사람에 비해 유연한 동공을 가지고 있다. 우리의 눈이 어둠에 적응하기 위해서는 최대 1시간이 걸린다. 이 시간 동안 밤하늘 속에 희미한 별을 알아볼 수 없는 것은 물론이다. 눈이 어둠에 적응하는 과정을 암순응이라고 한다. 완전히 암순응된 눈은 6.5~7등급 별까지 알아볼 수 있지만, 쌍안경의 도움을 받으면 한계점은 더욱 멀어져 더 어두운 천체까지도 관측할 수 있다.

쌍안경은 반짝이는 밤하늘에서 또 다른 멋진 경험을 제공한다.

집광력

중간 크기의 10×50 쌍안경을 사용하면 11등급의 별을 관측할 수 있으며, 20 cm 망원경은 13등급까지의 별을 보여 준다. 천체 관측 시 이러한 광학기구는 맨눈으로 보는 것보다 더 많은 빛을 모은다는 점에서 큰 장점을 갖는다. 오른쪽 페이지 그래프는 망원경의 구경에 따른 한계 등급을 보여 준다. 이 정보는 인공적인 빛이 존재하지 않는 매우 어두운 밤하늘을 기준으로 한다. 하늘이 밝으면 한계 밝기는 더 낮아진다. 쌍안경은 가장 접근하기 쉽고 일반적으로 찾아볼 수 있으며 가격도 비교적 저렴하다. 하지만 쌍안경의 효과는 무시할 것이 못 된다. 200 mm 구경의 반사 망원경은 더 크고 다루기 힘들며 높은 확률로 더 비싸지만, 빛을 모으는 능력은 그렇

성능 좋은 망원경으로 볼 수 있는 별을 둘러싼 빛 '회절환'

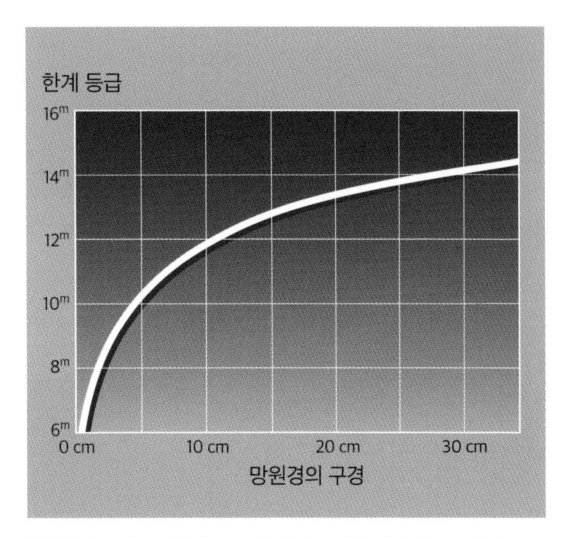

망원경의 구경이 커질수록 더 어두운 별을 관측할 수 있다.

게까지 크게 차이 나지 않는다. 따라서 천체 관측은 (쌍안경이나 작은 굴절 망원경 등) 작은 기구로 시작하는 것이 합리적이다.

선명도

광학 전문점이나 백화점에서 쌍안경이나 망원경을 구경해 본다면, 각 제품의 최고 배율에 대해 설명하는 문구를 볼 수 있을 것이다. 방금 이야기했다시피 첫 번째로 중요한 것은 관측기구의 대물렌즈 구경이다. 실질적인 관측에서 집광력 다음으로 중요한 것은 바로 선명도다. 배율을 높일수록 관측하고자 하는 천체가 흐릿하게 보인다면-이론적으로 충분히 가능한 일이다-높은 배율이 무슨 쓸모가 있겠는가? 기구의 선명도는 관측하고자 하는 물체의 작은 디테일을 보여 주는 능력에 따라 결정되며, 마찬가지로 구경과 큰 관련이 있다. 이러한 능력을 '분해능'이라고 한다. 분해능(ϑ)은 천체의 겉보기 지름을 나타내는 단위인 도(°) 분 (′) 초(″)를 사용한다. 기기 구경과 분해능의 관계는 다음과 같다.

$$\vartheta\,[''] = 12.6 \,/\, D\,[cm]$$

지름이 10 cm인 일반적인 굴절 망원경의 분해능은 12.6/10 = 1.26초다. 20 cm의 지름을 가진 망원경의 분해능은 1초가 조금 안 된다. 이러한 기구로는 (적어도 이론상으로는) 하늘에서 별 사이의 거리가 0.7초 이하인 이중성이 따로 나뉜 모습을 관측할 수 있으며, 행성이나 달의 자잘한 디테일도 관측 가능하다. 지구의 대기가 불안정하지 않다면 말이다.

대기 불안정

지구의 대기층은 천체 관측에서 실질적으로 매우 중요한 역할을 한다. 이는 과학 연구에 기여하는 관측뿐만 아니라 비교적 작은 기구로 관측하는 아마추어 천문학자들에게도 마찬가지다. 지구 대기는 천체의 빛이 통과하는 일종의 필터다. 그렇기 때문에 대기는 겉으로 보이는 천체의 모습에 영향을 끼친다. 맨눈으로 주의 깊게 하늘을 관측해 보았다면 별이 깜빡이는 모습을 보았을 것이다. 이는 분명 아름다운 광경이지만 해상도에는 매우 치명적이다. 대기는 계속해서 움직인다. 지면에 가까운 대기의 아래쪽은 밀도가 높고 따뜻하지만, 위쪽은 밀도가 낮고 차갑다. 대기의 움직임을 통해 밀도와 온도가 다른 공기가 대기 속에서 순환한다 하지만 이러한 운동이 빛을 왜곡하기 때문에 보이는 천체의 상이 흔들리거나 커졌다가 작아지게 된다. 이때가 바로 기구의 분해능을 시험하는 순간이다. 대기 불안정으로 생긴 이러한 현상을 전문 용어로는 대기섬광이라고 한다. 대기가 평온할 때 잘 세팅된 기구를 사용하면 관측할 수 있는 별의 회절상은 반대로 분해능의 한계를 나타낸다. 밝은 별을 둘러싼 이러한 빛을 회절환이라고 한다. 이는 별에서 나타나는 자연적인 현상이 아니라 망원경(정확히는 망원경 렌즈 가장자리에서의 빛의 굴절)으로 인해 나타난다.

거대한 천문대가 높은 산 위에 지어지는 데는 이유가 있는 법이다. 이는 더 나은 해상도로 이어진다. 장치가 높은 산 위에 설치되면 비교적 아래의 지구 대기층에서 벗어나게 된다. 덕분에 해수면에 위치한 관측자에 비해 대기의 방해를 비교적 적게 받을 수 있다.

대기 불안정 지표

측정값 R	설명
1	매우 좋음 - 배율을 높여도 행성의 상이 선명하고 또렷하다.
2	좋음 - 상이 1에서처럼 선명하다. 다만 흐릿하게 보이는 순간도 조금 존재한다.
3	만족스러움 - 전반적으로 필요한 상을 얻을 수 있다.
4	보통 - 대기 불안정으로 인해 상이 눈에 띄게 방해받는다. 잠시 동안만 디테일을 알아볼 수 있다.
5	쓸 수 없음 - 약간만 확대하더라도 선명한 상을 볼 수 없다.

배율

제품을 광고할 때는 주로 배율을 가장 앞에 내세우곤 하지만, 배율의 중요성은 실질적으로 그리 크지 않다. 수학적인 관점으로 보았을 때 배율은 망원경의 초점거리를 접안렌즈의 초점거리로 나눈 값이다. 예를 들어 망원경의 초점거리가 900 mm이고, 접안렌즈의 초점거리가 20 mm일 때 망원경의 배율은 900/20 = 45×다. 이때 초점거리가 10 mm인 접안렌즈를 사용하면 배율은 90×로 커진다. 그렇다면 대물렌즈의 구경에 따라 결정되는 해상도를 고려했을 때, 내 기구에 합리적인 배율은 무엇일까? '일반적인 배율'은 대물렌즈의 구경에 따른다. 즉 망원경의 구경이 120 mm라면 일반적으로 120× 배율이 추천된다. 관측 시 대기가 안정적이라면 이러한 배율을 사용했을 때 기구에 맺힌 천체의 상이 안정적으로 보일 것이다. 그렇다면 '최대 배율'은 어떨까? 최대 배율은 대물렌즈 구경에 2를 곱한 값을 이야기한다. 즉 망원경의 구경이 120 mm라면 최대 배율은 240×다.

대부분의 경우 이보다 더 높은 배율은 의

미가 없다. 배율을 더 높여도 흐릿한 모습만 볼 수 있을 뿐 디테일은 알아볼 수 없기 때문이다. 그러므로 큰 숫자에 속아 기구를 구매하지 않도록 주의한다.

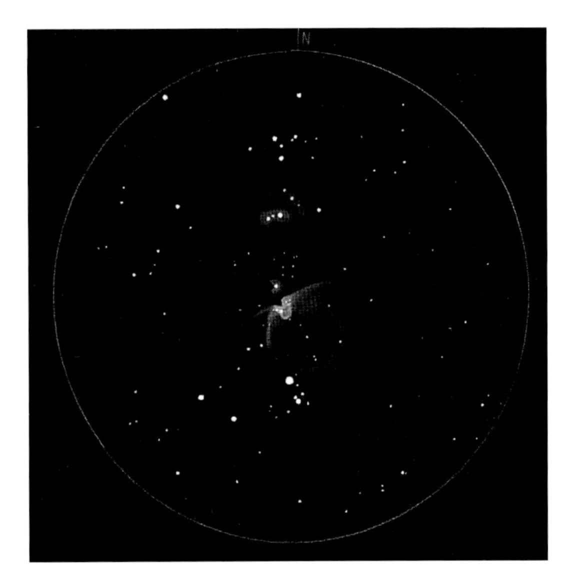

쌍안경으로 관측한 오리온성운

구경 2인치(왼쪽)와 1과 4분의 1인치 접안렌즈

합리적인 배율

망원경 구경	일반 배율	최대 배율
60 mm	60 ×	120 ×
100 mm	100 ×	200 ×
150 mm	150 ×	300 ×
200 mm	200 ×	400 ×

실제 관측에서의 배율

배율을 높이면 물체의 작은 디테일을 볼 수 있지만, 가시범위는 줄어들게 된다. 즉 높은 배율로 달을 보면 달의 일부분밖에 볼 수 없다. 반대로 낮은 배율로 하늘을 바라본다면 별들과 천체를 전체적으로 관찰할 수 있다. 배율을 높이면 상은 어둡게 보인다. 따라서 빛이 약하거나 산란된 천체는 바탕에서 사라진다. 반대로 낮은 배율에서는 약한 빛의 천체들까지 모두 볼 수 있다. 따라서 관측하고자 하는 천체에 맞춰 배율을 조정해야 한다. 앞서 이야기했듯이 배율은 접안렌즈에 의해 결정된다. 관측기구의 대물렌즈를 D, 초점거리는 f로 나타낸다. 관측하고자 하는 천체의 상은 초점에서 맺혀(67페이지 참고) 볼록렌즈인 접안렌즈에서 확대되어 나타난다. 관측자는 접안렌즈를 통해 확대된 물체의 상을 관찰한다. 접안렌즈의 초점거리에 따라 배율이 변화하므로, 접안렌즈를 구매함으로써 다른 배율을 얻을 수 있다. 배율 V를 계산하는 일반적인 공식은 다음과 같다.

$$V = f_{\text{대물렌즈}} / f_{\text{접안렌즈}}$$

$f_{\text{대물렌즈}}$는 쌍안경의 초점거리를 의미하고(고정된 값), $f_{\text{접안렌즈}}$는 사용하는 접안렌즈의 초점거리(변동 가능)를 의미한다. 초점거리가 1,000 mm인 망원경에 10 mm 접안렌즈를 사용한다면 배율은 100×가 된다. 대물렌즈의 구경은 여기에서 어떠한 영향도 끼치지 않는다.

최대 배율 외에 최소 배율 또한 존재한

다. 배율이 낮을수록 접안렌즈를 통과해 관측자의 눈에 닿는 빛의 양이 많아진다. 일반적으로는 망원경의 대물렌즈 구경을 입사동(대부분 7 mm)으로 나누면 합리적인 최소 배율을 구할 수 있다. 일반적인 100 mm 망원경으로 예를 들어 보았을 때, 최소 배율은 100/7 = 14×다. 낮은 배율로 관측하기 위해서는 긴 초점거리를 가진 약 40~50 mm의 접안렌즈를 추천한다. 100 mm 렌즈를 가진 굴절 망원경의 최대 배율은 200×다. 이때는 5 mm 접안렌즈(망원경 초점거리 약 1,000 mm)를 사용한다.

실질적으로는 초점거리가 5~40 mm 사이의 접안렌즈 3~4개 정도면 관측에 부족함이 없다. 더 많은 접안렌즈를 구입할 때는 조금 더 생각해 보자. 시중에는 다양한 품질과 가격의 접안렌즈가 존재하지만 초심자에게는 단순하고 저렴한 접안렌즈면 충분하다.

일반 접안렌즈 외에도 줌 접안렌즈 또한 시중에서 찾아볼 수 있다. 이 둘 사이의 가장 큰 차이점은 시야다. 일반적인 접안렌즈를 사용하면 가장자리 부분이 동그랗게 번지지만, 줌 접안렌즈를 사용할 때는 눈을 움직여야 겨우 가장자리의 물체를 볼 수 있거나 아예 볼 수 없다. 줌 접안렌즈를 사용하면 관측하고자 하는 물체가 관측자 앞에 떠 있는 것처럼 보이는데, 이는 굉장히 놀라우면서 인상적인 경험이 될 것이다. 이를 제조하기 위해서는 복잡한 기술이 필요하기 때문에 비교적 가격이 고가이며, 역시나 다양한 초점거리를 가진 렌즈를 찾아볼 수 있다.

접안렌즈를 구매할 때는 1과 4분의 1인치(31.75 mm)~2인치(50.8 mm) 구경 사이에서 결정해야 한다. 크기가 큰 접안렌즈에는 당연히 더 큰 포커서가 필요하다. 2인치 접안렌즈는 1과 4분의 1인치 접안렌즈보다 넓은 시야를 보장하며, 따라서 낮은 배율이나 넓은 시야로 관측하기에 이상적이다. 높은 배율로 관측하기 위해서는 대부분 1과 4분의 1인치 접안렌즈로도 충분하다. 동일한 규격과 초점거리를 가진 경우 2인치 접안렌즈가 1과 4분의 1인치보다 비싼 경향이 있다. 초심자는 작은 접안렌즈로도 충분하다.

접안렌즈와 맺힌 상의 거리를 조절하면 초점을 맞출 수 있다. 쌍안경의 경우 평행한 두 원통 사이의 초점 조절링을 통해, 망원경의 경우에는 포커서를 통해 초점을 맞춘다.

구경비

천문 관측기구에 대해 이야기할 때 빼놓을 수 없는 또 다른 중요 용어인 '구경비'는 대물렌즈와 기구의 초점거리의 비율을 이야기한다. 다시 말해 대물렌즈의 구경이 120 mm일 때 초점거리가 1,440 mm이면 구경비는 120/1,440 = 1/12로 나타낼 수 있다. 이를 1:12 혹은 f/12로 표시하며, 틀린 표기이긴 하지만 f12나 f = 12로 나타내기도 한다. 굴절 망원경의 일반적인 구경비는 1:7~1:15이며, 반사 망원경에서는 1:4~1:10이다. 일반적으로 구경비가 1:5인 망원경은 1:10인 망원경보다 밝은 상을 보여 준다고 이야기한다. 하지만 이는 사진 촬영에만 적용된다. 또한 사

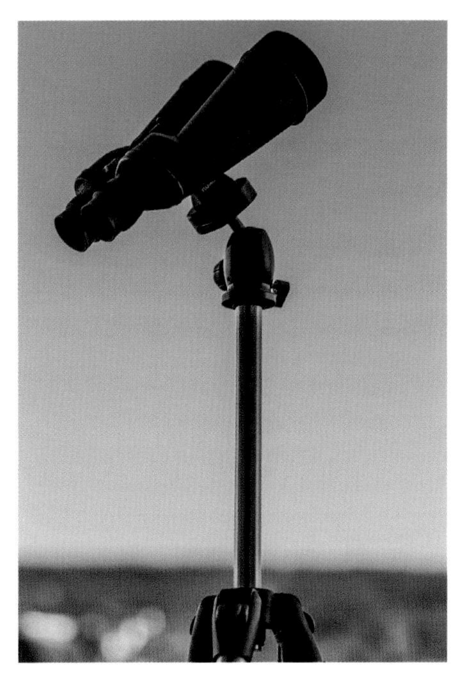
쌍안경은 일반적으로 삼각대에 고정한다.

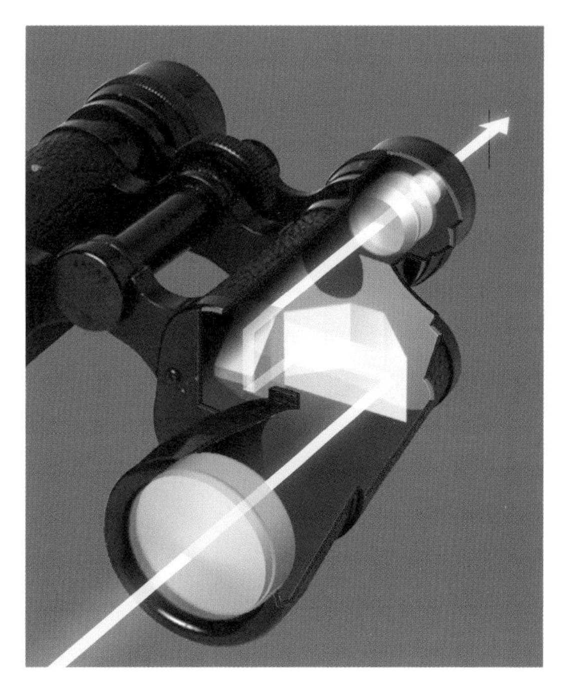
프리즘 쌍안경에서 빛의 경로

진 촬영 기구의 조리개에도 사용된다(1:5.6은 5.6 조리개와 같다). 특정한 배율로 관측하기 위해서, 예를 들어 100배율로 보기 위해서는 다른 접안렌즈를 사용해야 하며, 이 경우에는 두 기구 모두 똑같은 밝기의 상을 보여 주게 된다.

기구의 이론과 사용

쌍안경

적당한 크기의 쌍안경은 괜찮은 입문기로 산책 중에 관측하기에 편리하며 관리하기도 쉽다. 쌍안경은 달이나 거대한 은하, 성단 같은 커다란 물체의 전반적인 모습을 관측하기에 적합하다.

쌍안경은 사실 전면에는 대물렌즈, 후면에는 접안렌즈가 있는 이중 망원경에 불과하다. 중간에 위치한 프리즘은 빛의 경로를 여러 번 굴절시켜 망원경의 길이를 줄여 준다. 쌍안경의 여러 장점 중 하나는 물체의 상이 뒤집히지 않고 똑바로 맺힌다는 점이다. 이 때문에 쌍안경은 지구를 관측하기에도 적합하다. 이 기구의 또 다른 장점은 밝은 상과 넓은 시야를 제공한다는 점이다. 어쩌면 쌍안경의 덮개에서 '8×50' 같은 숫자를 보았을지 모르겠다. 여기서 8은 8배 배율을 의미하며, 50은 대물렌즈의 지름을 mm로 표기한 것이다. 이것은 소형 쌍안경의 표준 사이즈다. 14×100은 100 mm의 대물렌즈와 14×배율의 쌍안경을 이야기한다. 기구의 가격은 품질과 크기에 따라 다르며, '용돈'으로 살 수 있는 것부터 100만 원을 호가하는 것까지 다양하다.

처음으로 쌍안경을 손에 쥐고 하늘을 바라본다면 곧 새로운 문제를 맞닥뜨리게 될 것이다. 쌍안경의 배율은 비교적 높지 않지만 상이 흔들리지 않게 기구를 잡는 것은 쉽지 않은 일이다. 떨리는 손과 꿈틀거리는 몸이 눈으로 느껴지고, 상이 흔들려 디테일을 알아보기 힘들다. 때문에 많은 사람들이 쌍안경이라는 친구를 쉽게 포기하곤 한다. 이외에도 천정 주변의 천체를 관측하는 것 또한 어려움으로 다가온다. 이를 위해서는 고개를 심하게 젖혀야 하기 때문이다. 편안한 관측을 위해 등받이가 뒤로 젖혀진 의자에 앉거나 삼각대를 이용해 관측하도록 하자.

흔들림을 줄이기 위한 해결책은 크게 두 가지가 있다. 여윳돈이 있다면 비교적 비싸지만 품질이 더 뛰어난 쌍안경을 구매해 보자. 여기에는 보통 손 떨림 보정 기능이 내장되어 있다. 이것은 흔들림을 최소화시켜 주는 전자 혹은 기계장치로, 접안렌즈에 비치는 상이 가만히 있거나 적게 흔들리도록 도와줄 것이다-멋지지 않은가!

두 번째 방법은 사실 첫 번째와 별반 다르지 않은데, 기구를 삼각대 위에 거치하는 것이다. 마운트 어댑터는 기구와 삼각대를 연결해 주는 부품으로, 괜찮은 가격의 제품을 전문점에서 쉽게 찾아볼 수 있다. 삼각대에 쌍안경을 거치하면 자신만의 작은 천문대를 마련할 수 있다. 한 발짝 나아가 더 편리한 것을 원한다면 망원경 전문점에서 천문 관측을 위한 쌍안경용 삼각대를 구입하는 것도 추천한다.

굴절 망원경

굴절 망원경은 길고 얇은 경통을 갖는 기본적인 망원경으로, 뒤쪽으로 상을 관측할 수 있다. 빛이 들어오는 망원경 앞쪽에는 대물

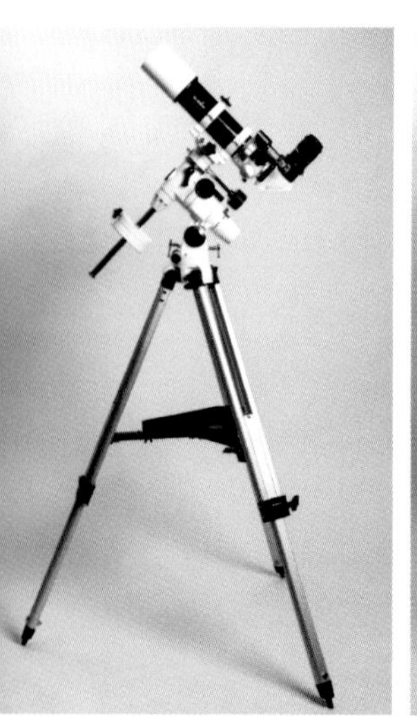

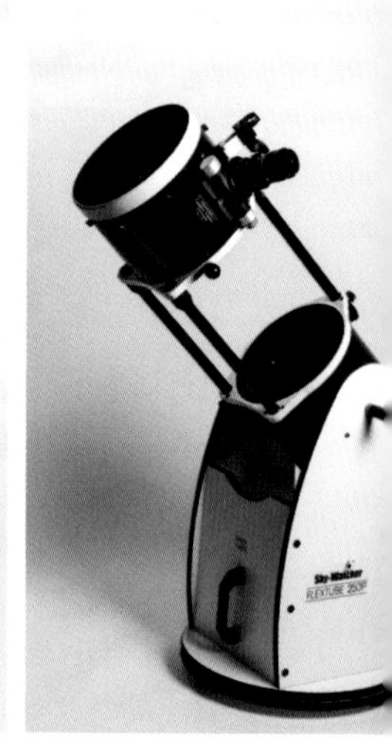

왼쪽 사진부터: 4개의 전형적인 망원경. 굴절 망원경, 뉴턴식 망원경(반사 망원경) SCT(슈미트 카세그레인식 망원경, 교정렌즈를 가진 반사 망원경) 그리고 돕슨식 망원경(뉴턴식 망원경의 일종)

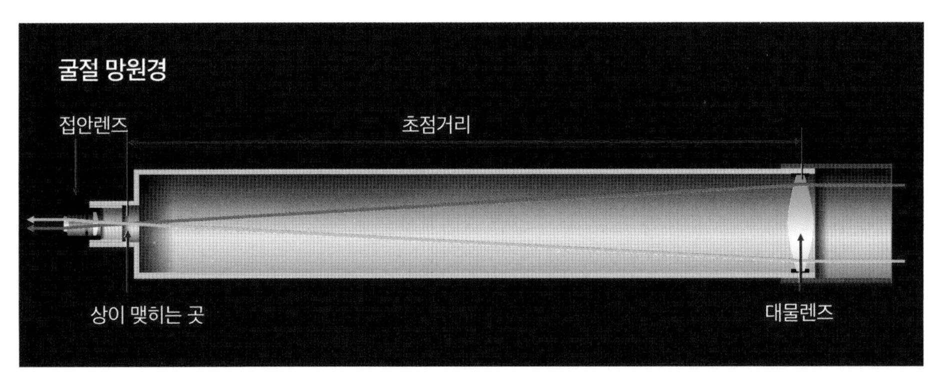

굴절 망원경에서 빛의 경로

렌즈가 위치한다. 이때 대물렌즈는 (간단한 모델에도 마찬가지로) 색수차 보정을 위해 2개의 렌즈로 구성되어 있다. 이러한 대물렌즈를 색지움렌즈라고 한다. 맺힌 상의 색 순도와 선명도를 개선하기 위해 대물렌즈에는 3~4개의 렌즈가 사용되기도 한다. 이러한 렌즈는 비싸지만 품질이 매우 뛰어나며, 이를 고차색지움렌즈라고 한다.

구경과 초점거리는 대물렌즈에서 중요한 두 가지 특성이다. 관측 물체의 상은 대물렌즈의 초점거리 끝점(초점 위치)에서 맺힌다. 상은 실제와는 다르게 180도 회전(거꾸로 뒤집힘)되며 종이나 사진 장비로도 포착 가능하다(92페이지 태양의 관측 및 175페이지 천체 사진의 실제 참고). 이러한 상은 접안렌즈를 통해 확대되어 비로소 눈으로 관측할 수 있다. 접안렌즈는 광학장치의 일종으로, 사용 목적과 품질에 따라 2개에서 15개의 렌즈로 이루어진다.

굴절 망원경의 길이는 초점거리에 의해 정의되며, 비교적 길다. 대물렌즈 앞에는 경통 후드가 존재하는데, 이는 대물렌즈에 김이 서리는 현상이나 불필요한 외부의 불빛이 침투하는 것을 막아 준다. 굴절 망원경의 가격은 구경이 커질수록 비싸진다. 상이 또렷하게 맺히기 위해서는 (최소) 4개의 렌즈 표면이 잘 닦여 있어야 한다. 기구를 다루기 쉽다는 것은 굴절 망원경의 장점이다. 조절이 거의 필요하지 않다는 점도 마찬가지다. 제조할 때 설정된 광학장치는 분해하지 않는 한 변하지 않는다. 때문에 몇십 년 후에도 여전히 훌륭한 상을 보여 주는 (소형) 굴절 망원경도 충분히 찾아볼 수 있다.

소형 굴절 망원경은 전형적인 입문기로, 대량생산되어 그다지 비싸지 않다. 1:10이나 1:15의 구경비를 갖는 긴 초점거리의 굴절 망원경은 달이나 행성, 이중성 등 작고 밝은 천체를 관측하기에 적합하다. 구경비 1:6에서 1:8 사이의 굴절 망원경은 초점거리가 짧고, 밝은 상을 보여 주며, 가스성운이나 성단 등 거대한 천체를 관측하기에 적합하다.

반사 망원경

반사 망원경의 구조는 굴절 망원경과 전혀

다르다. 반사 망원경의 광학장치는 오목거울로, 기구의 빛이 들어오는 곳이 아니라 경통 뒤편 끝에 달려 있다. 거울은 굴절 망원경에서와는 달리 한 표면만 처리하면 된다는 장점을 갖는다. 그렇기 때문에 반사 망원경의 가격은-구경에 따라 다르지만-전반적으로 저렴하다. 오목거울(굴절 망원경의 대물렌즈에 해당한다)에도 직경과 초점거리가 중요한 요소로 꼽히며, 초점거리의 끝부분에 초점이 맺힌다. 반사 망원경의 기본적이면서 구조적인 문제는 상이 거울 앞에 맺힌다는 점이다. 따라서 원래대로라면 관측자가 빛의 경로를 가로막아야 하는데, 빛을 받지 못한 반사 망원경은 아예 작동하지 않는다. 다양한 종류의 반사 망원경은 이에 대한 각기 다른 해결책을 내놓는다. 망원경의 차이는 곧 빛의 경로의 차이로 귀결된다.

뉴턴식 망원경 뉴턴식 망원경은 아마추어 천문학자들이 가장 많이 사용하는 반사 망원경이다. 뉴턴식 망원경에는 반사경과 초점 사이에 작은 평면거울(부경이라고 한다)이 설치되어 있다. 이는 빛의 경로를 90도 반사시켜 빛이 옆면에 위치한 배럴에 닿게 한다. 관측자는 배럴에 부착된 접안렌즈를 통해 확대된 상을 관찰할 수 있다. 부경은 3개 혹은 4개의 얇은 철재 버팀대로 배럴에 고정되어 있는데, 이 때문에 빛이 손실되지는 않지만 버팀대에 반사되는 일부 빛은 해상도에 영향을 미친다. 뉴턴식 망원경을 이용해 촬영한 밝은 별의 사진에서는 특이한 빛을 찾아볼 수 있다. 보기에는 아름다울 수 있지만 꼭 좋은 현상이라고는 볼 수 없다.

색수차가 없다는 것은 반사 망원경의 장점이다(정도의 차이는 있지만 굴절 망원경에서 색수차는 피할 수 없다). 따라서 색수차를 감소시키기 위해 구경비를 불필요하게 줄일 필요가 없다. 뉴턴식 망원경은 1:4에서 1:6 사이의 구경비를 가지며, 상이 밝게 맺힌다. 따라서 빛이 약하고 크기가 큰 가스성운이나 은하를 관측하기에 적합하다. 물론 달을 비롯해 여러 행성 또한 뉴턴식 망원경을 통해 관찰할 수 있다.

뉴턴식 망원경의 반사경은 오목한 형태를 가진다. 이는 구형 반사경에 비해 더 또렷한 물체의 상을 만들어낸다. 포물면 거울과 구면 거울의 모양이 크게 차이 나지 않지만, 포물면 거울은 생산 공정이 더 복잡하며, 구면 거울보다 비싸다. 반사 망원경의 단점으로는 조정이 필요하다는 점을 꼽을 수 있다. 이는 특히 관측을 위해 자주 운반해야 하는 경우에 두드러진다. 반사경이 떨어지는 일은 드물지만 기본적으로는 뒷면에서 조정이 가능하다. 경통에 충격이 가해지면 반사경이 살짝 밀릴 수 있는데, 이는 상에 문제를 일으키기 충분하다. 이렇게 되면 별은 더 이상 점으로 보이지 않으며, 달이나 행성의 상도 선명하지 않다. 빛이 정확히 90도로 꺾여 배럴에 닿기 위해서는 반사경의 광축은 정확히 부경의 가운데를 가리켜야 한다. 뉴턴식 망원경을 조정해야 한다면 전문점에 맡겨 간단히 해결할 수도 있다.

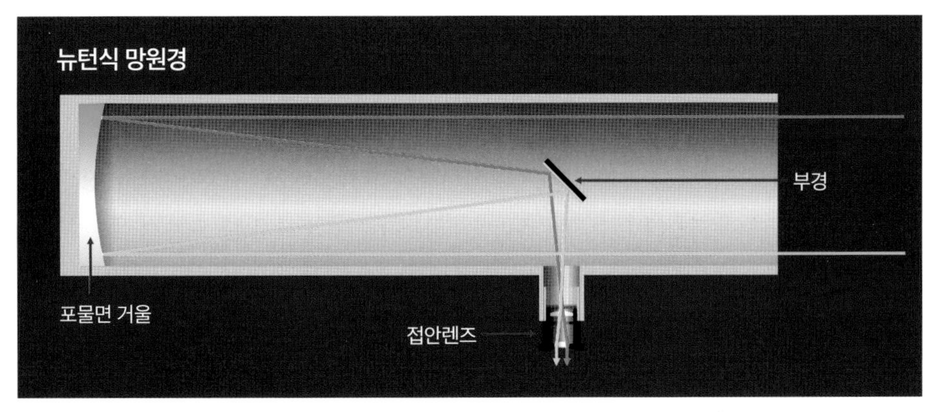

뉴턴식 망원경(반사 망원경)에서 빛의 경로

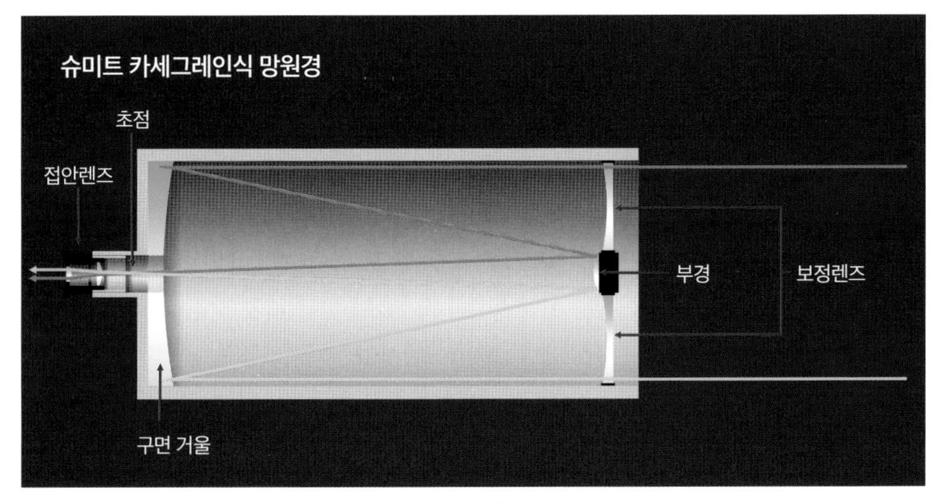

슈미트 카세그레인식 망원경(굴절+반사 망원경)에서 빛의 경로

슈미트 카세그레인식 망원경 슈미트 카세그레인식 망원경은 가장 사랑받는 망원경으로, SC 망원경 혹은 SCT라고 부르기도 한다. 슈미트 카세그레인식 망원경은 굴절 망원경과 반사 망원경의 장점을 고루 가지며, 그럼에도 크기가 비교적 작다는 점에서 올라운더로 여겨진다.

SCT 또한 일반적인 반사 망원경과 마찬가지로 반사경과 부경을 가지며, 부경에서 반사된 빛은 반사경 가운데의 구멍을 통과하게 된다. 부경은 뉴턴식과는 달리 평면거울이 아니라 바깥쪽을 향하는 아치 모양(볼록거울)인데, 덕분에 반사경은 2배에서 3배의 초점거리를 갖는다. 다시 말해 초점거리에 비해 망원경의 길이가 굉장히 짧다. 구경이 20 cm인 SCT는 초점거리가 2 m지만, 망원경의 길이는 50 cm밖에 되지 않는다! 이외에도 굴절 망원경처럼 뒤를 통해 물체를 관측하기 때문에 초심자가 관측하기에도 쉽다.

엄밀히 말하자면, 여기까지는 카세그레인

식 망원경에 대한 설명이었다. 카세그레인식 망원경은 뉴턴식 망원경처럼 포물면 거울을 가진다. 슈미트 카세그레인식 망원경은 포물면 거울 대신 저렴한 가격으로 생산할 수 있는 구면 거울을 이용한다. 경통 앞쪽에 부착된 슈미트 판은 이에 따른 상의 해상도 저하를 보정한다. 슈미트 판은 약간 휘어진 유리판으로, 대개 부경이 이곳에 부착되어 있다. 뉴턴식 망원경은 빛이 반사되면서 약간 분산되지만, 슈미트 카세그레인식 망원경에서는 특수한 구조 덕분에 이러한 현상을 방지할 수 있다. 그 밖에 경통이 폐쇄되어 있어 경통 내 난기류로 인한 방해로부터 비교적 안전하다. 슈미트 카세그레인식 망원경은 뉴턴식 망원경에 비하면 조정으로 골머리를 썩일 일이 덜하며, 대부분 부경을 조절하는 것만으로도 충분하다.

어떤 망원경이 좋을까?

일반적으로 망원경의 구경이 클수록 가격은 비싸진다. 구경이 같을 때는 굴절 망원경보다 반사 망원경이 더 저렴하다. 가격 면에서 가장 괜찮은 것은 뉴턴식 망원경이다. 소형 굴절 망원경은 100유로 이내에서 구매할 수 있으며, 스펙에 따라 다르지만 구경이 200 mm인 슈미트 카세그레인식 망원경은 2,000유로를 호가하기도 한다. 뉴턴식 망원경의 가격은 이 중간 정도다. 높은 가격 때문에 대형 기구가 꺼려진다면 천문박람회나 중고 시장을 잘 살펴보자. 이런 곳에서는 훌륭한 망원경을 저렴하게 구매할 수 있다.

이제 막 천문 관측을 시작한 사람이라면 망원경과 관련된 모든 장비를 갖추는 것을 추천하지 않는다. 이러한 기구를 사용하기 위해서는 세심한 주의가 필요하며, 이 때문에 천체를 다루는 데 오히려 적합하지 않을 수 있다. 처음에는 (그래도 괜찮은!) 소형 장비를 사용하는 것이 좋다. 관측자의 경험이 더 쌓였을 때 장비를 바꾸거나 보완하도록 하자. 기구를 구매할 때는 최소 80 mm 굴절 망원경을 추천한다. 물론 백화점이나 통신판매회사에서 더 작은 기계를 판매하기도 한다. 이러한 망원경도 대개 나쁘지 않지만, 삼각대 등 기타 액세서리를 구하기 힘들다는 단점이 있다. 망원경 전문점의 도움을 받는 것도 좋다.

액세서리

전문점에서는 소형 기구를 위한 액세서리를 쉽게 찾아볼 수 있다. 이러한 액세서리는 천체를 관찰하는 데 매우 유용하다. 파인더나 나침반은 원하는 천체를 찾는 데 큰 도움을 준다. 이에 대해서는 '관측 기술'(80페이지) 장에서 좀 더 자세히 다룰 것이다. 일반적으로 좋은 망원경일수록 장착되어 있는 광학 부품도 좋아진다. 광학 부품이 좋지 못한 경우 상이 또렷하게 맺히지 않을 수 있다. 망원경에 2인치 접안렌즈를 장착했다면, 액세서리도 접안렌즈의 크기에 맞추어 구매해야 한다. 이는 비교적 비싼 가격 문제로 이어진다.

스타 다이어고널 굴절 망원경이나 슈미트

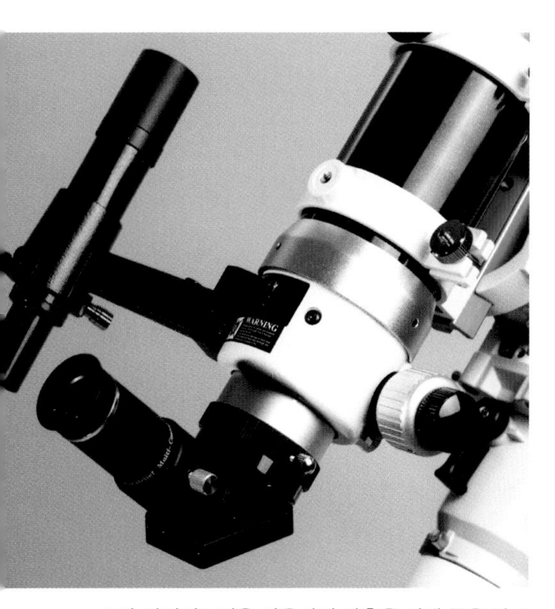

스타 다이어고널을 사용하면 관측을 위해 목을 과도하게 꺾지 않아도 된다.

카세그레인식 망원경에는 상이 거꾸로 맺힌다. 또한 하늘 높이 떠 있는 물체를 관찰하기에도 불편하다. 스타 다이어고널star diagonal을 사용하면 이러한 문제를 해결할 수 있다. 이는 망원경과 접안렌즈 사이에 끼워 망원경의 빛의 경로를 90도로 꺾어 주는 기구로, 맺힌 상을 뒤집어 올바른 모양으로 관찰할 수 있다. 접안렌즈가 경통 뒤에 있는 망원경을 사용해 천정 근처의 별을 관측하고자 한다면 이 기구의 두 번째 장점도 크게 와닿을 것이다. 이를 사용하면 접안렌즈를 보기 위해 머리를 비트는 대신 측면에서 천체를 관측할 수 있다. 이 부품은 저렴한 접안렌즈 가격과 비슷하지만 (간단한) 스타 다이어고널은 대개 망원경의 기본 부품에 포함되어 있다.

바로우 렌즈　배율 선택의 폭을 넓히고 싶

바로우 렌즈를 이용해 망원경의 초점거리를 바꿀 수 있다.

다면 바로우 렌즈barlow lens를 추천한다. 바로우 렌즈는 스타 다이어고널과 마찬가지로 접안렌즈에 설치하며, 망원경의 초점거리와 접안렌즈의 배율을 2배 늘려 준다. 초점거리를 5배까지 늘려 주는 바로우 렌즈도 존재한다. 이때에는 품질이 좋은 바로우 렌즈를 사용하는 것이 중요하다.

망원경의 설치

작은 입문용 망원경을 사용하는 사람들은 때때로 중요한 사실을 잊곤 한다. 바로 삼각대가 망원경만큼이나 중요하다는 점이다! 천체 관측에서는 삼각대 대신 가대라는 표현을 사용하기도 한다. 이는 삼각대와 기둥 사이의 두 축을 중심으로 회전하는 기구를 의미한다. 이 중요한 주제에 대해서는 다음 장에서 다루도록 한다.

천문 가대

불안정하게 설치된 망원경은 바퀴가 없는 자동차와 같다. 이 장에서는 삼각대를 제대로 설치하는 방법과 관측 시간 동안 원하는 물체를 찾기 위해 삼각대를 활용하는 법에 대해 다룬다.

경위대식 가대

망원경을 단순히 천체 관측에 사용하고자 한다면 구조적으로 간단하며, 튼튼하게 고정되는 가대만으로도 충분하다. 이러한 가대는 망원경을 수평, 방위적(오른쪽-왼쪽)으로뿐만 아니라 수직, 즉 고도(위-아래)로도 정렬하고 고정한다. 이러한 가대를 '경위대식 가대'라고 하며, 기본적으로 카메라 삼각대와 비슷하다.

이전까지만 해도 경위대식 가대는 작은 초심자용 망원경에만 사용하는 것이라고 생각했지만 최근에는 거대한 반사 망원경에도 사용할 수 있게 되었으며, 인기 또한 많다. 이를 접목한 것이 바로 돕소니언 망원경이다. 이는 간단한 뉴턴식 반사 망원경의 일종으로, 큰 구경에 비해 가격이 (비교적) 저렴하다. 안타깝게도 경위대식 가대에는 단점이 있다. 천체는 하늘에서 아치 모양으로 움직이며, 관측자는 이를 따라 움직여야 한다. 하지만 이를 위해서는 두 축(위-아래와 왼쪽-오른쪽)을 계속 조정해야 한다.

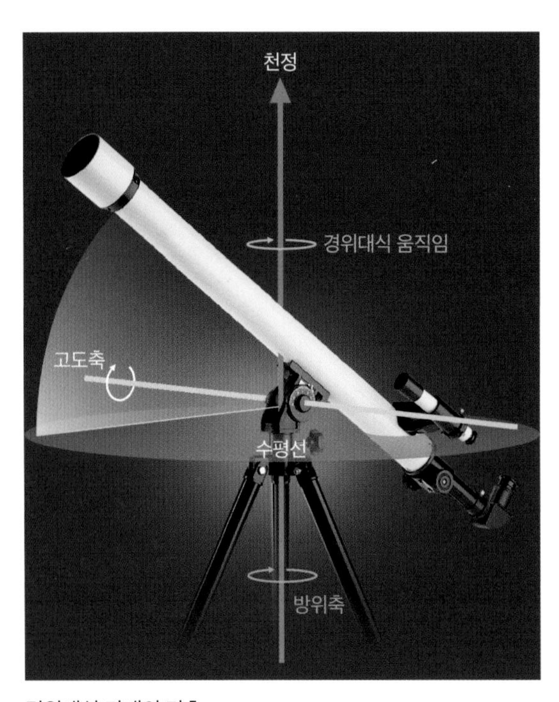

경위대식 가대의 기초

따라서 관측자는 접안렌즈에서 눈을 떼지 않고 경통을 잡은 채 방위각과 고도를 계속해서 조정해야만 천체가 시야에 계속 머무를 수 있다. 이를 보완하기 위해 기계 모터로 조절되는 경위대식 가대가 존재한다. 이는 매우 편리하지만 컴퓨터로 작동하는 (내장되어 있거나 별도의 컴퓨터로 작동하는) 경위대식 가대는 경험이 있는 관측자에게만 추천한다.

경위대식 가대의 일반적인 가격은 안정성과 부가적인 장비들에 의해 결정된다. 취미로 하늘을 관측하는 아마추어 천문학자라면 안정적인 가대를 직접 제작할 수도 있다.

안타깝게도 천체는 하늘에서 수직이나 수평으로 움직이지 않는다. 천체는 동쪽 하늘에서 비스듬히 떠올라 서쪽 하늘로 비스듬하게 진다. 때문에 경위대식 가대에 장착한 망원경은 자전을 보정하고 물체를 시야에 두기 위해 지속적으로 두 축을 조절해야만 한다.

적도의식 가대는 이런 면에서 더욱 실용적이다. 이 가대의 수직축은 천구의 북극을 가리킨다. 이 축은 지구 자전축과 평행하기 때문에 적경축이라고 부른다. 이 축을 돌리는 것만으로도 지구의 자전을 보정하고 천체를 좇을 수 있다. 천체는 하루 동안 천구의 적도와 평행한 궤도로 움직이는데, 이 가대의 수평축은 천구의 적도로 기울어져 있다. 경위대식의 고도축에 해당하는 것은 적위축으로, 이를 통해 천구의 적도 위 혹은 아래의 천체를 관측할 수 있다. 이러한 거치대를 적도의식 가대라고 부른다. 이러한 가대의 두 축에는 기계장치(대개 웜과 웜 톱니바퀴로 된 웜 기어)가 달려 있어 망원경을 세심하게 움직일 수 있으며, 작은 세팅 휠이나 미동 핸들을 이용하면 보다 섬세한 움직임이 가능하다.

오늘날에 볼 수 있는 대부분의 소형 가대에는 적경축에 모터가 달려 있으며, 적위축에도 모터가 있는 제품을 심심치 않게 찾아볼 수 있다. 이는 편의성을 더해 줄 뿐만 아니라 천체 사진을 촬영할 때도 매우 유용하다. 이를 사용하면 적경축이 자동으로 움직이기 때문에 관측자가 관측에만 집중할 수 있다. 차후에 오토가이더를 사용하기 위해서는 가대의 두 축 모두에 모터가 달려 있어야 한다. 아마추어 망원경에 컴퓨터 제어 시스템이 내장되어 있는 경우도 있다. 이를 이용하면 원하는 천체를 힘들이지 않고 찾아낼 수 있다. 다만 이러한 기구는 초보자에게 제한적으로 추천된다.

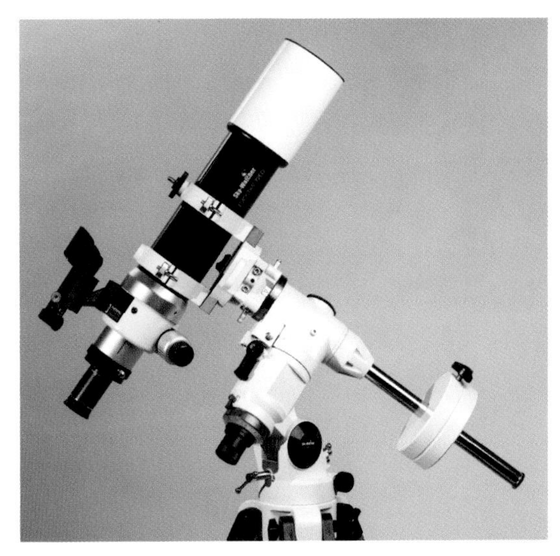
초보자를 위한 망원경: 적도의식 가대에 거치된 소형 굴절 망원경

적도의식 가대의 기초

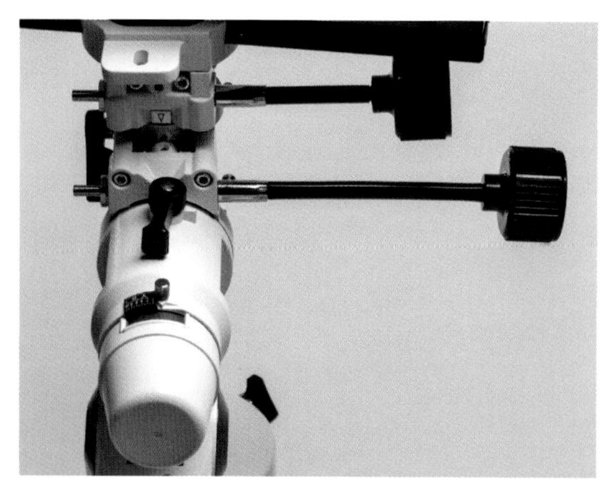

미동 핸들을 사용하면 망원경을 세심하고 매끄럽게 움직일 수 있다.

세팅

적도의식 가대를 사용하기 위해서는 관측 이전에 올바르게 세팅해야 한다. 가대의 적경축은 정확히 천구의 북극을 향해야 한다. 이는 북극성을 통해 쉽게 찾아볼 수 있다. 초보자들은 이러한 세팅에 어려움을 느끼곤 하며, 이는 관측의 문제로 연결된다. 세팅이 올바르지 않으면 원하는 천체를 찾을 수 없거나 빠르게 시야 밖으로 도망가버리기 십상이다. 가대의 종류와 필요한 정확도에 따라 다르지만(단순 관측에는 정확도가 낮아도 괜찮지만, 사진 촬영에는 높은 정확도가 요구된다) 조금만 익숙해지면 빠르게 장비를 세팅할 수 있다. 단순한 모델은 관측 장소의 위도를 설정하고 극축을 북쪽, 즉 북극성 방향으로 놓기만 하면 끝이다. 그 밖에 세팅의 정확도를 높이는 데는 극축 망원경을 사용하거나 샤이너 방법을 따르는 것, 두 가지 방법이 존재한다. 샤이너 방법은 시간이 많이 소요된다는 단점이 있다.

샤이너 방법 Scheiner method

1. 극축 망원경 없이 망원경을 세팅해야 하거나 한 장소에 고정된 망원경을 사용하는 경우에는 샤이너 방법에 따라 망원경을 세팅할 수 있다. 이는 극축 망원경을 이용한 세팅보다는 복잡하지만 (충분한 인내심만 있다면) 충분히 정확도를 높일 수 있다. 레티클 접안렌즈는 여기에 필수적이다. 모터로 움직이는 적경축도 도움이 된다. 낮에 지형을 이용하거나, 나침반을 이용하거나, 해가 진 이후에 북극성을 이용해 가대를 대략적으로 북-남쪽 방향으로 설치한다.
2. 레티클 접안렌즈를 통해 임의의 별을 관측한다. 십자선은 가대의 축과 평행하게 설정한다(접안렌즈를 약간 회전해야 할 수 있다). 별의 움직임을 관측하다 보면 적경축에 평행한 선을 찾을 수 있다. 이 선에 수직인 선이 바로 적위선이다.
3. 적위를 찾았으면 극축은 정확히 북쪽을 가리키게 된다. 이제 한 별을 천구의 적도에, 자오선은 십자선 중앙에 놓는다. 가대의 축을 고정하고 모터를 작동시킨다. 적위에 오차가 발견될 것이다. 중요한 것은 접안렌즈를 통해 보았을 때 북쪽과 남쪽을 확실히 아는 것이다(망원경과 다이어고널에 따라 위나 아래로 표기될 수 있다). 별이 남쪽(북쪽)으로 기울면 극축의 북쪽 끝을 서쪽(동쪽)으로 조절한다. 다시 별을 관측해 최소 30분 동안 적위에 오차가 나타나지 않을 때까지 과정을 반복한다.
4. 가대의 극 높이, 즉 극축의 각도를 세팅한다. 북동쪽 하늘의 한 별을 관측해 적위의 오차를 살펴본다. 별이 남쪽(북쪽)으로 기울면 극축의 기울기가 커져야(작아져야) 한다. 역시나 최소 30분 동안 적위에 오차가 나타나지 않을 때까지 이 과정을 반복한다.
5. 원하는 정확도를 얻을 때까지 (며칠에 걸쳐) 3번과 4번을 반복한다.

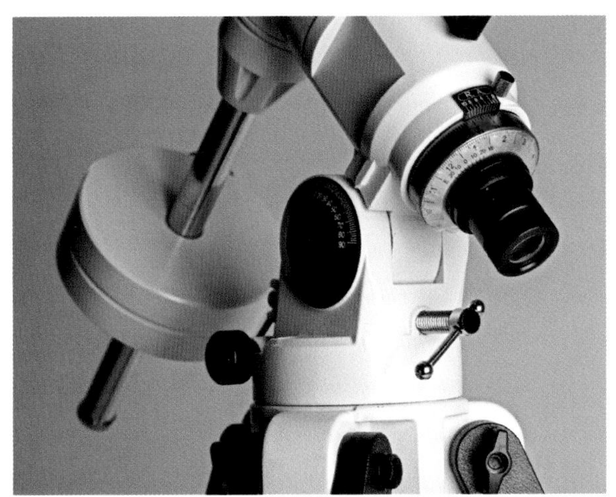

적경축에 설치된 극축 망원경을 사용하면 빠르고 정확하게 가대를 세팅할 수 있다.

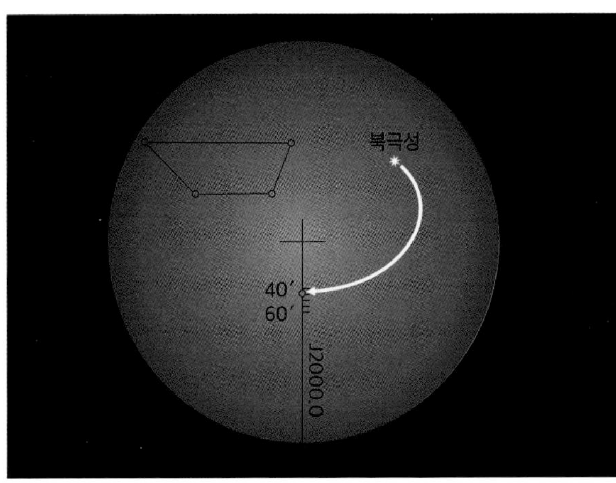

극축 망원경으로 바라본 시야: 북극성이 정확히 작은 원 안에 위치하면 바르게 세팅된 것이다.

극축 망원경

기구를 이용하면 가대를 짧은 시간에 매우 정확하게 세팅할 수 있다. 심지어는 천체 촬영도 가능할 정도로 말이다. 극축 망원경pole finder은 가대 적경축에 설치하는 작은 파인더다. 극축 망원경에 날짜와 시간을 설정하면 천구의 북극 옆쪽에 자리하는 북극성의 위치를 보여 준다. 가대를 천구의 북극을 향해 설치하면 극축 망원경을 통해 하늘을 볼 수 있는데, 이때 북극성이 접안렌즈에 표시된 위치에 올 때까지 적경축의 방위와 고도를 조정한다. 이러한 세팅은 몇 분이면 끝낼 수 있으며, 정확도도 높다. 극축 망원경은 세팅을 놀랍도록 쉽게 만들어 주며, 가대의 액세서리로서 구매할 만한 가치가 크다. 다음 사진은 초보자를 위한 적도의식 가대의 세팅 가이드다.

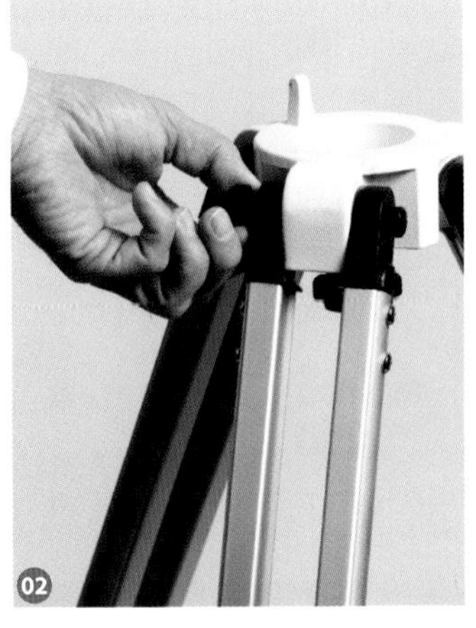

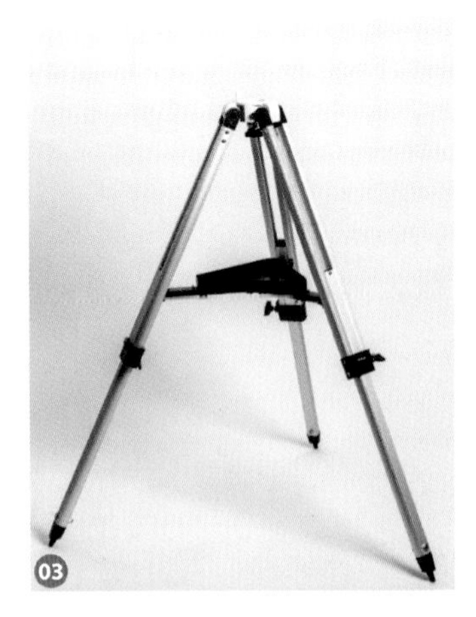

01-03 삼각대 다리를 펴고 마디의 나사로 고정한다. 판을 설치한다.

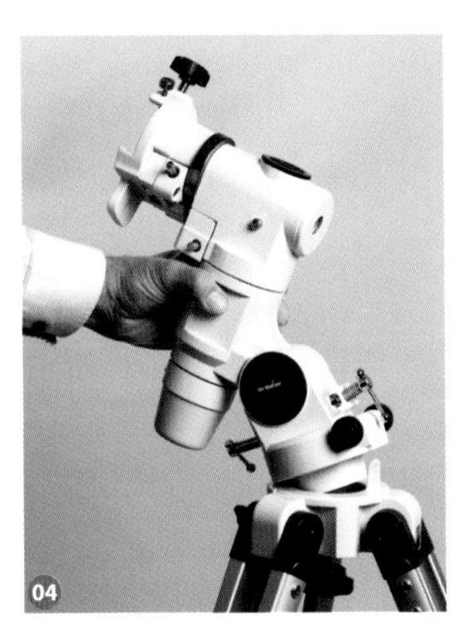

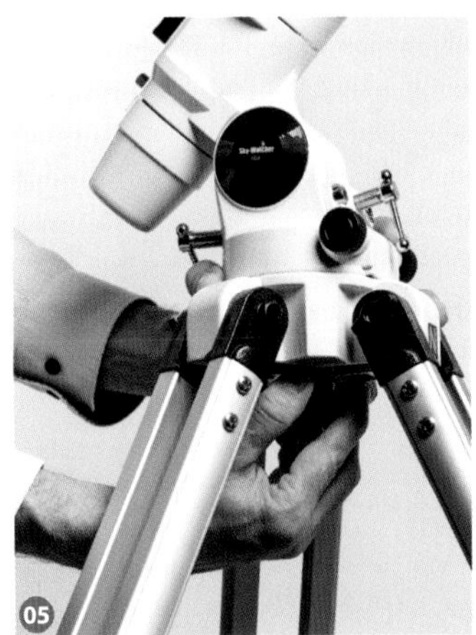

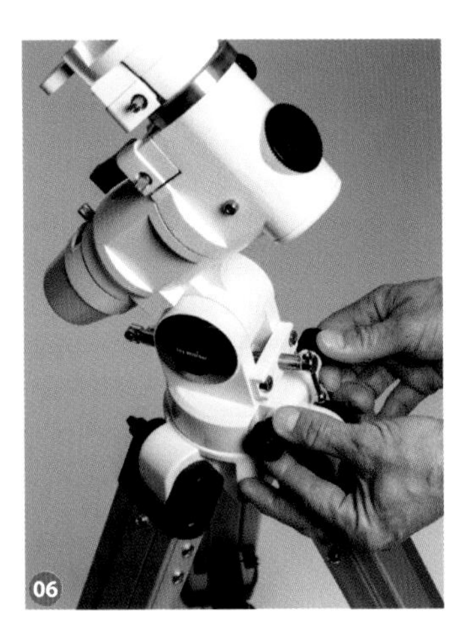

04-06 (북쪽을 향하게) 가대를 설치한다. 나사로 고정 후 방위조정 나사를 돌린다.

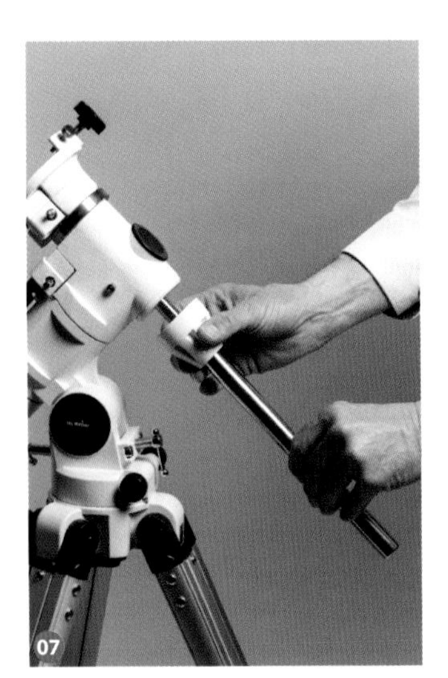

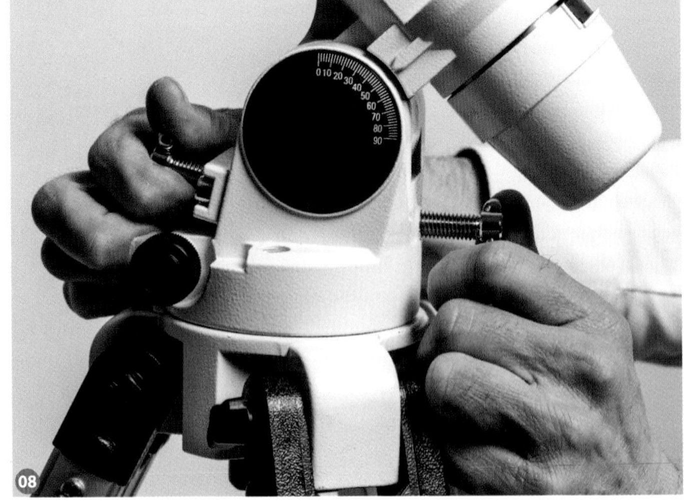

07-08 추봉을 끼운다. 장소의 위도를 고도조절 나사에 설정한다.

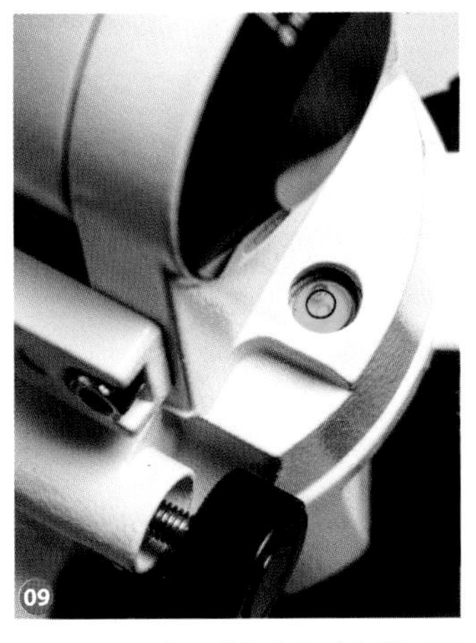

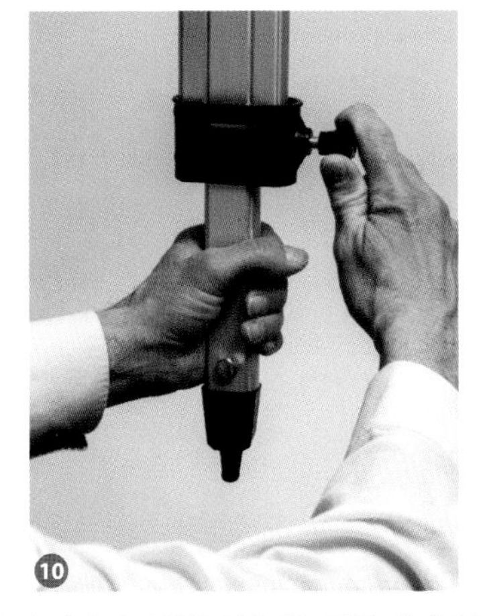

09-11 수준기를 이용해 수평을 확인한다. 수평이 맞지 않을 경우에는 맞을 때까지 삼각대 다리를 조절한다.

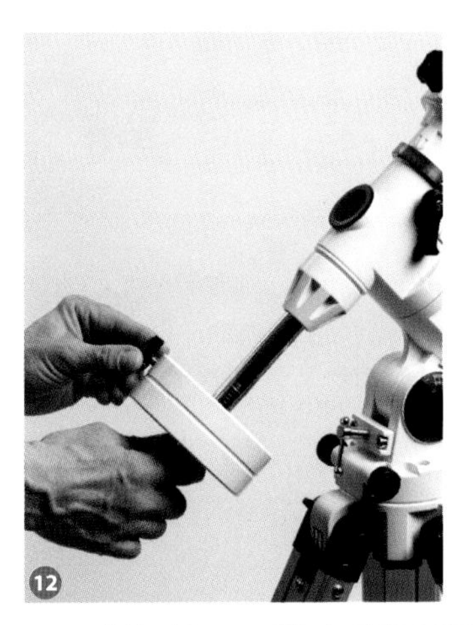

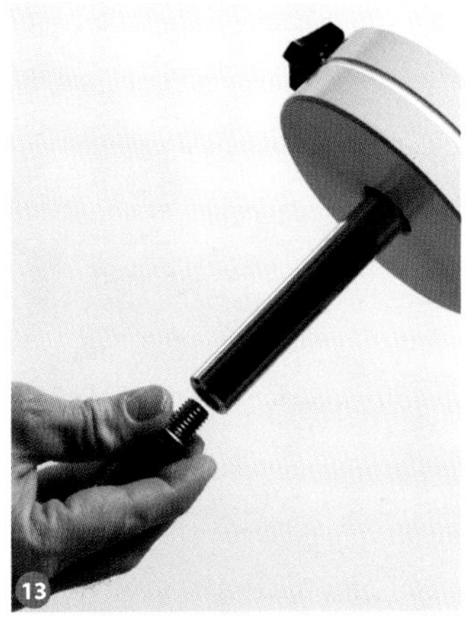

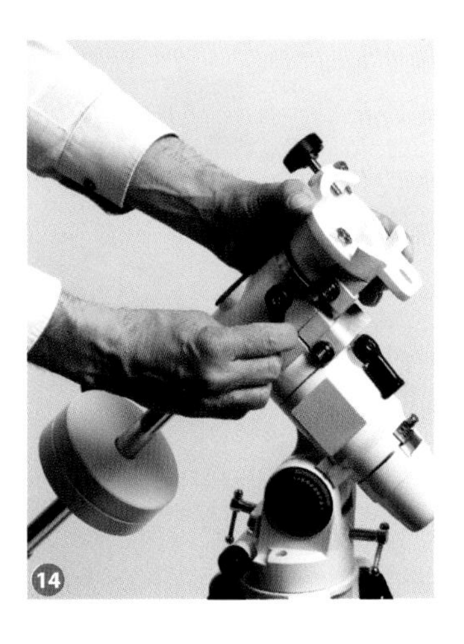

12-14 추를 끼우고 고정한다. 안전 나사를 돌린다. 윗부분을 수평으로 돌린다.

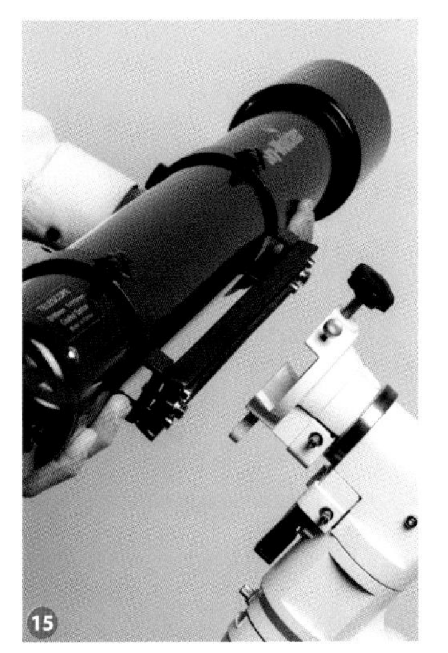

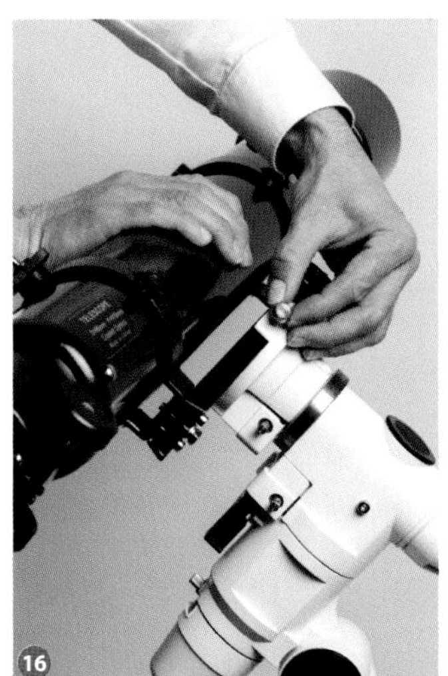

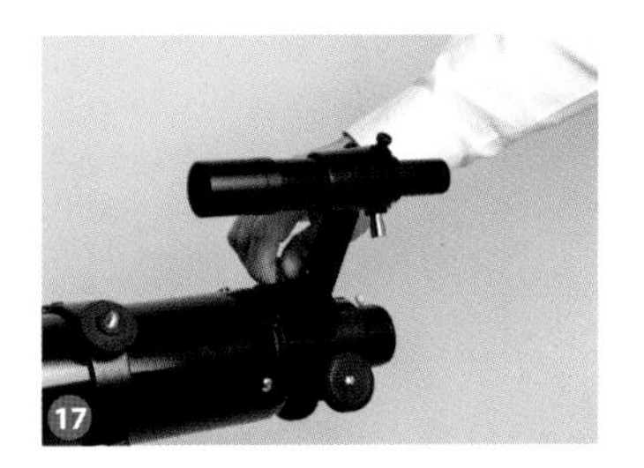

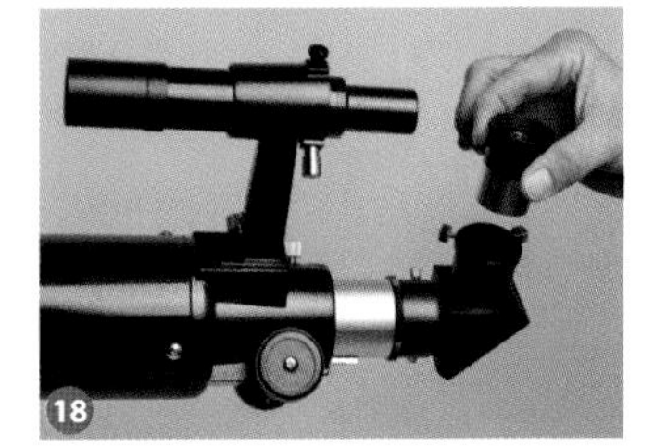

15-18 망원경을 가대에 거치하고 나사로 고정한다. 파인더, 다이어고널, 접안렌즈를 설치한다.

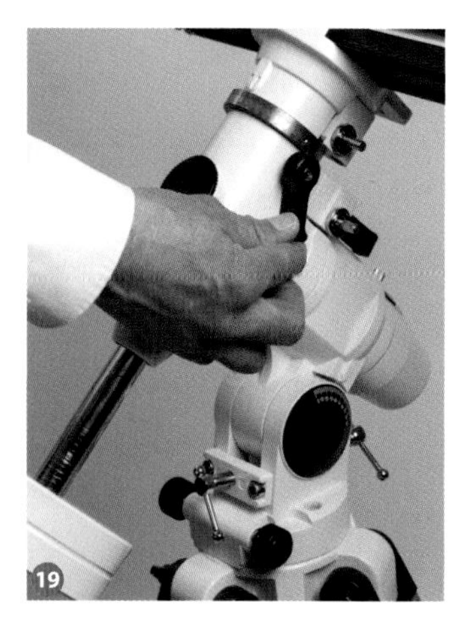

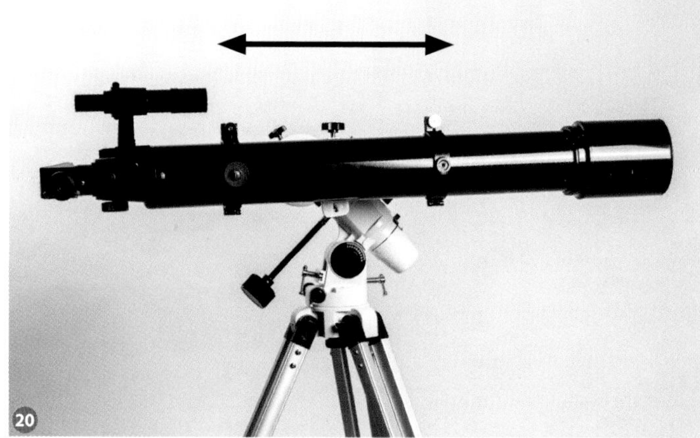

19-20 조심스럽게 적위고정 나사를 푼다. 망원경을 가대에서 밀어 균형을 잡는다.

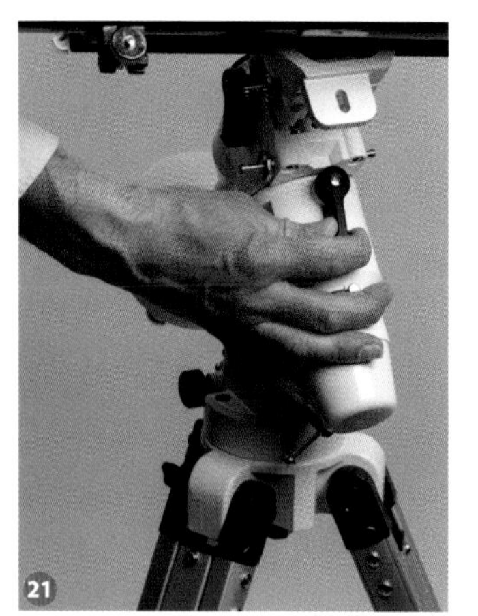

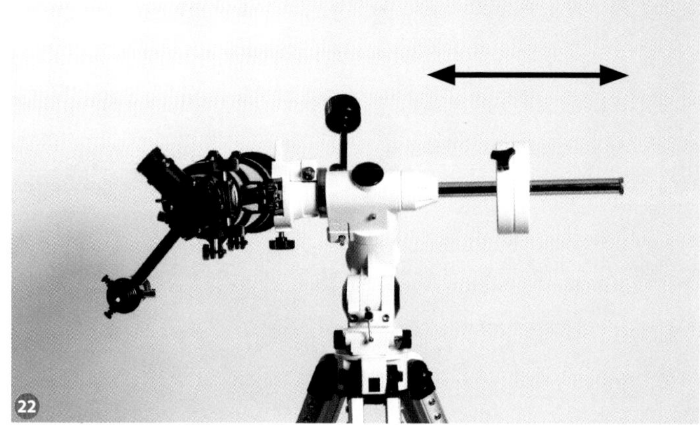

21-22 조심스럽게 적경고정 나사를 푼다. 균형이 맞을 때까지 추를 민다.

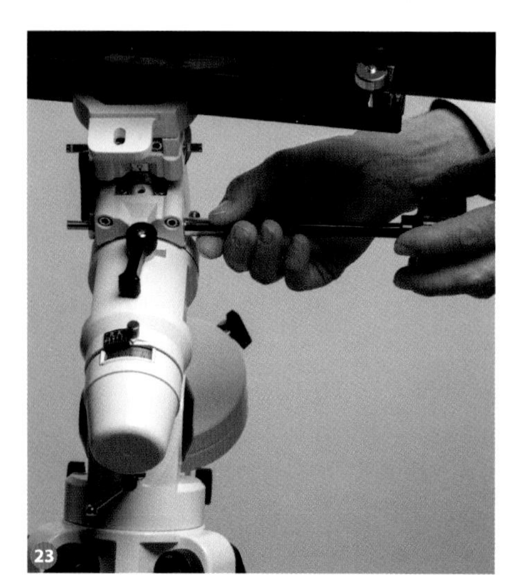

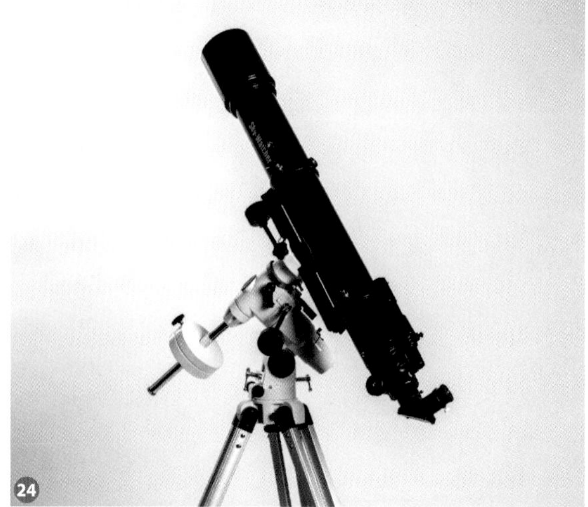

23-24 마지막으로 미동 핸들이나 모터를 거치한다. 망원경이 설치되었다.

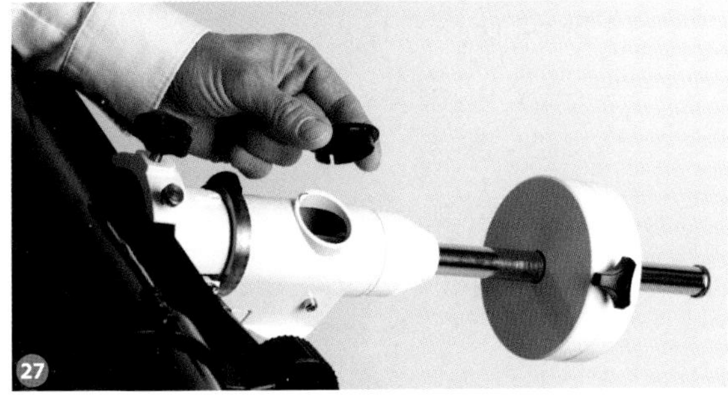

25-27 북쪽을 향해 망원경을 두고, 극축 망원경의 캡과 반대쪽의 보호 커버를 벗긴다.

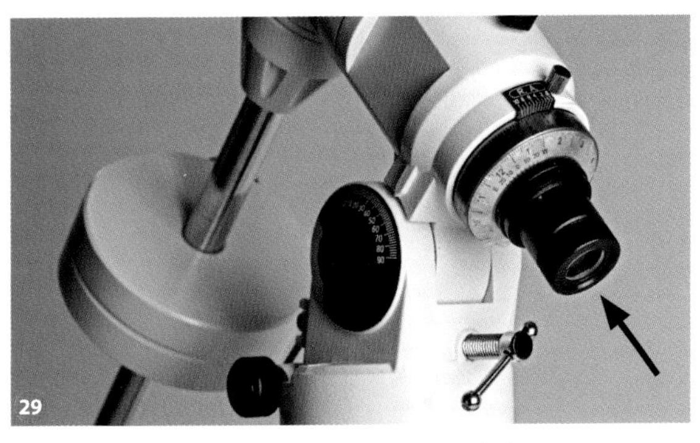

28-29 극축 망원경에 시간과 날짜를 입력하기 위해 망원경을 돌린다. 극축 망원경이 북극성을 향하게 한다.

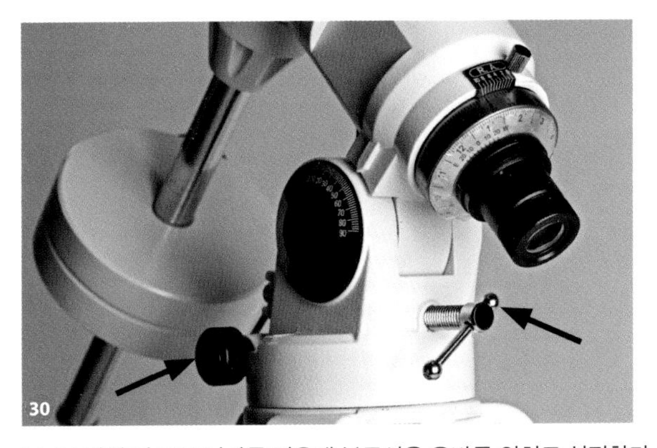

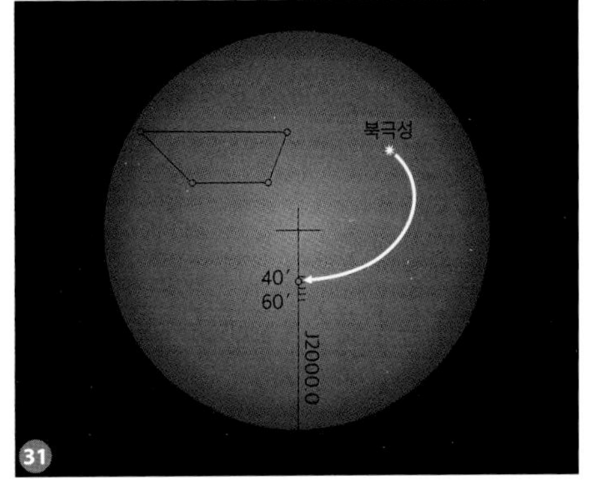

30-31 방위 및 고도 나사를 이용해 북극성을 올바른 위치로 설정한다.

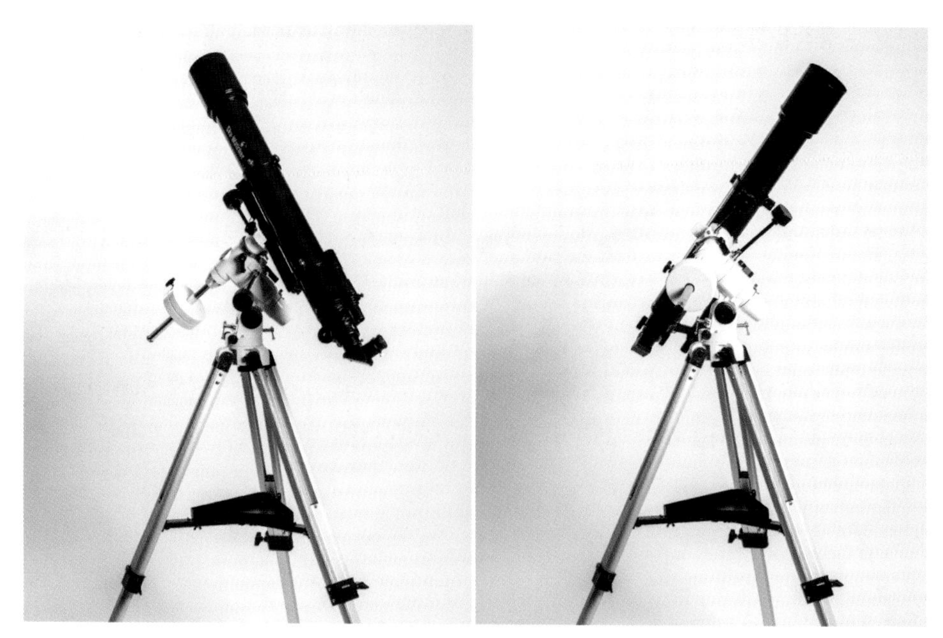

보는 방향에 따라서 독일식 가대에 설치된 망원경은 적경축의 서쪽(왼쪽 그림) 혹은 동쪽(오른쪽 그림)에 배치된다.

망원경 구입 팁

작은 쌍안경에는 중간 정도의 안정성을 가진 저렴한 삼각대로도 충분하지만 망원경에는 더 좋은 삼각대와 가대가 필요하며, 비교적 더 비싸다. 일반적으로 통용되는 법칙에 따르면, 가대와 삼각대를 합한 가격은 망원경과 비슷하거나 더 비싸야 한다. 삼각대가 (바람에 흔들려 넘어지는 등) 흔들려서 천체를 관측할 수 없다면 훌륭한 망원경이 무슨 소용이겠는가?

특정 기구에 대한 삼각대와 가대를 구매하기 전에 흔들림 테스트를 해본다. 기구를 설치하고 경통 위를 조심스럽게 툭 친 후 접안렌즈에 눈을 대본다. 망원경이 얼마나 오래 흔들리는가? 망원경이 명확하게 흔들린다면 적어도 움직임이 오래 지속되어선 안 된다.

관측 기술

망원경과 함께하는 첫걸음

맨눈으로 찾아볼 수 있는 천체를 통해 망원경 다루는 법을 연습해 보자. 가대의 두 고정나사를 풀고 망원경으로 천체의 대략적인 위치를 비춘다. 파인더로 천체를 찾을 수 있으면, 접안렌즈의 중심에서도 달 혹은 밝은 천체를 찾아볼 수 있을 것이다. 수평과 수직으로 움직이는 경위대식 가대는 사용이 간편하다. 적도의식 가대는 비스듬한 적경축을 가지기 때문에 비교적 어려울 수 있다. 원하는 천체를 망원경으로 찾기 이전에는 쌍안경을 이용해 '올바른 방향'을 찾아야 한다. 동쪽 하늘의 천체를 관측하기 위해서는 망원경을 서쪽 방향으로 돌려야 한다 - 반대도 마찬가지다. 망원경을 가대의 서쪽에서 동쪽으로 이

동시키는 동작을 '뒤집기'라고 한다.

천체 찾기

망원경이 천체의 대략적인 위치를 향하게 되었으면, 망원경의 경통을 따라 올바른 방향을 잡은 뒤, 맨눈으로 볼 수 있는 천체를 향해 세심하게 조정한다. 처음에는 수평 방향(방위 혹은 적경 방향)으로 경통을 움직인 후 축을 고정한다. 그다음에는 수직 방향(고도 혹은 적위)으로 움직인 후 축을 고정한다. 접안렌즈의 배율이 낮다면 이미 망원경에 맺힌 천체를 찾아볼 수 있을 것이다. 이때 망원경 옆에 위치한 파인더는 매우 도움이 되며, 일반적으로 기본 부품에 포함된다. 작은 나사를 사용하면 파인더를 망원경에 평행하게 설정할 수 있다. 낮이나 해가 질 무렵 멀리 떨어진 물체(건물, 탑, 나무)를 이용해 주 기구에 설치하고, 물체가 정확히 십자선 중앙에 위치하도록 파인더를 조절하자. 밤이 되고 나면 파인더를 이용해 (빛이 매우 약한) 천체를 찾은 후 곧장 망원경을 통해 자세히 관측할 수 있을 것이다. 편의성을 더해 주는 또 다른 기구로는 전문점에서 찾아볼 수 있는 텔라드가 있다. 이는 파인더와 마찬가지로 주 기구 경통에 거치하는 기구로, 스카이포인터가 달려 있어 빨간 점을 하늘에 투사할 수 있다. 텔라드를 사용하면 배율이 낮은 파인더로도 매우 정확하고 간단하게 천체를 찾을 수 있으므로 구매를 적극 추천한다.

기준원 사용법　가대에 관련 기능(소위 말하는 기준원)이 내장된 경우에는 적경과 적위를 사용해 원하는 천체를 찾을 수 있다.

적위 기준원은 하늘의 적위에 따라 90도를 기준으로 –90도에서 +90도까지 4개의 구역으로 나뉘어져 있으며, 적경원은 0부터 24로 나뉜다. 기준원의 구획이 정밀할수록 좌표를 바탕으로 더 정확하게 천체를 찾아볼 수 있다. 하지만 많은 기준원이 이 기준을 충족시키지 못한다. 대부분의 기준원은 약 1도

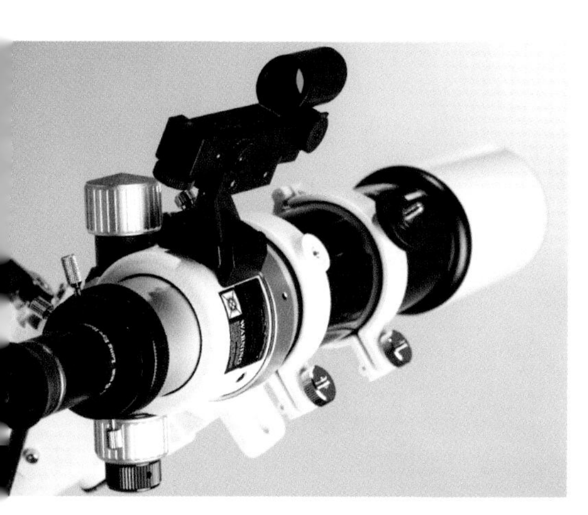

파인더나 포인터가 달린 방위 보조장치를 사용하면 원하는 천체를 쉽게 찾을 수 있다.

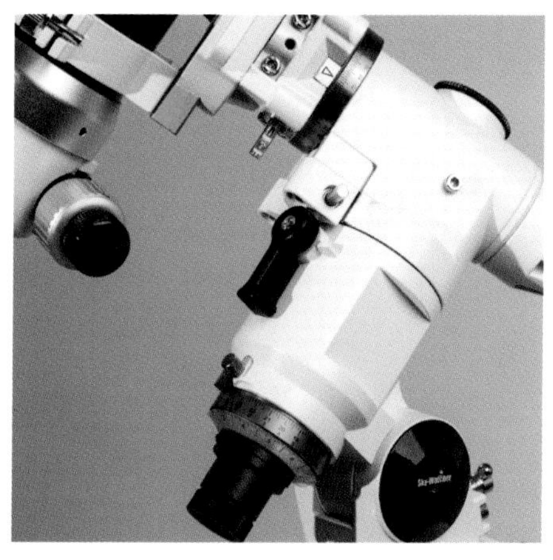

훌륭한 가대는 정밀한 기준원이 달려 있다. 기준원은 좌표를 이용해 천체를 찾는 것을 돕는다.

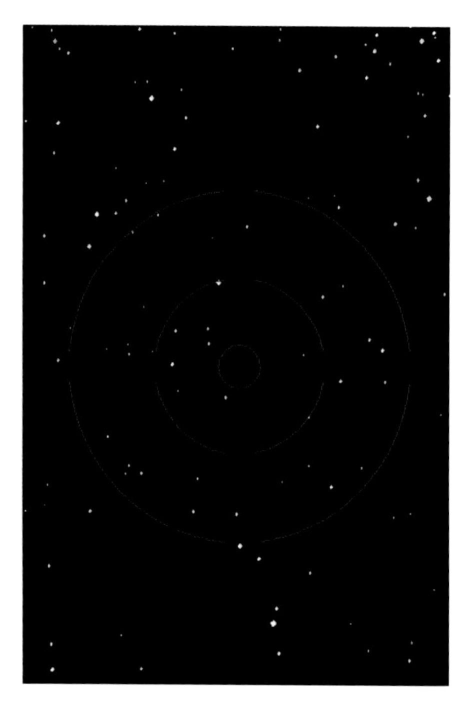

텔라드는 확대되지 않은 시야에 3개의 원을 보여 준다.

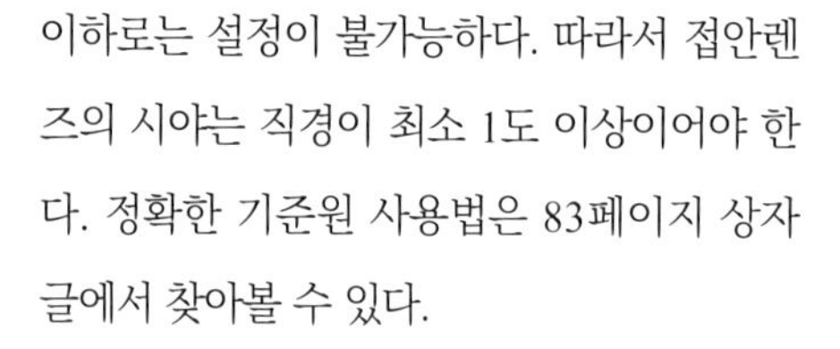

이하로는 설정이 불가능하다. 따라서 접안렌즈의 시야는 직경이 최소 1도 이상이어야 한다. 정확한 기준원 사용법은 83페이지 상자글에서 찾아볼 수 있다.

컴퓨터 제어 망원경에는 컴퓨터 제어 시스템이 내장되어 있거나 별도로 컴퓨터를 연결할 수 있다. 이를 이용하면 버튼을 누르는 것만으로도 원하는 천체를 관측할 수 있다. 이러한 시스템은 기술적으로는 우아하지만 기계적 오차 때문에 원하는 천체를 찾을 수 없는 경우도 존재한다. 때문에 컴퓨터 제어 시스템은 초심자에게는 적합하지 않다. 여기에 의존하다 보면 하늘에 대해 아무것도 배우지 못할 뿐만 아니라, 컴퓨터 없이는 실질적으로 아무것도 할 수 없기 때문이다.

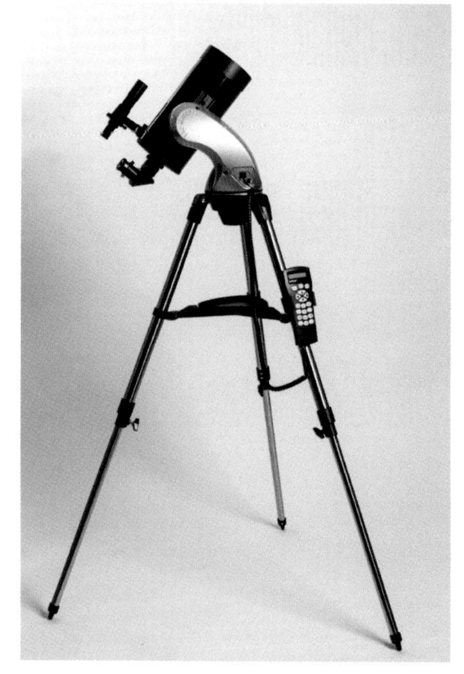

힘들이지 않고 천체를 찾는 법: 내비게이션이 내장된 소형 망원경도 존재한다.

스타호핑 기법-별에서 별로 점프하기 복잡한 기술 없이 빛이 약한 천체를 찾는 방법 중 가장 유명한 것으로는 스타호핑 기법star hopping technique을 꼽을 수 있다. 이는 밝은 별을 하나 찾은 뒤, 별자리 지도를 이용해 원하는 천체를 찾을 때까지 별에서 별로 이동하는 방법이다. 고되고 지루하게 들릴 수도 있지만 실제로는 꽤나 빠르게 진행되고, 찾아가는 재미도 있으며, 천체의 위치에 관한 많은 것을 배울 수 있다. 예시로 큰곰자리를 통해 M 101 은하를 찾아보자. 일단 천구 북쪽에서 큰곰자리의 막대 중간에 위치한 별 미자르ζ를 찾는다. M 101 은하는 미자르 서쪽

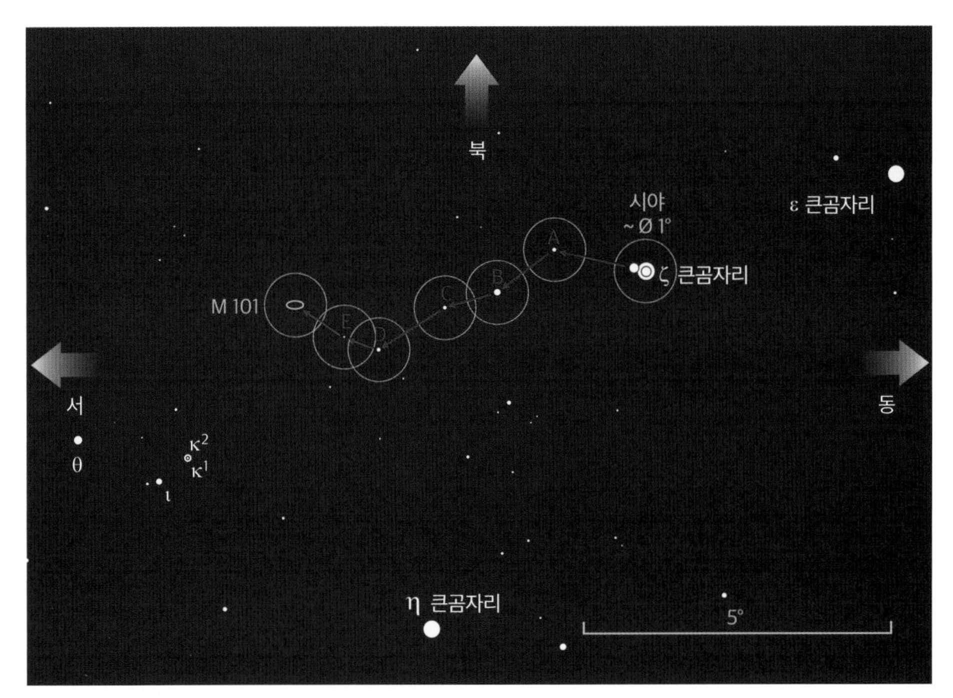

기준원과 컴퓨터 없이도 스타호핑 기법을 통해 하늘에서 천체를 찾을 수 있다.

6도 정도의 멀지 않은 곳에서 찾아볼 수 있다. 배율을 작게 설정하고 미자르를 찾은 뒤, 망원경을 움직여 그림 속에 표시된 별 A부터 F까지 따라가다 보면 M 101을 쉽게 찾을 수 있을 것이다.

한 천체에서 다른 천체로 향하는 별의 사슬이나 별자리는 무수히 많이 존재한다. 이러한 방법에는 세 가지 장점이 있다. 원하는 천체를 언제든 찾을 수 있고, 찾는 속도도 점차 빨라지며, 새로운 기구를 다루는 법도 빠르게 익힐 수 있다는 점이 바로 그것이다. 이를 통해 하늘을 차례차례 알아가다 보면 곧 스스로에게 놀라는 날이 올 것이다.

기준원을 통해 천체 찾기

1단계: (성도, 스카이 가이드, 연감 혹은 천체 투영 소프트웨어 등을 이용해) 원하는 천체의 좌표를 찾는다. 실제로 그 천체가 지평선 위에 있는지 고려해 본다.
2단계: 원하는 천체 주변에 위치한 별의 좌표를 찾고 (회전 가능한) 기준원을 그 좌표에 고정한다.
3단계: 더 나은 시야를 위해 접안렌즈를 낮은 배율로 설정한다.
4단계: 망원경을 원하는 천체의 좌표를 향해 움직여(기준원은 당연히 고정되어 있어야 한다) 원하는 천체를 찾는다. 빛이 약한 천체의 경우, 천체와 시야의 별을 식별하기 위해 성도를 사용한다.

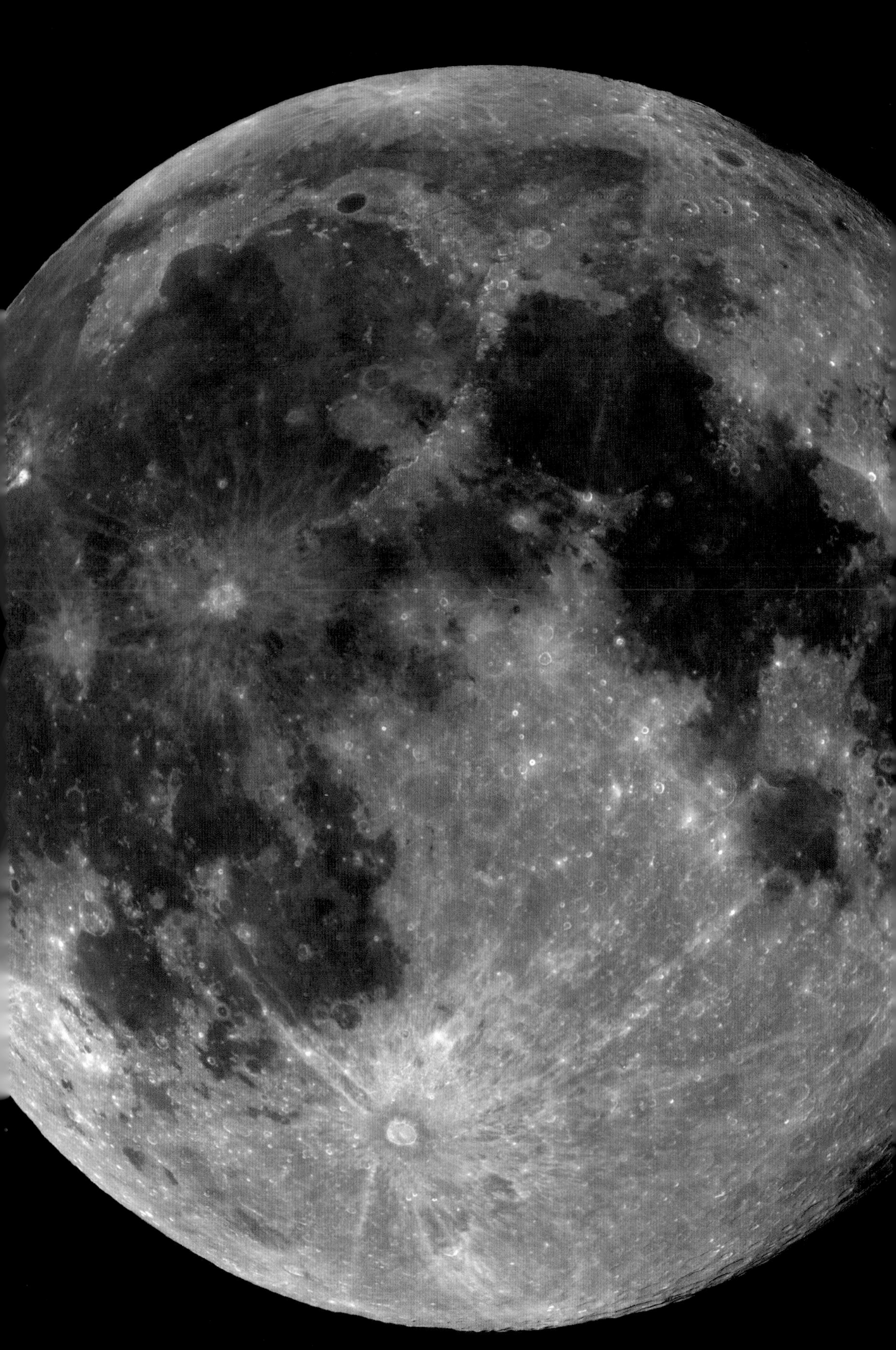

태양계의 천체

달-우리와 가장 가까운 이웃

달은 가장 가까운 지구의 친구로, 쌍안경만으로도 다양하고 멋진 풍경을 관측할 수 있다. 동틀녘에 쌍안경으로 달의 크레이터를 관측하는 것은 특히나 매력적이다.

달은 우리와 가장 가까운 이웃으로, 평균 38만 4,400 km 떨어져 있다. 달의 지름은 3,476 km이며, 겉보기 크기는 약 30분각이다. 지구를 도는 달의 궤도는 원이 아닌 타원의 형태를 가지고 있기 때문에 달과 지구 사이의 거리는 35만 6,300 km와 40만 6,700 km 사이를 오가며, 겉보기 지름 또한 34.1분각으로 늘었다가 29.8분각까지 줄어든다. 달의 자전주기는 지구를 중심으로 도는 공전주기와 거의 일치한다. 이를 조석고정이라고 한다. 때문에 우리는 언제나 달의 한 면만을 볼 수 있으며, 지구에서는 달의 뒷면을 절대 관측할 수 없다.

잠깐, 100%는 아니다! 지구에서는 달의 뒷면의 약 9%를 관측할 수 있다. 달은 1개월 동안 약간 휘청이듯 움직이는데, 이를 칭동이라고 한다.

가장 관측하기 쉬운 것은 동-서 방향으로의 칭동(경도 칭동)으로, 이는 지구를 중심으로 도는 달의 궤도가 타원형이기 때문에 발생한다. 달이 공전하는 동안 지구와의 거리는 변화한다. 각도 분의 시간으로 나타내는, 달이 별들의 사이를 지나는 속도인 각속도 또한 변화한다. 반면 달의 자전 각속도는 일정하다. 따라서 지구 가까이에서는 달이 느리게 도는 것처럼 보이며, 달이 지구에서 멀리 떨어져 있을 때는 빠르게 도는 것처럼 보인다. 이러한 현상으로 인해 달의 동쪽과 서쪽 가장자리는 약간 움직이게 된다. 이 겉보기 측면 움직임을 통해 달의 뒷면을 최대

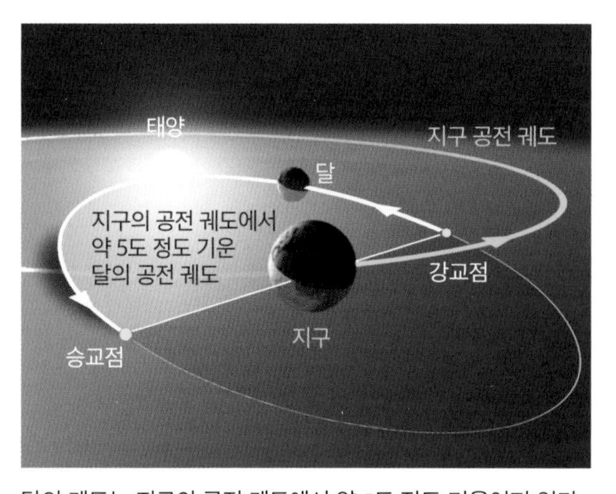

달의 궤도는 지구의 공전 궤도에서 약 5도 정도 기울어져 있다.

칭동을 통해 잠시나마 달의 뒷면 일부를 볼 수 있다.

달의 다양한 위상

거대한 크레이터 코페르니쿠스는 달에서 가장 아름다운 부분 중 하나다.

이틀 동안 관측한 달의 명암 경계선

7.9도까지 볼 수 있다.

북-남 방향의 칭동(위도 칭동)은 달의 자전 궤도가 공전 궤도에 기울어져 있기 때문에 발생한다. 달의 자전 궤도는 공전 궤도의 수직에서 약 6.7도 기울어져 있다. 달의 북극과 남극은 지구를 공전하는 동안 지구 쪽으로 기울어지며, 우리는 극에 가까운 달의 뒷면을 관측할 수 있다.

달의 일주 칭동 또한 완전히 무시할 수 없다. 이는 달의 시차와는 관련이 없으며, 관측자가 동쪽 지평선에서 떠서 서쪽 지평선으로 지는 달을 바라볼 때 생기는 각시차에 의해 발생한다. 우리의 두 눈에서도 비슷한 예시를 찾아볼 수 있다. 왼쪽 눈과 오른쪽 눈이 물체를 바라보는 각도는 상이하다. 이를 통해 우리는 공간을 지각할 수 있다. 달의 일주 칭동도 마찬가지다. 다만 우리 눈에서 12 cm 떨어진 곳이 아니라 지구의 지름인 약 1만 2,000 km 멀리에서 일어나는 현상이라는 점이 다를 뿐이다. 덕분에 우리는 달의 약 1도

쌍안경으로 관측한 달의 모습

낮하늘에서 관측된 금성 옆 초승달

정도 뒷면을 관측할 수 있다. 칭동 효과는 조합에 따라 매일 다르게 발생한다. 망원경을 통해 달의 뒷면을 최대한 관측해 보려고 노력하는 것은 꽤나 재미있을 것이다. 경험이 많은 관측자일지라도 훌륭한 달 지도나 지도책을 살펴보면 좀 더 많은 도움을 얻을 수 있을 것이다.

달의 표면

달에는 대기가 없기 때문에 표면을 관측하기에 수월하다. 맨눈으로도 약 120 km 크기의 달 지형물을 관측할 수 있지만, 망원경과 쌍안경을 사용하면 킬로미터 단위의 더 많은 디테일을 관측할 수 있다. 그렇기 때문에 달은 충분히 관측할 만한 가치가 있다. 맨눈으

개기월식에는 보름달이 어두운 붉은색으로 보인다. 이 사진은 2004년(왼쪽)과 2007년의 개기월식 사진을 비교한 것이다.

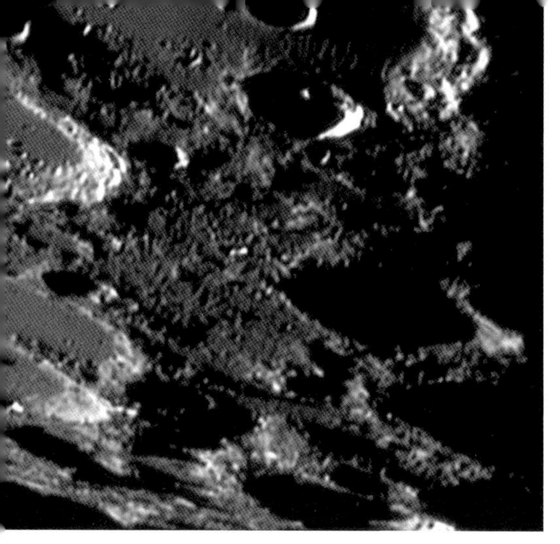

망원경으로 관찰한 달의 크레이터

아마추어 망원경으로 관측한 달의 분화구 그림

로도 달의 표면에서 어둡고 밝은 부분이나 그 사이의 밝은 점들을 볼 수 있다. 달이 차오를수록 달의 북서쪽 사분면의 어두운 타원형의 위난의 바다Mare Crisium가 모습을 드러낸다. 달의 표면에서 어둡고 광활한 부분은 예전부터 바다Mare라고 불리는데(여기에서는 첫 번째 음절을 강조한다) 과거 사람들이 여기에서 바다를 떠올렸으며, 당시에는 달에 물이 있다고 믿었기 때문이다. 하지만 실제로는 단순히 거대한 면적에 펼쳐진 어두운색의 굳은 용암에 불과하다. 달 표면의 밝은 부분은 크레이터가 산재한 산악 지형이 햇빛을 반사하기 때문에 나타난다.

어쩌면 보름이 달을 관측하기 가장 좋은 시기라고 생각할지도 모르겠다. 보름달이 뜰 때는 달 전체를 한눈에 볼 수 있지만, 쌍안경으로 관측하기에는 명암이 확실하지 않아 자칫 밋밋해 보일 수 있다. 섬세한 지형은 오직 명암 경계선 주변에서만 명확하게 알아볼 수 있다. 태양이 달의 분화구 위로 높이 뜰수록 그림자는 짧아지며, 보름달이 되면 그림자는 아예 자취를 감춘다. 그와 반대로 명암 경계선 주변에서는 그림자가 길게 늘어지며, 명암이 확실해 평평한 곳의 표면까지도 잘 관측할 수 있다. 넓은 평야에 파도치는 지형, 강을 연상시키는 홈, 중앙에 산이 존재하거나 존재하지 않는 크레이터, 산과 산골짜기, 사화산이나 크레이터 안쪽의 구조 등등. 매일 변화하는 달의 위상에 따라 달라지는 명암 경계선의 주변과 태양빛에 따라 변화하는 모습을 관측하는 것은 흥미로운 일이다.

쌍안경으로 보는 달

쌍안경을 사용하면 맨눈으로 보는 것보다 더 많은 달 표면의 디테일을 관측할 수 있으며, 명암 경계선에서의 지형 변화를 좇을 수도 있다.

달이 삭 직전이거나 직후일 때 쌍안경을 사용하면 아직 밝은 해질녘이나 동틀녘에도 달을 쉽게 찾을 수 있다. 달이 다른 별이나 행성과 마주치거나 이들을 아예 가려버리는 것을 관측하는 일도 즐거울 것이다.

월식

1년에 약 두 번, 보름달은 지구의 그림자에 가려진다. 월식이다. 이때는 특정한 장소가 아닌, 달이 지평선 위에 떠 있는 곳이라면 어디에서든 월식을 관측할 수 있다. 지구의 그림자는 반그림자와 본그림자로 이루어진다.

달이 지구 그림자에 얼마나 가려지는가에 따라 부분월식과 개기월식으로 나눌 수 있다. 부분월식은 달빛이 약간 사그라질 뿐 거의 알아차릴 수 없다. 하지만 보름달이 지구의 본그림자 속에 파묻히게 되면 달의 밝기는 4만분의 1로 줄어든다.

달이 본그림자 속에 가려지더라도 완전히 어두워지는 것은 아니다. 붉은 태양빛이 지구 대기를 통과하면서 꺾여 보름달을 비추기 때문에 달은 붉은빛으로 빛나게 된다.

망원경으로 보는 달

작은 망원경을 통해 관측할 때도 달은 멋진 피사체다. 20×의 작은 배율에서 맺히는 상은 쌍안경에서와 크게 다르지 않다. 낮은 배율로 명암 경계선 주변의 지형을 살펴보고 조금씩 배율을 높여 보자. 배율을 높이면 더 많은 디테일을 관측할 수 있지만, 난기류로 인한 방해 효과도 더 크게 나타난다. 기류가 잔잔하다면 기구의 최대 배율에 도전해 보는 것도 좋다. 배율이 높아질수록 상은 어두워지고 흐릿해질 것이다. 다양한 배율로 달의 남극과 북극 사이의 명암 경계선 주변을 살펴보며 달을 '산책'해 보는 것은 어떤가. 원한다면 89페이지에서와 마찬가지로 종이와 연필을 들고 특이한 달의 지형을 그려 보는 것도 좋다.

달의 표면에서 찾아볼 수 있는 황금빛 손잡이와 X, V

삭으로부터 대략 10일 뒤 달이 4분의 3 정도 차올랐을 때 명암 경계선에서 소위 말하는 황금빛 손잡이를 관측할 수 있다. 이는 산이나 산맥이 햇빛에 빛나는 동안 햇빛이 들지 않는 움푹 파인 바다의 달그림자 때문에 일어나는 시각적 현상이다. 몬테스 쥐라Montes Jura 산맥은 달의 북쪽 사분면에 위치한 얕은 무지개의 만을 둘러싸고 있다. 태양이 점차 떠오르면서 처음에는 산맥만이 빛나다가 점점 더 낮은 지형까지 빛이 번지기 시작하는데, 이러한 현상은 몇 시간에 걸쳐 관측할 수 있다.

달이 상현달에 다다르기 직전 망원경을 통해 달의 명암 경계선 부분을 자세히 관찰하면 알파벳 X나 V 모양을 관측할 수 있다. V 모양은 낮게 뜬 태양이 유명한 트리스네커Triesnecker 크레이터 주변에 위치한 우케르트Ukert 크레이터와 그 밖에 다른 크레이터들 근처의 완만한 산등성이를 가파른 각도로 비출 때 발생한다. X 모양은 달의 남쪽 3분의 1 지점에 위치한 블란키누스Blanchinus 분화구(베르너 분화구 근처)에 인접한 분화구 벽면이 낮게 뜬 태양에 의해 빛나며 생겨난다.

피타투스Pitatus 크레이터와 인접한 작은 크레이터인 헤시오도스Hesiodus 사이에는 긴 계곡이 존재한다. 상현달 직후 달 표면 위로 떠

황금빛 손잡이: 상현달 직후 쥐라 산맥 꼭대기는 이미 태양빛으로 빛나기 시작한다. 이때 무지개의 만은 여전히 어둠 속에 있다.

1/4 분기 직전 달의 X와 달의 V는 약 1시간 동안 관측 가능하다.

오르는 태양은 정확히 이 긴 틈을 비추며 빠르게 변하는 피타투스에서 헤시오도스까지를 비추는 쐐기형 빛을 만들어 낸다. 이를 헤시오도스 효과라고 한다.

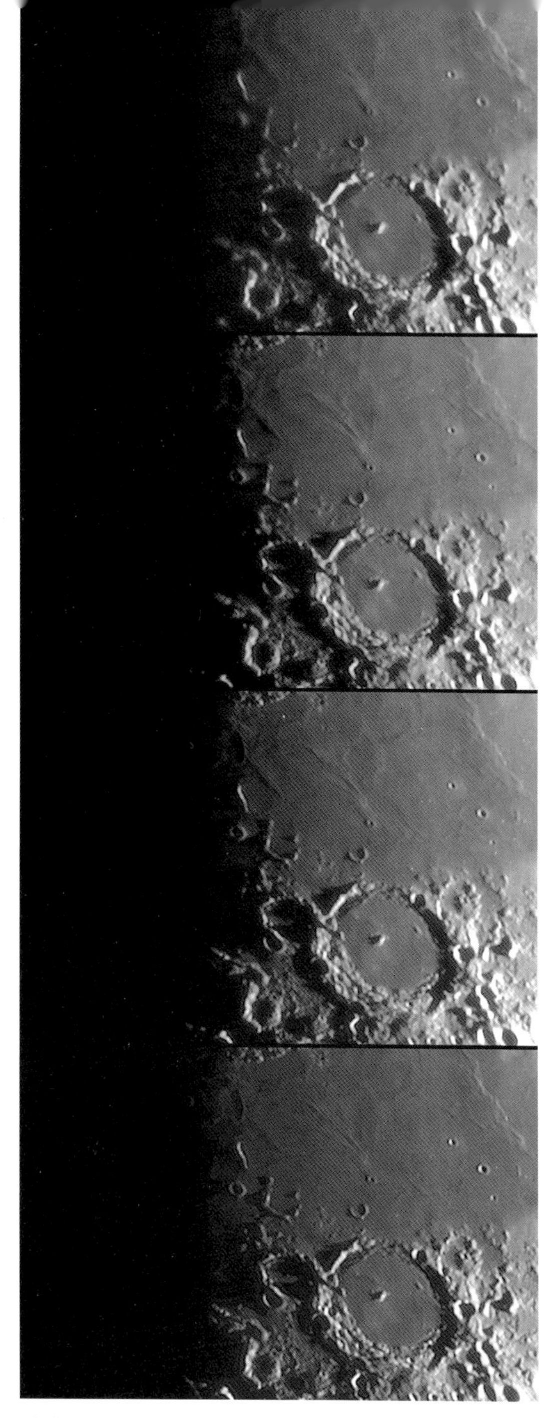

헤시오도스 효과: 빛이 피타투스 크레이터와 헤시오도스 크레이터 사이를 비춘다.

태양의 관측

태양을 관측하기 위해서는 특수한 안전 수칙을 따를 필요가 있다. 이를 잘 따르기만 한다면 흑점이나-특수한 필터를 통해-개기일식 때만 관측이 가능한 태양 대기에서의 가스 분출도 관측할 수 있을 것이다.

눈부시게 밝은 낮에도 흥미로운 관측 대상을 찾아볼 수 있다-적절한 기구를 사용하기만 한다면 말이다. 모두 돋보기로 태양빛을 모아 종이에 불을 붙이는 장난을 기억할 것이다. 절대로 보호 장비 없이 맨눈이나 쌍안경, 망원경을 통해 태양을 보아서는 안 된다!

망원경 접안렌즈에 장착하는 대부분의 태양 필터는 태양 관측에 적합하지 않다. 이를 장착하더라도 눈은 충분히 보호받지 못한 채 태양빛에 노출되고, 이는 회복할 수 없는 눈 손상으로 이어질 수 있다.

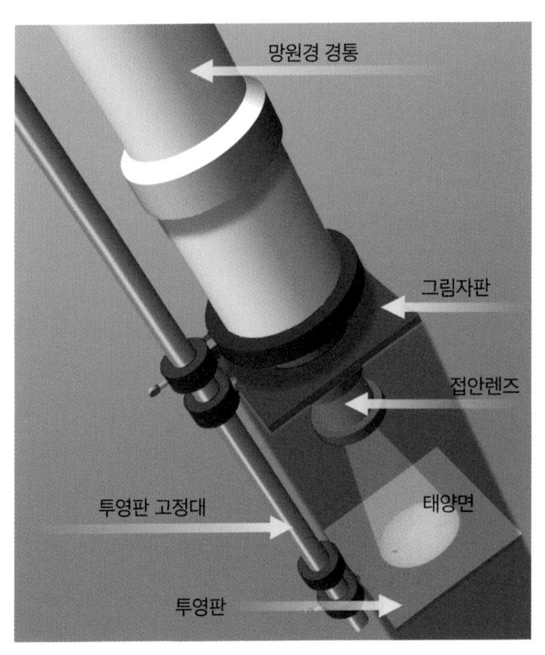

스크린에 태양면을 투영하는 것은 태양을 관찰하는 가장 쉬운 방법이다.

안전하고 편안하게 태양을 관측하는 데는 세 가지 방법이 존재한다. 투영법, 대물렌즈에 장착하는 태양 필터 혹은 오각 프리즘(허셜 프리즘) 사용이 바로 그것이다.

투영법

망원경(혹은 쌍안경)은 투영기로 사용될 수 있다. 이때 우리는 망원경을 직접 들여다보지 않고 작은 스크린에 투사된 태양을 관측한다. 이 스크린은 태양 투영판으로, 전문점에서 구매하거나 직접 제작할 수 있다. 단순한 테스트에는 하얀 종이로도 충분하다.

일단 파인더의 앞쪽을 덮개로 닫는다. 이를 통해 원치 않게 스크린에 불을 붙이는 일을 방지할 수 있다. 망원경에는 긴 초점거리를 가진 접안렌즈를 사용하고 간접적으로 태양을 향하게 설치한다-당연히 들여다봐서는 안 된다! 망원경으로 인해 바닥에 지는 그림자를 이용한다. 망원경이 태양을 향할수록 길던 그림자가 둥그렇게 변할 것이다. 밝은 빛이 투영판에 떨어지면 태양을 볼 수 있다. 접안렌즈를 조절하면 더 선명한 상을 얻을 수 있다. 단, 접안렌즈가 뜨겁게 달아올랐을 것이므로 조심해야 한다! 접안렌즈가 달궈지는 문제 때문에 태양을 투영할 때는 하나의 렌즈로 이루어진 간단한 접안렌즈를 사용한다. 투영법은 태양을 관측하는 안전한 방법이며, 다수의 사람들과 함께 태양을 관측하는 데도 적합하다.

필터법

앞에서 언급했다시피 접안렌즈에 끼우는 태양 필터로는 태양을 안전하게 관측할 수 없다. 그런 필터를 가지고 있다면 지금 당장 버리길 바란다!

그렇다면 어떤 필터가 태양 관측에 적절할까? 간단하다. 망원경이나 쌍안경 앞부분에 장착하는 태양 필터다. 어두운 웰딩 유리welding glass 또한 여기에 적합하지 않다. 웰딩 유리는 빛을 감쇠시키지만 사람의 눈을 손상시키는 (하지만 우리에게는 보이지 않는) 적외선이나 자외선을 그대로 투과시킨다.

망원경 전문점에서는 관측에 적합한 태양 필터를 찾아볼 수 있다. 이들의 가장 큰 장점은 태양빛을 반사시켜 빛이 망원경 안으로 들어오지도 않고, 필터가 뜨거워지지도 않는다는 점이다. 여기에는 유리 필터와 포일 필터가 존재한다. 대물렌즈에 부착하는 태양 필터는 적절한 크기를 갖추어야 하며, 떨어지지 않도록 안전하게 고정되어야 한다. 유리 태양 필터에서는-망원경의 대물렌즈와 마찬가지로-제품의 질이 상의 또렷함을 좌우한다.

안전한 태양 관측을 위해 망원경에 태양 필터를 사용한다. 필터에는 저렴한 포일 필터(왼쪽)와 유리 필터가 존재한다.

저렴한 대안은 소위 말하는 '마일러 포일'을 이용한 포일 필터다. 이는 금속으로 코팅된 아주 얇은 양면 플라스틱 포일로, 느슨한 상태나 이미 고정된 상태로 판매된다. 굳이 (비싼) 맞춤 프레임을 살 필요는 없으며, 적절한 판지나 나무 프레임을 이용해 쉽게 설치할 수 있다.

유리 필터와 마일러 포일은 제품에 따라 각기 다른 빛 투과성을 갖는다. 눈으로 관측하기 위해서는 두께가 5인 (어두운) 필터를, 사진 촬영에는 더 밝은 그림을 위해 두께가

3인 필터를 사용하는 것이 적절하다.

허셜 프리즘

태양 오각 프리즘 혹은 허셜 프리즘은 접안렌즈 앞, 접안부 안쪽에 설치한다. 이것은 유리 표면에서 빛이 전반사되는 것을 이용한다. 덕분에 대부분의 태양빛은 굴절되어 적은 양의 빛만이 접안렌즈에 도달하게 된다. 그럼에도 불구하고 이 빛은 눈으로 관측하기에 너무 밝기 때문에 안전하고 편안한 관측을 위해 부차적으로 회색 필터를 접안렌즈에 장착해야 한다.

흑점

투영법이나 대물렌즈 필터를 사용해 태양을 관측해서 무엇을 볼 수 있을까? 대부분의 사람들이 생각하는 것과는 달리 태양은 하얗고 매끈한 물체가 아니다. 몇 세기 전 사람들 또한 태양에 때때로 검은 점이 나타난다는 사실을 알고 있었다. 그중 일부는 너무 밝지만

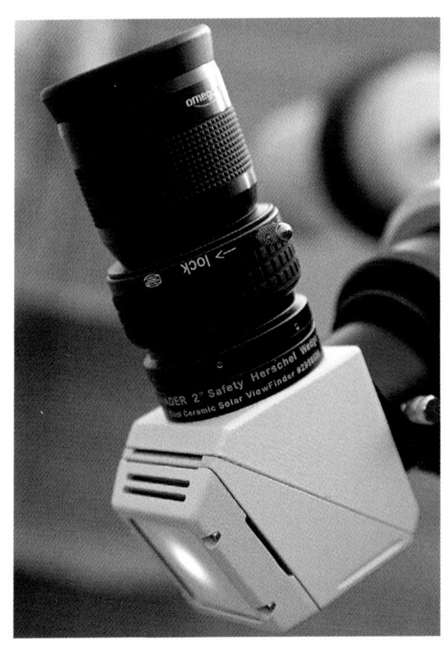

허셜 프리즘은 일종의 프리즘으로, 망원경과 접안렌즈 사이에 사용한다.

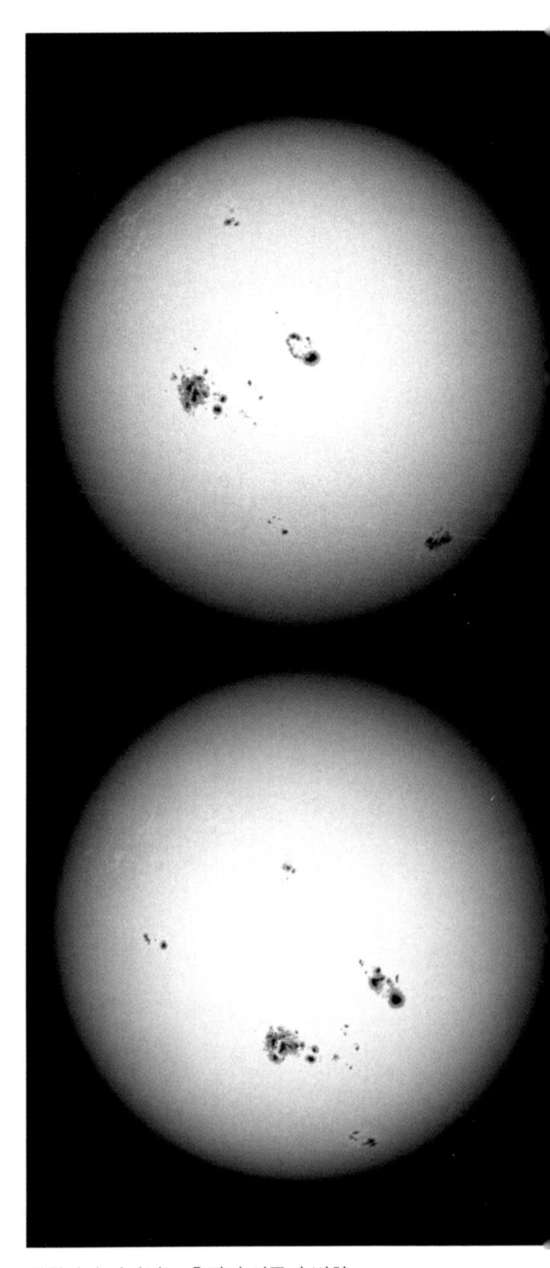
며칠마다 달라지는 흑점의 이동과 변화

않으면 맨눈으로도 볼 수 있을 정도로 크다. 흑점은 때로는 더 많고, 때로는 더 적지만, 언제나 태양 표면에서 찾아볼 수 있다. 흑점의 크기는 다양하고 때로는 한 부분에 여러 개가 나타나기도 한다.

그림을 통해 며칠간 기록한 흑점군의 변화

흑점은 고정되어 있지 않으며, 수명은 몇 시간에서 몇 달로 다양하다. 그중 약 90%의 흑점은 열흘 만에 사라진다. 흑점을 매일 관찰한다면 명확한 위치 변화를 포착할 수 있을 것이다. 이는 태양의 자전에 의한 것이다(태양은 25일 주기로 자전한다).

중간 크기의 흑점을 자세히 관측한다면 중심에서 매우 어두운 암부를 볼 수 있을 것이다. 이는 비교적 밝은 반암부에 둘러싸여 있다. 태양의 표면(광구)은 약 5,500도지만 흑점의 온도는 약 1,500도 낮으며, 이 때문에 흑점은 어둡게 보이게 된다. 흑점 집단은 자세하게 관측해 그림을 그리기에도 좋다.

아마추어 천문학자라면 흑점들의 움직임을 관측할 만한 가치가 있다. 흑점은 발트마이어의 분류에 따라 분류할 수 있다(97페이지 그림 참고).

온도 단위

일상적으로 사용되는 온도 단위(섭씨)는 '일반적인 조건'(= 기압 1,013헥토파스칼)의 물에서 임의로 선택된 고정점을 기준으로 한다. 증류수는 0°C에서 얼고 100°C에서 끓는다. 천문학에서는 절대온도 혹은 켈빈온도를 사용한다. 이때 영점은 모든 분자의 움직임이 멈추는 온도를 기준으로 한다. 0 K(영 켈빈) = -273.15°C이며, 273.15 K = 0°C이고, 373.15 K = 100°C다. 다시 말해 1도 차이의 크기는 두 척도에서 동일하다. 단지 켈빈온도에서의 0점이 섭씨온도에서 273.15를 뺀 값일 뿐이다. 이 차이는 매우 높은 온도에서는 무시할 수 있을 만큼 작기 때문에 3만 켈빈부터는 두 척도의 차이를 무시할 수 있으며, 일반적으로 '도'를 사용한다.

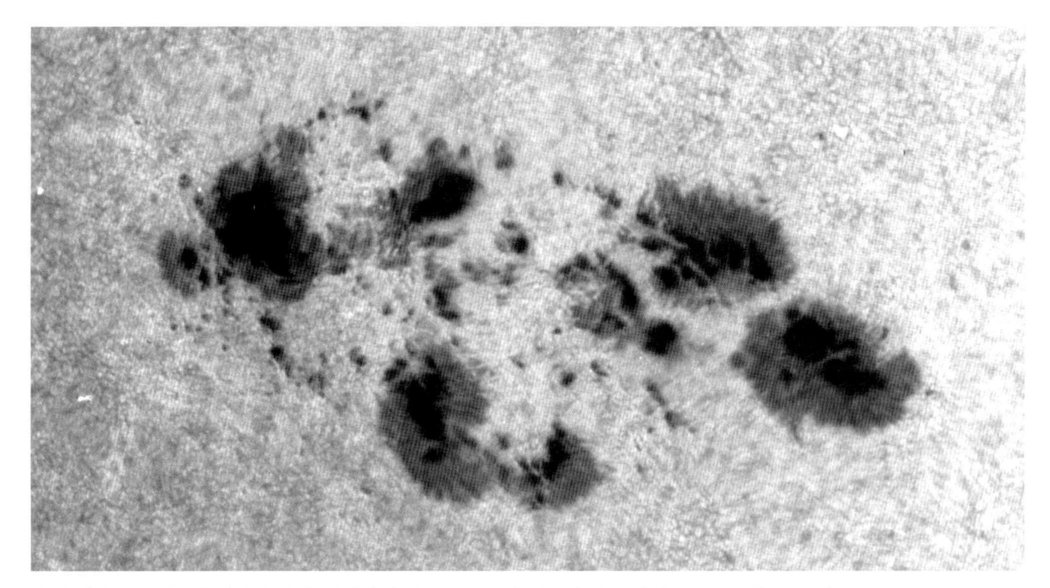

흑점 집단을 상세하게 현상한 사진. 명확하게 어두운 암부와 비교적 밝은 반암부를 구분할 수 있다.

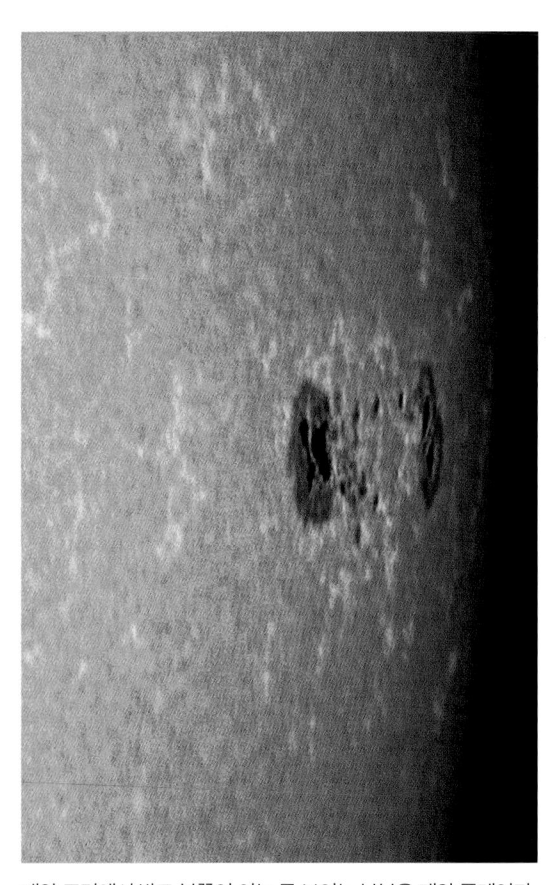

태양 표면에서 밝고 불꽃이 이는 듯 보이는 부분은 태양 플레어다.

상대 흑점 수

1848년 루돌프 볼프Rudolf Wolf는 통계적인 관점에서 상대 흑점 수(R)를 조사했다. 이는 관측 시점에서 흑점의 수를 나타내며 R = 10×g+f로 나타낼 수 있다. 여기에서 g는 흑점 집단의 수를, f는 태양의 흑점 수를 나타낸다. 흑점이 하나 있으면 R = 11이다. 하나의 흑점 집단에 흑점이 5개 있다면 R = 15다. 흑점 5개가 모두 외떨어져 존재하면 R = 55다. 수많은 관측자들과 함께 다양한 관측 장비를 통해 상대 흑점 수를 계산하고 서로 비교해 보면 R 값이 모두 다르게 나타난다는 사실을 알 수 있을 것이다. 물론 흑점이 많은 날에는 관측자들이 더 많은 흑점을 관측하고, 흑점이 적은 날에는 모두에게 R 값이 작게 나타나겠지만, 기본적으로 R 값에는 사용한 기구와 각자의 '관측 스타일'에 따라 편차가 존재한다. 이를 보정하기 위해 소위 말하는 k 상

발트마이어의 흑점 분류

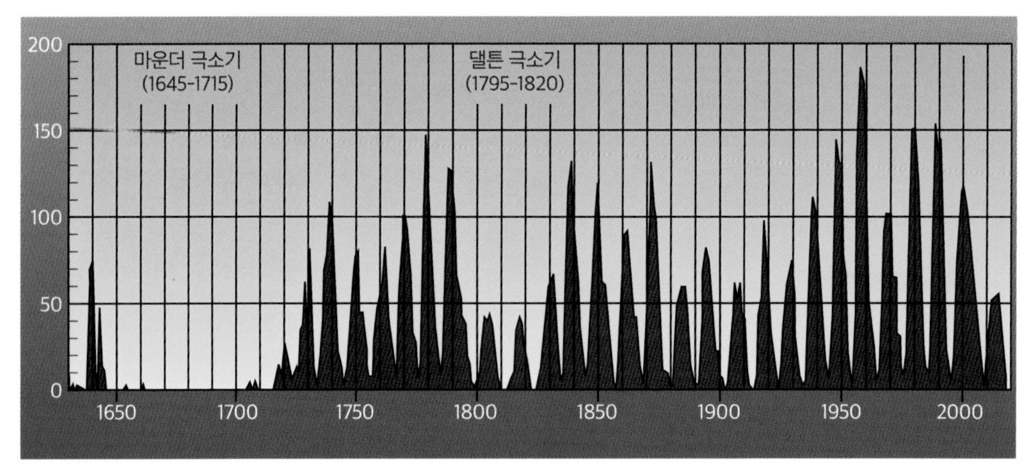

흑점의 수는 11년 주기로 늘어났다 줄어든다. 최근에는 2012/2013년에 흑점 수가 최대치를 기록했다.

수가 존재한다. 이 상수를 공식에 대입하면 $R = k \times (10 \times g + f)$로 나타낼 수 있다. 체계적으로 태양을 관측하고자 한다면 다른 관측자들과 함께할 것을 권장한다. 별의 친구 모임에서는 태양 관측 모임을 찾아볼 수 있다.

오랫동안 통계를 수집한 결과, 상대 흑점 수는 평균 11.1년을 주기로 변화한다는 것이 증명되었다. 즉 흑점의 수는 약 11년에 한 번씩 최댓값을 갖는다(1969년, 1979년, 1990년, 2001년, 2012/13년).

기타 관측

태양 가장자리에서는 흑점 이외에도 밝게 타오르는 부분을 관측할 수 있다. 이렇게 빛이 가지처럼 뻗어나가는 현상을 플레어라고 한다-플레어가 활성화된 구역은 안정한 광구에 비해 높은 온도를 갖는다. 그 밖에도 (이른 오전 등) 대기가 안정적일 때, 최소 10 cm 구경의 망원경으로 배율을 높여 관측하면 태양 표면을 이루는 작고 동그란 쌀알 무늬 구조를 관측할 수 있다. 각 쌀알 조직은 800에서 1,500 km로 거대하지만, 겉보기에는 2각초 이하의 크기를 갖는다.

Hα선과 태양

태양에서는 흑점과 플레어 이외에도 더 많은 것을 관측할 수 있다. 오늘날에는 아마추어 천문학자들도 전문점에서 다양한 기구를 구매함으로써 손쉽게 새로운 관측 기회를 얻을 수 있다. 그중 하나가 붉은 수소선인 Hα선을 이용한 태양 관측이다.

빛나는 성간 속 가스성운이 내뿜는 빛의 스펙트럼에서 수소는 밝은 (방출)선의 형태를 갖지만, 태양이나 다른 별들의 스펙트럼에서는 어두운 (흡수)선의 형태로 나타난다. 이 중 태양은 붉은빛을 띠는 Hα선을 가장 강하게 방출하는데, 특수 망원경(!)을 통해 이를 관측할 수 있다. 이러한 기구(오른쪽 위 그림 참고) 속 빛의 경로에는 특수한 협대역 Hα 필터가 설치되어 있는데, 이를 통해 태양을 관측하면 단순히 회색 필터를 사용해 희뿌옇게 맺히는 것과는 전혀 다른 모습의 상을 찾아볼 수 있다. 태양의 광구는 백색광을 내뿜지만 Hα 필터를 사용하면 태양의 광구 바깥쪽에 위치한 몇천 킬로미터 두께의 채층을 관측할 수 있다. 채층에서는 흑점뿐만 아니라 강렬한 대비를 가진 백반, 태양 표면에 넓게 분포되어 있는 어두운 필라멘트를 관측할 수 있다(아래 왼쪽 그림 참고). 필라멘트는 사실 채층 위에 떠 있는 가스 구름으로, 태양의 가장자리에서 홍염의 형태로 관측할 수 있다. 이는 채층보다 더 낮은 온도를 가지며, 따라서 어둡게 보인다. 개기일식으로는 달의 가장자리 부분에서 맨눈으로도 홍염을 관측할 수 있다. 흑점과 마찬가지로 채층과 홍염도 빠른 속도로 변화한다. 멋지지 않은가!

Hα 필터를 장착한 태양 관측용 망원경

칼슘이온과 태양

이제는 태양 스펙트럼의 보라색 부분으로 넘어가 보자. 1814년 프라운호퍼Joseph von Fraunhofer는 이러한 어두운 흡수선을 발견하고 H선과 K선이라고 이름을 붙였다. 차후에 이러한 선은 칼슘(Ca) 원자가 전자가 잃음으로써(= Ca^{+}로 이온화됨으로써) 나타난다는

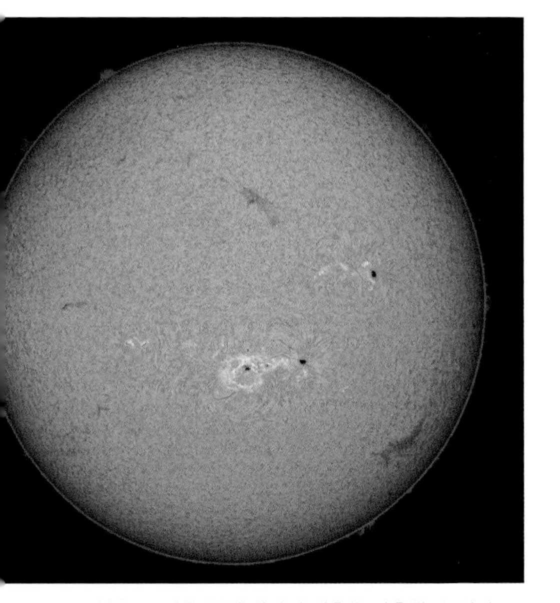
붉은 Hα선을 통해 태양의 채층을 관측할 수 있다.

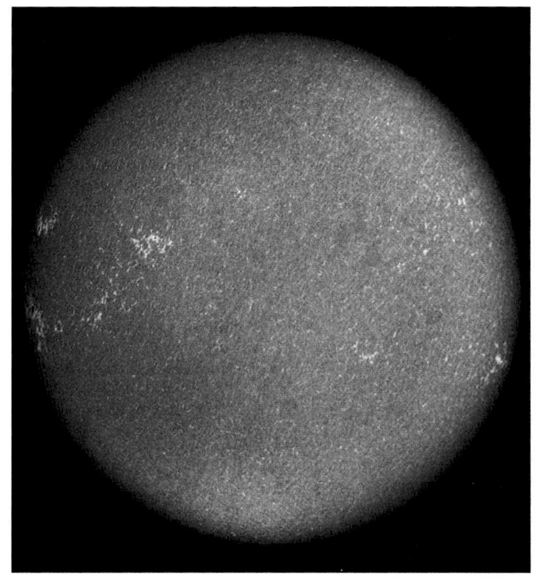
짙은 파란색의 칼슘선을 통해 흑점과 백반의 대비를 관측할 수 있다.

사실이 밝혀졌으며, 오늘날에는 이러한 스펙트럼선을 Ca II라고 부른다. 태양의 스펙트럼 중 394와 397 nm 파장의 보라색 부분에서는 선명한 2개의 선을 관측할 수 있는데, 이것이 바로 Ca II의 H와 K선이다. 이는 광구와 채층의 경계 영역에서 만들어진다. 이러한 칼슘광을 이용하는 특수 필터는 흑점뿐 아니라 매우 밝은 백반과 플레어, 초쌀알 조직 등 완전히 새로운 태양의 모습을 관측할 수 있는 가능성을 열어준다(99페이지 아래 오른쪽 그림 참고). 전문점에서는 칼슘이온 태양 필터와 이를 부착하기 위한 어댑터를 쉽게 찾아볼 수 있다. 이때 열복사로 인해 백색광 태양 필터를 추가적으로 사용해야 하며, 자외선이 눈에 큰 손상을 입힐 수 있기 때문에 Ca II 필터를 통한 태양 관측에는 카메라를 사용하는 것이 권장된다.

일식의 세 가지 유형. 왼쪽은 부분일식으로, 달이 태양 표면의 일부분만을 덮는다. 중간은 금환일식으로, 달이 지구에서 멀리 떨어져 있을 때 생긴다. 오른쪽은 개기일식과 태양의 코로나다.

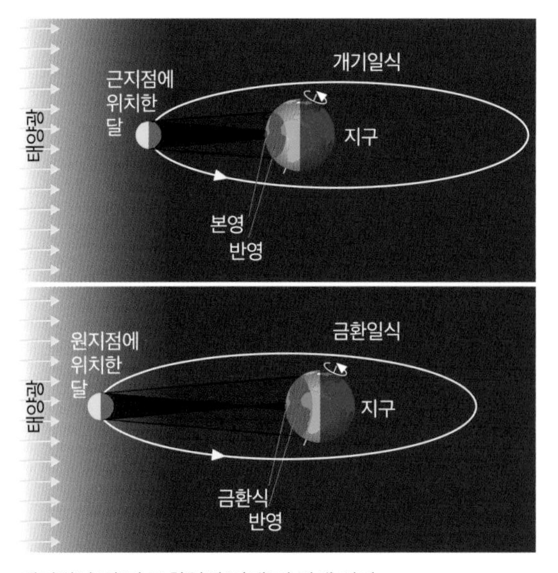

개기일식(위)과 금환일식(아래)의 발생 원리

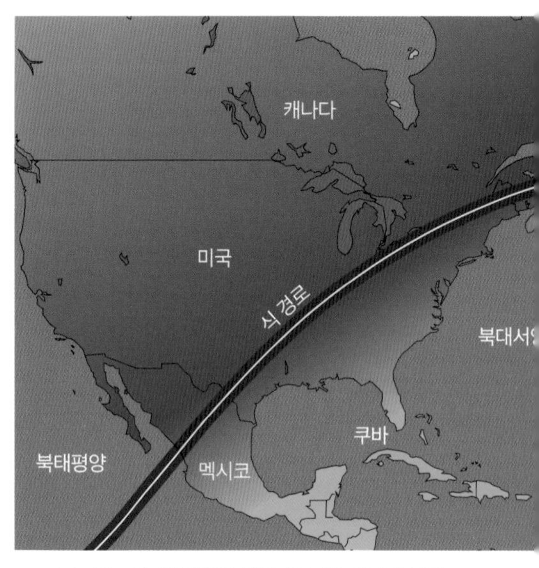

2024년 4월 8일 미국에서 관측 가능한 개기일식의 그림자 경로

일식

개기일식은 자연이 우리에게 보여 주는 가장 멋진 광경 중 하나로, 지구와 태양 사이에 위치한 달이 지구 표면에 그림자를 드리우면서 발생한다. 일식은 월식에 비해 훨씬 흔하지만 해가 진 곳이라면 어디에서든 관측할 수 있는 월식과는 달리, 일식은 지구의 특정 지점에서만 매우 희귀하게 관측할 수 있다. 달의 그림자는 지구 표면에 아주 작은 장소만을 가리기 때문에 이러한 장소 안에서만 개기일식을 관측할 수 있으며, 멀어질수록 태양을 가린 면적 또한 적어진다.

달이 부분적으로 태양을 가리는 경우(규모에 따라 다르지만) 여전히 태양 표면의 일부는 관측이 가능하다. 따라서 이를 관찰하고자 한다면 일반 태양 관측과 마찬가지의 기법(투영법, 대물렌즈 필터, 허셜 필터 등)과 안전수칙을 따라야 한다.

금환일식은 달이 원지점에 위치할 때 발생한다. 이때 달의 직경은 태양을 완전히 덮기에는 충분하지 않기 때문에 태양은 밝은 고리 모양을 띠게 된다. 이를 관측할 때도 마찬가지로 태양 필터나 투영법을 사용해야 한다.

개기일식은 관측하기에 아주 훌륭한 천체 현상이다. 개기일식은 달이 근지점에 위치해 태양을 완전히 덮을 때 발생하며, 짧은 시간 동안에만 필터 없이도 관측이 가능하다. 이때는 태양의 대기 가장 바깥쪽에서 일어나는 현상인 붉은 홍염과 코로나 또한 관측할 수 있다.

행성의 관측

목성 대기의 폭풍, 토성의 고리, 화성의 극관이나 금성의 상변화 등 태양계의 행성들뿐만 아니라 소행성, 혜성, 별똥별을 관측하는 것은 흥미로운 경험이 될 것이다.

쌍안경을 통한 행성 관측

쌍안경을 사용해도 언뜻 봐서는 맨눈으로 관측하는 것과 별반 다르지 않을 것이다. 두 경우 모두 행성은 밝은 작은 점으로 보일 뿐이며, 쌍안경을 이용하더라도 배율이 작기 때문에 행성의 모습은 거의 알아볼 수 없다. 다음 표는 태양, 달, 행성들의 겉보기 크기와 지구에서의 관측을 기준으로 했을 때의 각직경을 보여 준다. 여기에서 알 수 있다시피 행성들은 태양이나 달에 비해 훨씬 작게 보일 수밖에 없다. 각직경이 가장 큰 행성은 우리의 이웃인 금성인데, 이는 단순히 금성이 지구에서 가장 가까이에 있기 때문이다. 거대 행성인 목성조차 엄청난 거리 때문에 겉보기 크기에서는 금성에게 밀릴 수밖에 없다. 행성의 겉보기 직경과 밝기는 지구와 행성 사이의 거리 변화에 크게 영향을 받는다.

금성부터 토성은 쌍안경을 통해 작게나마 알아볼 수 있다. 금성의 경우에는 상변화를 추적할 수도 있으며, 목성의 가장 밝은 위성 4개도 쉽게 찾아볼 수 있다. 토성의 고리는 쌍안경으로 찾아볼 수 없지만, 겉보기 등급이 8인 토성의 위성 타이탄은 알아볼 수 있을 것이다. 몇 시간 혹은 며칠씩 쌍안경을 통해

행성과 왜행성인 명왕성의 각직경과 밝기

천체	각직경			겉보기 밝기		
태양	31.5′	...	32.5′	-26.7^{m}		
달	29.8′	...	34.1′	bis zu -12.6^{m}		
수성	4.6″	...	12.6″	$+5.6^{m}$	...	-2.2^{m}
금성	9.6″	...	64.3″	-3.9^{m}	...	-4.7^{m}
화성	3.5″	...	25.2″	$+1.8^{m}$	...	-2.9^{m}
목성	30.5″	...	50.1″	-1.9^{m}	...	-2.9^{m}
토성	14.9″	...	20.8″	$+0.5^{m}$	...	-0.4^{m}
천왕성	3.3″	...	4.1″	$+5.9^{m}$	...	$+5.6^{m}$
해왕성	2.2″	...	2.4″	$+8.0^{m}$	...	$+7.8^{m}$
명왕성	0.1″			$+14.0^{m}$	...	$+13.5^{m}$

관찰한다면, 목성의 주위를 도는 위성들과 토성의 주위를 도는 타이탄의 움직임을 따라갈 수 있을 것이다. 물론 이러한 우주적 움직임을 경험하기 위해서는 인내심이 필요하다. 몇 시간 혹은 며칠에 걸쳐 위치를 추적할 예정이라면, 위성의 위치를 기록해 다음 관측 시 비교하는 것이 도움이 될 것이다.

멀리 떨어져 있는 천왕성이나 해왕성의 매력은 맨눈으로는 관측이 불가능하지만 쌍안경을 통해서는 찾아볼 수 있다는 점이다. 물론 별과 마찬가지로 작은 점으로 보이겠지만 말이다. 명왕성의 겉보기 등급은 14등급으로, 빛이 약해 쌍안경을 통해 관측할 수 없으며 이를 위해서는 큰 망원경이 필요하다.

목성의 위성은 쌍안경을 통해서도 관측이 가능하다.

행성들의 랑데부. 2015년 금성과 목성이 단 몇 분각의 거리를 두고 있다.

망원경을 통한 행성 관측

망원경을 통한 행성 관측은 천문학 입문자들에게 엄청난 탄성을 자아낸다. 마침내 금성의 표면, 목성의 구름띠, 토성의 고리를 또렷하게 볼 수 있는 것이다. 망원경의 큰 장점으로는 배율을 조절할 수 있고, 한 자리에 고정되어 있다는 점을 꼽을 수 있다. 이는 행성 관측에 매우 중요하다. 최대 배율(63페이지 참고)까지 배율을 높이면 화성, 목성, 토성의 표면 디테일까지도 관측할 수 있다.

(특히 커다란 망원경을 사용할 때) 행성 관측은 태양이나 달 관측과 마찬가지로 제한점을 갖는다. 바로 대기 불안정이다. 이는 영어 단어인 'seeing'으로 표현할 수도 있다. 대기 불안정으로 인해 또렷하던 행성의 표면이 흐려지며, 맺힌 상은 계속해서 흔들리게 된다. 하지만 대기가 안정된 순간에는 또렷한 행성의 상과 표면의 자잘한 구조들을 식별할 수 있다. 이러한 멋진 순간은 평생토록 기억에 남을 뿐만 아니라 몇 날 며칠 동안 머릿속을 떠나지 않을 것이다.

낮하늘의 행성들

수성부터 토성까지는 비교적 밝은 행성으로, 낮하늘에서도 관측할 수 있다. 특히 금성은 (심지어는 맨눈으로도) 쉽게 찾아볼 수 있다-어디서 찾아야 하는지만 잘 알고 있다면 말이다. 따라서 진짜 문제는 행성의 위치를 찾는 것이다. 망원경이 올바른 방향을 향하게 설치하고 기준원을 이용하면 적경과 적위를 통해 원하는 행성을 찾을 수 있다. 절대 좌표를 이용해 망원경을 설정하는 경우에는 명확하게 식별 가능한 물체-태양이나 달-에 대한 상대적인 값 또한 사용된다. 태양 관측에 대한 안전수칙을 준수하는 것을 잊지 말자!(92페이지 참고) 좌표는 천문 연감이나 컴퓨터 프로그램을 이용해 얻을 수 있다. 망원경을 태양이나 달을 향하게 설치한 후, 기준원을 가능한 한 정확하게 좌표에 맞추고 고정한다. 그다음 원하는 행성의 좌표를 향하도록 망원경을 설치한다. 이때 가능한 한 작은 배율을 사용해 행성이 시야에 들어오도록 만든다. 달이 행성 주변에 위치해 행성을 찾는 가이드로 삼을 수 있다면 다른 방법을 이용할 수도 있다. 달은 주기적으로 행성들과 합을 이루며, 이에 대한 정보는 『우주 하늘 연감Kosmos Himmelsjahr』 등의 천문 연감에서 찾아볼 수 있다.

내행성

수성

수성은 태양에서 가장 가까운 행성이자 태양계에서 가장 작은 행성이다. 수성의 직경은

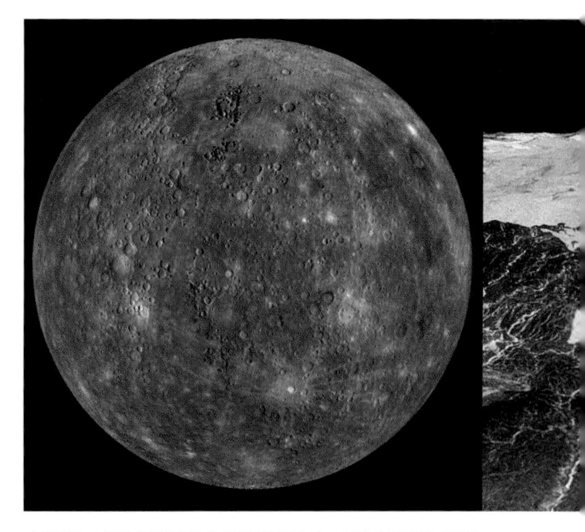

수많은 충돌 분화구로 이루어진 수성의 표면은 달을 떠올리게 한다.

4,878 km이고 질량은 지구 질량의 5.5%밖에 되지 않는다. 수성의 중력 또한 의미 있을 정도의 대기를 잡아둘 수 없을 만큼 약하다. 때문에 충돌 분화구가 많은 표면은 보호막 없이 태양광에 노출되어 있으며, 온도는 낮에 425도까지 올랐다가 3개월 동안 지속되는 밤이 찾아오면 영하 180도까지 내려간다.

수성은 상당히 찌그러진 공전 궤도를 가지고 있으며, 88일 주기로 공전한다. 공전 궤도의 형태 때문에 태양과 수성 사이의 거리는 4,600만 km까지 가까워졌다가 7,000만 km까지 멀어진다. 수성의 자전(즉 항성일)에는 약 58.5일, 공전 주기의 3분의 2가 소요된다. 공전과 자전의 공명으로 인해 수성의 궤도 공명 주기(태양일)에는 176일 혹은 2수성년이 소요된다.

놀랍게도 수성은 높은 평균 밀도를 가지고 있다. 수성의 밀도는 지구보다 약간 낮으며, 내부에는 철로 이루어진 거대한 핵이 위치한

금성 표면의 레이더 관측은 울퉁불퉁한 풍경을 보여 준다.

다. 수성 핵의 지름은 행성 전체 지름의 4분의 3이다. 즉 수성은 겉으로 보기에는 달을 닮았지만 내부 구조는 지구와 유사하다. 이 두 사실은 서로 상충한다. 때문에 많은 전문가들은 과거에는 수성의 크기가 더 컸을 것이며, 초기 단계에서 소행성들에 의해 파괴되었을 것이라 추측한다. 외부의 암석 부분이 소실되고, 오늘날의 크기에 비해 지나치게 큰 핵만이 남은 것이다.

1990년대 초반 몇몇 천문학자들은 레이더 관측을 통해 수성의 극지방에서 얼음을 발견함으로써 천문학계를 발칵 뒤집어 놓았다. 실제로 적어도 수성의 남극에는 약 150 km 크기의 크레이터가 존재하는데, 바닥 일부분은 오랫동안 크레이터 그림자에 가려져 있었다. 이곳에서 발견된 얼음은 과거의 혜성 충돌로 인해 생겨났을 것으로 보인다.

탐사선 매리너 10호Mariner 10는 총 네 차례 수성을 지나며 얻은 사진과 데이터를 지구에 전송했다. 2011년부터 2015년까지 NASA의 탐사선은 수성 주위를 돌며 전체 표면을 보여 주는 지도를 만들어 냈으며, 자기장과 극을 탐사했다(104쪽 그림 참고). 2025년 말에는 유럽의 탐사선 베피콜롬보BepiColombo가 수성 궤도에 진입할 예정이다.

금성

금성은 우리의 안쪽 궤도를 도는 이웃 행성으로, 지구와 비슷한 크기를 가지고 있어 오랫동안 동생 행성으로 여겨져 왔다. 금성의 지름은 1만 2,104 km로 지구보다 아주 약간 작다. 금성은 225일 주기로 태양을 공전하며, 궤도는 비교적 원형으로, 태양과 약 1억 800만 km 떨어져 있다. 지구와의 최소 거리는 약 4,000만 km이며, 이는 다른 어떤 행성과의 거리보다도 가깝다. 그럼에도 천문학자들은 1960년대까지 두꺼운 구름층 때문에 금성에 대해 아는 바가 거의 없었다. 이는

두꺼운 대기가 금성을 감싸고 있다.

저녁 하늘의 차오르는 달과 수성과 금성(산 바로 위)

1962년 탐사선 매리너 2호가 처음으로 금성의 측정 자료를 지구로 보내면서 변화를 맞이하게 되었다.

금성Venus이라는 이름은 로마의 사랑의 여신에서 비롯되었지만, 오늘날 금성은 불타는 지옥과도 같다고 여겨진다. 금성의 온도는 약 475도이며, 대기압은 지구 표면에 비해 약 90배 높다. 이 지옥과도 같은 환경 조건은 금성 대기 중 높은 이산화탄소로 인해 발생한다. 이는 아주 오래전에 피할 수 없는 온실 효과를 일으켜 기후 재앙을 일으켰을 것이다. 이때 원래 존재하던 물은 우주로 빠져나갔을 것으로 보인다. 이것이 끝이 아니다. 시야를 차단하는 금성의 두꺼운 구름층은 50~80 km 높이에 떠 있으며, 75%의 황산 방울로 이루어져 있다. 이러한 구름층이 금성 표면을 가리고 있음에도 불구하고, 과학자들은 레이더 위성을 통해 금성의 풍경을 포착하는 데 성공했다. 1990년대 초반 마젤란 미션의 성공을 통해 과학자들은 금성이 지구의 대륙을 연상시키는 2개의 거대한 고원과 화산으로 추정되는 수많은 산지, 용암으로 덮인 평평한 저지대로 이루어져 있다는 사실을 알 수 있었다. 1965년에는 지구에서의 레이더 측정을 통해 금성의 자전 주기에 대해 연구할 수 있었다. 금성의 자전 주기는 243일로, 지구나 다른 행성들과 반대 방향으로 자전한다. 반면 공전은 다른 행성들과 같은 방향으로 이루어지는데, 이러한 중첩으로 인해 1태양일에는 116일이 소요된다.

금성의 내부는 지구와 매우 유사한 것으로 보인다. 금성은 몇백~몇천 킬로미터의 지각을 가지고 있는데, 이 때문에 지구 지각 내부와 같은 판 활동이 일어날 수 없다. 더 깊은 곳에는 3,000 km 두께의 암석 맨틀과 지름이 6,000 km에 달하는 철로 이루어진 핵이

금성과 마찬가지로 수성의 상변화 또한 관측할 수 있다.

망원경을 통해 본 낮 모양의 금성

존재한다. 탐사선은 아직까지 금성에 자기장이 존재한다는 증거를 발견하지 못했다. 이는 아마도 금성의 자전 속도가 너무 느려 핵이 온전한 액체 상태이더라도 다이너모 현상이 거의 일어나지 않기 때문인 것으로 추측된다.

수성과 금성의 관측

수성과 금성, 이 두 내행성은 달과 마찬가지로 상변화를 갖는다. 지구에서는 햇빛에 빛나는 낮(망일 때)과 빛나지 않는 밤(삭일 때)을 모두 볼 수 있다. 전자는 지구를 기준으로 행성이 태양 뒤에 위치해 있으며(외합), 후자의 경우에는 행성이 태양과 지구 사이에 존재한다(내합). 이 기간 동안 지구의 관측자는 모든 상변화를 관측할 수 있다. 지구를 기준으로 행성과 태양의 각도가 최대일 때(최대 이각), 행성은 반달과도 같은 모양을 하게 된다. 외합일 때는 두 행성, 태양의 옆 혹은 뒤에 위치하며 낮하늘에서는 관측할 수 없다. 이때 행성과 지구의 거리가 최대이기 때문에 행성의 겉보기 지름 또한 가장 작다(102페이지 표 참고). 내합일 때는 반대로 행성의 겉보기 지름이 가장 크다. 관측 조건이 받쳐 주는 경우에는 내합일 때도 금성을 관측할 수 있지만 수성은 잠시, 정확히는 최대 이각 즈음에만 관측이 가능하다.

수성의 궤도가 찌그러진 형태를 띠고 있기 때문에, 수성의 최대 이각은 18도에서 28도 사이를 오간다. 때문에 노랗게 빛나는 이 행성은 오직 해질녘이나 동틀녘에만 관측 가능하다. 수성은 지평선에 낮게 뜨기 때문에 특히 관측하기 까다롭다. 또한 아마추어 장비로는 수성의 상변화를 알아보는 것 이상 관측하는 것이 불가능하다. 수성의 표면을 관측하기 위해서는 대형 장비가 필요하다.

가장 밝은 행성인 금성의 최대 이각은 47도이며, 따라서 관측 조건만 괜찮다면 저녁부터 자정까지 지평선 위에서 찾아볼 수 있다. 금성의 겉보기 지름은 1각분 이상으로 비교적 크기 때문에 상변화 또한 쉽게 관측할 수 있다. 하지만 금성의 표면은 가시광선이 투과하지 못하며, 두껍고 명확한 구조가 없는 구름층으로 뒤덮여 있기 때문에 관측이 불가능하다. 내합 즈음에 금성을 관측하면 초승달 형태의 날카로운 두 끝부분이 서로 닿아 있는 모습을 볼 수 있다. 2004년과 2012년에는 금성이 태양 위를 지나가는 모습을 관측할 수 있었는데, 이러한 모습은 2117년이나 2125년에 다시 볼 수 있을 예정이다.

외행성

화성-붉은 행성

화성은 바깥쪽에 위치한 우리의 이웃 행성으로, 태양 주위를 도는 데 687일이 소요되며, 비교적 찌그러진 공전 궤도를 가지고 있다. 따라서 태양과 화성 사이의 거리는 2억 700만 km에서 2억 4,900만 km 사이로 변화한다. 지구가 내부 궤도에서 충에 위치한 화성을 지나가면 둘 사이의 거리는 5,600만 km까지 감소한다. 2003년과 2018년 화성이 충이었을 때, 겉보기 직경은 각각 25.1각초와 24.3각초였다. 2020년 10월 충이었을 때

우리의 이웃 행성인 화성의 표면은 자갈로 뒤덮여 있으며, 사막과도 같다.

화성의 극지에는 빙관이 존재한다. 빙관은 얼음과 이산화탄소로 이루어져 있다. 전체 표면은 때때로 먼지폭풍으로 뒤덮인다.

의 겉보기 직경은 22.1각초였다. 2027년까지는 화성이 충의 위치에 있을 때도 비교적 먼 거리에 위치할 것이며, 이때 겉보기 직경은 13.8각초 정도일 예정이다. 화성의 직경은 6,794 km로, 태양계 행성 중 두 번째로 작다. 크기가 더 작은 수성과는 달리 화성에는 철로 이루어진 핵을 가지지 않은 것으로 보인다. 화성의 평균 밀도가 수성이나 지구, 금성보다 명확하게 낮기 때문이다. 하지만 화성은 지구와 가장 유사한 행성으로 여겨지는데, 이는 단순히 외적인 모습 때문만은 아니다. 화성의 자전축은 지구와 비슷한 25도로 기울어져 있으며, 화성에서의 하루는 지구의 하루보다 약 40분 더 길다. 지구와 비슷한 또 다른 점은 화성에도 물이 존재한다는 사실이다. 물은 얼음의 형태로 극관에 존재하며, 화성의 지표면 내부에도 존재하는 것으로 추정된다. 이외에도 수많은 화성 지표면의 구조가 과거에 많은 양의 물이 액체 상태로 존재했었다는 사실을 증명한다. 이를 바탕으로 과학자들은 과거 화성에 단순한 형태의 생명체가 존재했었는지 여부에 대해 연구하고 있다. 1970년대 중반에는 미국의 바이킹 탐사선이, 2004년부터는 작은 화성 로봇인 오퍼튜니티와 스피릿이, 2012년부터는 더 거대한 큐리오시티가 이에 대해 조사하고 있지만 아직까지 긍정적인 연구 결과를 가지고 오지는 못했다. 화성 운석에서 발견된 생명체의 흔적과 관련해서는 여전히 논란의 여지가 존재한다. 물이나 유기물에 대한 탐색은 계속해서 진행 중이다. 화성 표면에도 수많은 크레이터의 흔적이 남아 있으며, 이는 태양계 초기에 강한 폭발을 일으켰을 것이라 추측된다. 그 이후에는 거대한 화산과 용암

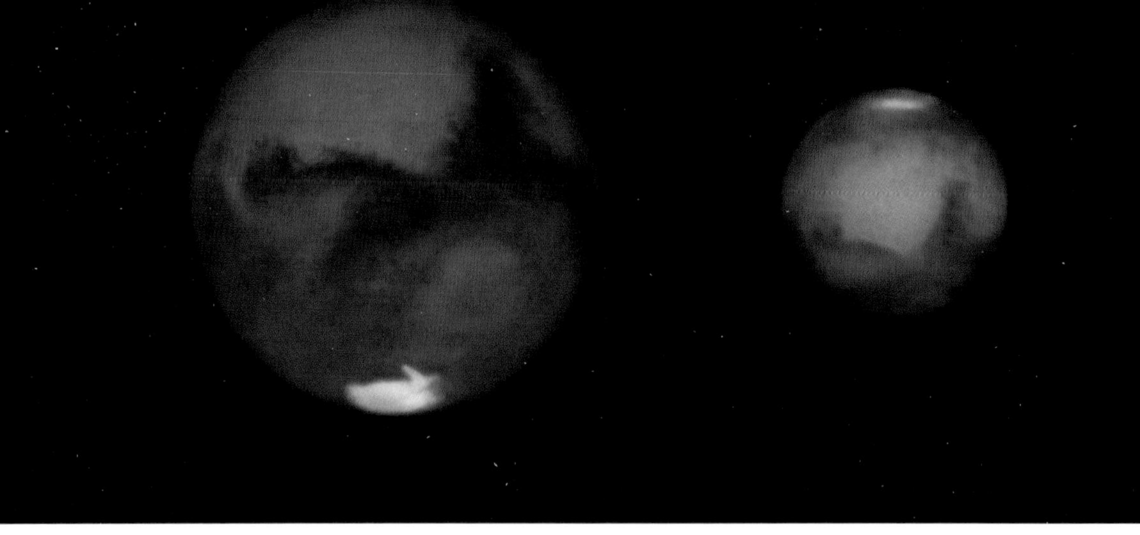
근지점에 있을 때(왼쪽)와 원지점(오른쪽)에 있을 때 화성의 크기 비교

이 화성의 표면을 바꾸어 놓았다. 화성에서 가장 큰 산은 올림푸스 산으로, 22 km 높이로 솟아 있다. 멀지 않은 곳에서는 수천 킬로미터 길이의 마리너 계곡이 서쪽에서 동쪽으로 뻗어 있으며, 이는 화성의 적도와 거의 평행하다. 이 계곡의 깊이는 7 km 이상이며, 너비는 200 km가 넘는다. 오늘날에는 얇은 화성 대기층에서 때때로 포착되는 거대한 먼지 폭풍이 화성의 지면을 변화시키는 것으로 보인다. 화성 표면에서의 기압은 지구 기압의 1%에 지나지 않으며, 가스층은 대부분 이산화탄소로 이루어져 있지만 우주의 한기와 태양의 자외선을 차단하기에는 역부족이다. 따뜻한 낮에는 화성 적도 주변에서 일시적으로 10도 이상으로 올라가지만, 밤에는 다시 영하 60도 이하로 내려간다. 겨울에는 영하 100도 이하로 내려가기도 한다.

붉은 행성인 화성은 2개의 작은 위성을 가지고 있다(포보스와 데이모스, 각각 두려움과 공포라는 뜻을 가지고 있다). 아마도 이들은 오래전에 우연히 화성의 중력에 붙잡힌 소행성이었을 것으로 추정된다.

화성의 관측

수성이나 금성과 비교했을 때, 화성은 아마추어 천문학자들에게 더 많은 볼거리를 제공한다. 화성은 합일 때 지구와의 거리가 최대로 벌어지며, 표면의 색깔 때문에 붉은 행성이라고 불리기도 한다. 이때 겉보기 지름은 3.5각초로 가장 작으며, 겉보기 밝기 또한 +1.8등급으로 가장 낮다. 화성이 태양 주변에 위치할 때는 낮하늘에서 관측이 불가능하다. 화성을 관측하기 가장 좋은 시점은 화성이 태양 반대편인 충에 위치하고 있을 때다. 이때 지구가 이 붉은 행성의 안쪽 궤도를 지나가며 지구와 화성의 거리가 최대로 좁혀지게 된다. 최상의 경우, 화성은 25.2각초의 겉보기 지름을 가지며, −2.9의 겉보기 등급에

합 몇 주 전후에는 작아지는 화성의 모습과 화성의 상변화를 관측할 수 있다.

도달한다. 충의 위치에 도달하기 약 4개월 전후 화성과 지구 사이의 각도가 최적으로 벌어짐에 따라 망원경을 통해 화성의 상변화를 관측할 수 있다. 이때 화성의 표면 약 85%만 이 밝게 빛나는 것을 볼 수 있다. 화성의 공전 궤도는 비교적 찌그러져 있기 때문에 화성의 겉보기 지름에는 편차가 존재한다.

화성의 관측 조건 또한 내행성과는 매우 다르다. 중유럽을 기준으로 이야기해 보자. 충에 가까울 때 화성은 남쪽 하늘 저 멀리에 존재한다. 이때 화성의 빛이 두꺼운 대기층을 통과해야 하기 때문에 대기 안정도가 관측에 큰 영향을 미친다. 환경이 괜찮다면 작은 배율로 설정한 망원경으로도 기본적인 표면의 디테일을 관측할 수 있다. 특히 눈에 띄는 것은 밝게 빛나는 극관이다. 화성은 얇은 대기층을 가지고 있으며, 지구와 자전축의 기울기가 비슷하기 때문에 화성에도 계절이 존재한다. 화성의 북극이 태양을 향하고 있으면 (북반구를 기준으로) 여름이 시작되며,

2018년 7월 27일, 28일, 29일의 화성. 왼쪽에서 오른쪽으로 자전하는 모습이다.

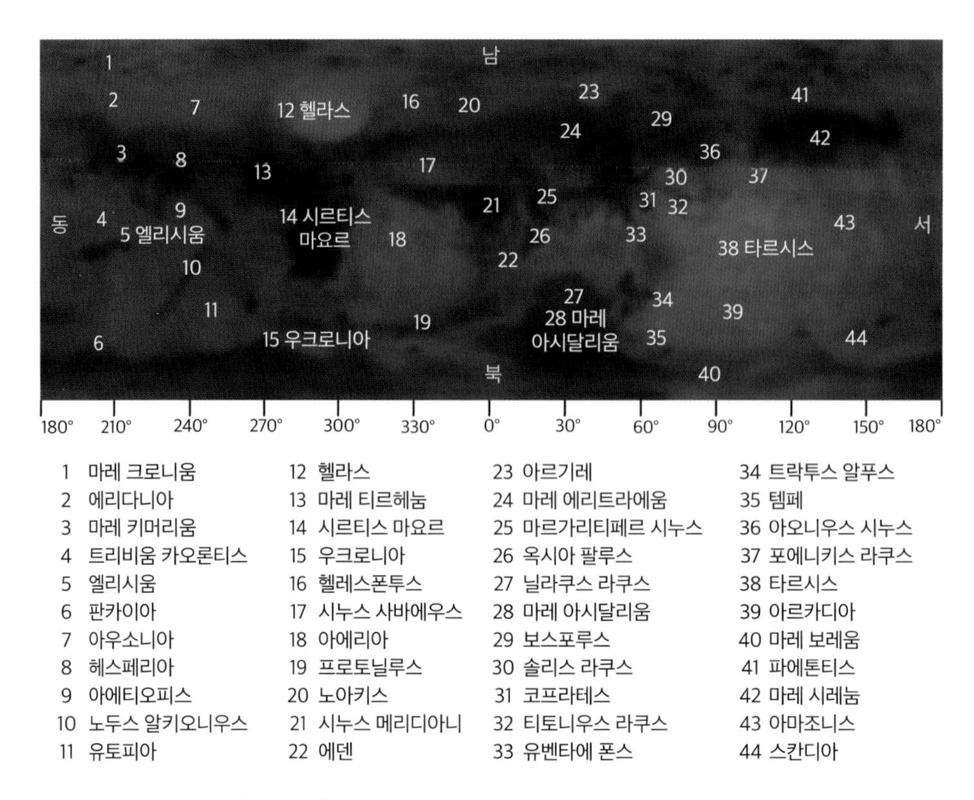

화성 지도와 중요 지형(위쪽은 남쪽을 가리킨다)

북극의 얼음이 녹게 된다. 이 시기에는 아마추어 장비로도 화성의 북극 얼음이 녹는 모습을 관측할 수 있다. 천문 연감을 이용하면 화성 남반구에서 여름이 시작되는 시기 등 화성의 계절에 대해 알 수 있다.

사진이나 그림을 통해 화성의 남극 크기와 극이 녹는 모습을 기록할 수 있다. 얼음으로 덮인 극은 시간이 지날수록 점점 작아질 것이다.

극관 이외에도 일반적인 화성 표면의 밝고 어두운 지형 또한 관측할 수 있다. 화성 표면의 지형을 관측하다 보면 화성이 자전하는 모습 또한 볼 수 있을 것이다.

화성의 지형을 자세히 관측하기 위해서는 컬러 필터를 접안렌즈에 장착하는 것을 권장한다. 화성의 경우, 붉은 필터를 이용하면 표면의 밝고 어두운 지형의 대비를 더 또렷하게 만들 수 있다. 붉은 필터가 화성 대기의 안개로 인한 빛의 산란을 억제하기 때문이다. 반대로 파란 필터는 대기의 안개를 강조시킨다. 행성 촬영용 카메라를 이용하면 아마추어 장비만으로도 화성의 구름이나 안개까지도 선명하게 담아내는 사진을 얻을 수 있다. 때로는 화성이 붉은빛 도는 주황색으로만 보일 뿐, 표면의 디테일을 전혀 알아볼 수 없다. 이는 화성의 대기에 모래나 먼지로 인한 폭풍이 일어났다는 것을 의미한다. 다른 행성들과 마찬가지로 그림이나 사진을 통해 관측 결과를 기록해 다른 천문학자들과 비교하는 것도 큰 도움이 될 것이다.

목성-거대 행성

목성은 태양계에서 가장 큰 행성이다. 목성의 적도 지름은 14만 3,000 km로 지구의 약 11배이며, 무게는 지구의 약 318배다. 목성과 태양 사이의 거리는 지구와 태양 사이의 거리의 약 5배이며, 공전에는 약 12년이 소요된다. 따라서 태양과 목성 사이의 거리는 7억 4,100만 km에서 8억 1,600만 km 사이를 오간다.

이 거대 행성의 하루는 굉장히 짧다. 목성의 자전에는 9시간 55분 29.7초가 소요된다. 이처럼 빠른 자전으로 인해 목성은 적도 지름보다 약 1만 km 짧은 극 지름을 갖는 납작한 구 모양을 형성한다. 목성의 짧은 자전 주기 덕분에 특유의 무늬를 잘 관측할 수 있다. 이는 행성 가장 위의 구름층에서 나타나는 구조로, 시간의 흐름에 따라 이동한다. 가장 눈에 띄는 것은 남위 약 20도에 위치한 대적점이다. 탐사선을 통해 관측한 바에 따르면 이곳에서의 바람은 시속 500 km의 속도를 갖는다.

또 눈에 띄는 것은 다양한 구역으로 이루어진 띠다. 밝고 어두운 색깔의 띠는 목성의 적도에 평행하게 늘어져 있다. 탐사선이 근거리에서 촬영한 사진에 따르면, 극단적인 자전 속도와 이로 인한 힘으로 인해 이러한 띠가 형성되는 것으로 보인다. 밝은 구역

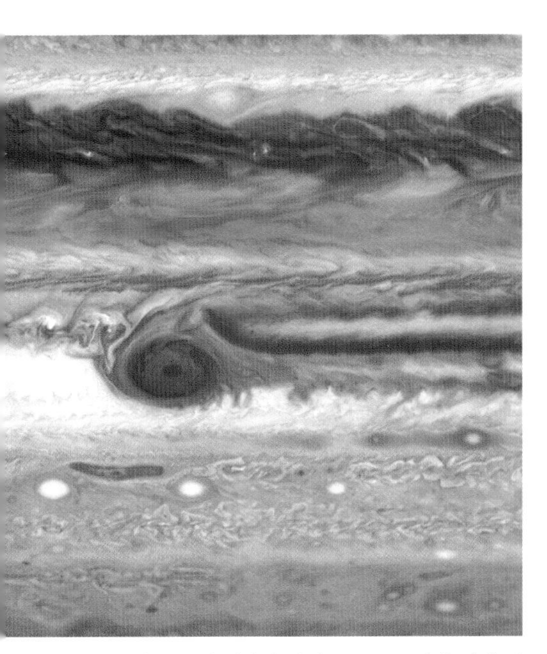

대적점은 목성 대기의 거대 폭풍으로 몇백 년째 관측되고 있다.

목성에는 딱딱한 지층이 없다. 우리가 관측할 수 있는 부분은 윗부분의 대기층이다. 위 그림에서는 오른쪽에서는 대적점을, 왼쪽 그림자에서는 목성의 위성을 관찰할 수 있다.

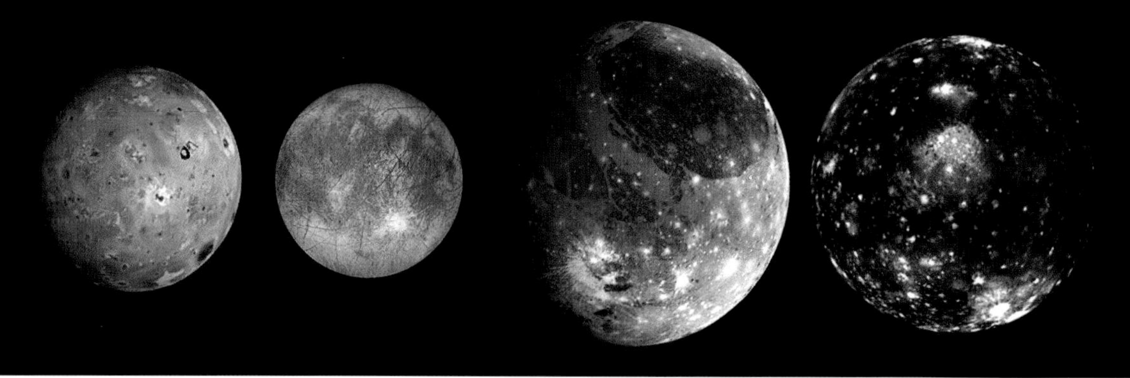

목성의 4대 대표 위성인 이오, 유로파, 가니메데, 칼리스토(왼쪽부터 오른쪽)

에서는 따뜻한 가스가 대기층의 낮은 곳에서 상승하고 냉각된다. 이때 암모니아가 응축되어 구름이 형성된다. 그다음에는 밀도가 높은 가스가 다시 가라앉는 어두운 띠로 흘러들어간다. 여기에서 밀도가 높은 가스는 다시 하강한다. 여기에서 온도가 상승하고, 황이나 탄소를 함유한 화합물들은 색깔을 띠게 된다.

목성의 평균 밀도는 매우 낮다. 이는 목성이 대부분 암석이나 금속이 아닌 가스로 이루어져 있음을 의미한다. 즉 목성은 가스행성에 속한다. 여기에서 가스-대부분은 수소나 헬륨으로, 우주에서 가장 쉽게 찾아볼 수 있는 원소다-는 안쪽으로 갈수록 밀도가 높아지고 단단해져 1,000 km 깊이에서는 액체화된다. 2만 5,000 km 깊이에서는 심지어 우리에게는 익숙하지 않은 상태에 도달하기도 한다. 이곳에서 수소는 높은 압력과 온도로 인해 '금속화'되며, 전도성을 띠게 된다. 목성의 강력한 자기장은 이로 인해 발생하는 것으로 보인다. 5만 7,000 km 깊이에는 지름이 약 3만 km에 달하는 암석으로 이루어진 핵이 존재하는 것으로 추측된다.

목성은 수많은 작은 위성들과 4개의 거대한 위성을 갖는다. 이 4개의 주요 위성은 이오, 유로파, 가니메데, 칼리스토로 1610년대에 이탈리아의 천문학자였던 갈릴레오 갈릴레이에 의해 발견되었으며, 이 때문에 갈릴레이의 위성들이라고 불리기도 한다. 이들의 지름은 3,138 km(유로파)부터 5,262 km(가니메데)까지 다양하다. 1892년 미국의 천문학자 에드워드 에머슨 바너드Edward Emerson Barnard가 아말테이아를 발견한 이후로 목성의 소위성들이 계속해서 발견되고 있다. 2020년 가을을 기준으로 목성은 총 79개의 위성을 가진 것으로 알려져 있으며, 이들의 지름은 대부분 20 km 이하다.

갈릴레오 탐사선(1995~2003)은 4개의 주요 목성 위성이 어떤 모습을 가지고 있는지를 밝혀냈다. 이오는 태양계에서 가장 화산활동이 활발한 천체다. 유로파는 몇천 킬로미터 두께의 얼음층을 가지고 있으며, 이 아래에는 액체 상태의 물로 이루어진 바다가 존재하는 것으로 추측된다(어쩌면 단순한 형태의 생명체가 존재할지도 모른다). 가니메데는 태양계에서 가장 큰 위성으로, 수성보

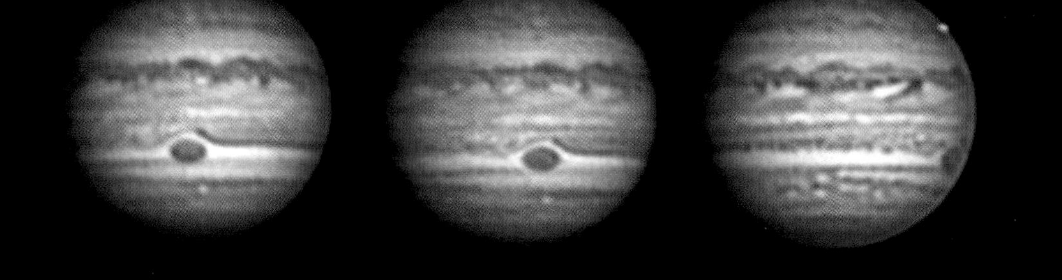

몇 시간만 투자해도 목성의 자전을 관측할 수 있다.

다도 큰 크기를 자랑한다. 가니메데의 표면에는 얼음과 암석으로 덮인 두꺼운 층이 존재한다. 가니메데 표면 중 일부에는 다양한 크기의 크레이터 충돌 흔적이 존재하며, 일부는 계곡과 산맥으로 이루어져 있다. 칼리스토는 낮은 평균 밀도를 가지고 있으며, 많은 양의 얼음을 포함한 것으로 보인다. 아마도 300 km 두께의 얼음층이 약간의 암석으로 덮여 있는 형태일 것이다. 이 아래에는 액체 상태의 물로 이루어진 약 10 km 깊이의 바다가 있을 것으로 추정되며 다른 부분은 얼음과 암석으로 이루어져 있을 것으로 보인다.

목성의 관측

목성과 태양 사이의 거리가 굉장히 멀기 때문에 겉보기 지름은 30.5각초에서 50.1각초 사이로, 화성보다 더 작다. 목성 또한 마찬가지로 충일 때 가장 관측이 용이하다. 목성의 겉보기 크기가 가장 클 때는 밤 내내 관측이 가능하며, 자정에 가장 높이 뜬다. 목성이 남쪽 별자리 사이에 위치할 때는 중유럽을 기준으로 수평선 아래에 존재하며, 관측하기 쉽지 않다. 하지만 충일 때는 북쪽 별자리 중 황소자리나 쌍둥이자리 주변에서 찾아볼 수 있으며, 이때 최상의 관측 조건을 제공한다.

목성에서 가장 눈에 띄는 것은 납작한 형태와 구름층을 통해 볼 수 있는 다양한 색깔

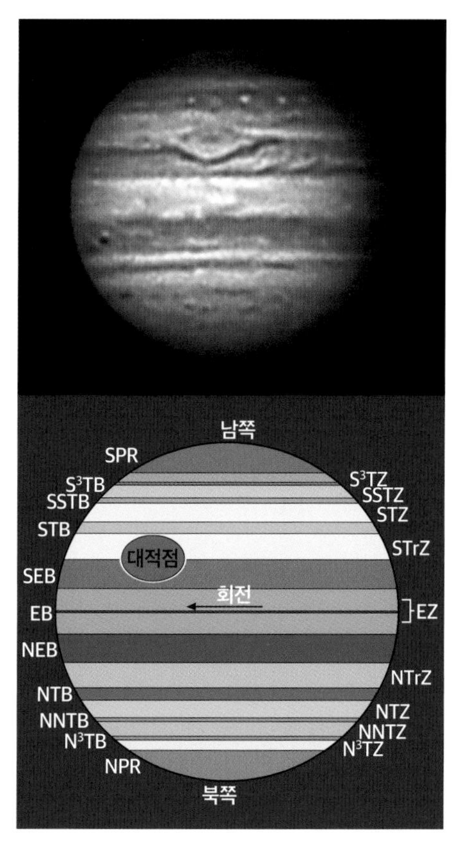

목성의 구름층 그림 및 사진(거꾸로 상이 맺히는 망원경을 통해 관측. 위쪽이 남쪽)

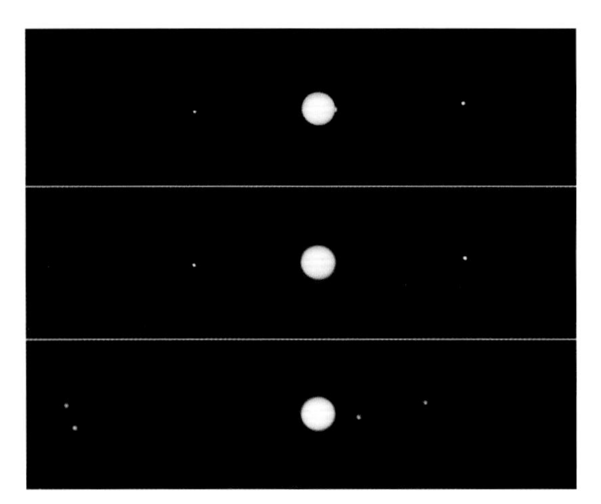
춤을 추듯 움직이는 목성의 위성들

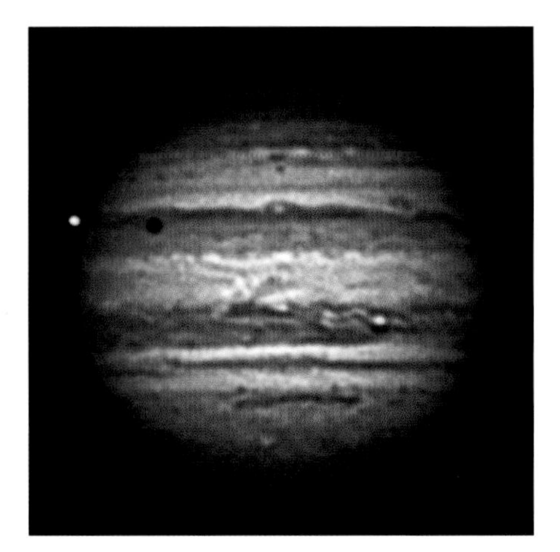
달이 목성에 그림자를 드리운다.

의 띠다. 띠 모양의 구름 구조는 이 거대 행성의 빠른 자전 속도로 인해 생성되며, 몇 분만 관찰하더라도 움직이는 모습을 볼 수 있다.

목성의 자전은 특이하다. 목성은 극보다 적도에서 더 빠른 자전 속도를 보인다. 구름띠는 제1, 2, 3회전계로 구분할 수 있는데, 제2회전계에서의 구름은 제1회전계에서의 구름보다 약 5분 느리게 자전한다. 반면 제2회전계와 제3회전계에서의 차이는 약 10초에 불과하다. 대기가 안정적일 때는 목성의 구조를 매우 자세하게 관측할 수 있다. 색수차를 보정하는 애퍼크로맷이나 색수차 보정 접안렌즈와 좋은 반사 망원경을 사용하는 등 고성능 장비를 이용하면 특히 색깔이 풍부한 구름 구조의 모습을 관찰할 수 있다. 비교적 큰 구조는 오랜 시간 남아 있을 수 있지만 자잘한 모습들은 몇 시간이나 며칠이면 금방 변화한다. 이외에 특이한 모습의 구름띠는 몇 주 혹은 몇 달 뒤 사라졌다 다시 나타나기도 한다. 이러한 것을 관측일지에 적거나 그림이나 사진을 찍어 붙이는 것도 의미 있는 일일 것이다.

아마추어 장비로는 목성의 수많은 위성 중 오직 4개의 밝은 위성만을 관측할 수 있다. 안쪽에서 바깥쪽으로 이오, 유로파, 가니메데와 칼리스토 순서이며 이들의 겉보기 밝기는 4.6등급에서 5.6등급 사이로, 망원경으로도(이론적으로는 맨눈으로도 볼 수 있지만 목성 때문에 잘 보이지 않을 것이다) 관측이 가능하다. 이들의 공전 시간은 1.7일에서 16.6일 사이이다. 따라서 몇 분만 관측해도 위성들의 위치가 변화하는 모습을 관측할 수 있다. 행성 촬영용 카메라를 아마추어 망원경에 장착하면 주요 위성을 작게나마 포착할 수 있다. 목성의 자전축 기울기와 위성의 궤도 기울기는 약 3도로 매우 작으며, 덕분에 목성의 위성이 보여 주는 특이한 현상을 자주 관측할 수 있다. 여기에는 위성 중 하나가 목성을 지나가며 목성에 검은 그림자를 드리우는 것이나 목성의 뒤로 사라지거나, 목성

그림자에 가려지는 현상들이 포함된다. 서로가 서로를 덮는 모습을 관측하는 일은 즐거운 경험이 될 것이다. 이러한 현상과 관련된 정보는 관련 연감에서도 찾아볼 수 있다.

토성-고리 행성

토성은 태양계에서 목성 다음으로 큰 행성이며, 목성과 마찬가지로 대부분 수소와 헬륨(거기에 약간의 암모니아와 메탄)으로 이루어진 가스행성에 속한다. 토성의 적도 지름은 약 12만 km로 목성보다 겨우 17% 작을 뿐이지만 질량은 지구의 약 95%다. 토성의 평균 밀도는 매우(심지어는 물보다도) 작기 때문에 충분히 거대한 바다만 있다면 물 위에 띄워 놓을 수도 있다. 토성 또한 매우 빠른 속도로 자전하기 때문에(자전 주기 10시간 40분) 이웃 행성인 목성과 마찬가지로 납작한 모습을 하고 있다. 토성의 극 지름은 약 10만 8,700 km다. 토성이 태양 주위를 공전하는 데는 약 30년이 걸리며, 태양과 토성 사이의 거리는 13억에서 15억 km 사이다. 이는 9.0~10.1 AU*로 나타낼 수 있다.

오랜 시간 동안 토성은 '고리 행성'으로 여겨졌다. 17세기 중반 파리 천문대의 초대 대장이었던 도메니코 카시니Giovanni Domenico Cassini는 약 반 세기 전 갈릴레오 갈릴레이가 기록한 바 있는 이 고리의 본질을 알아냈다.

* AU는 천문단위로, 지구와 태양의 평균 거리를 의미한다.

위: 토성은 고리 행성으로, 수많은 얼음과 암석 부스러기가 한 층으로 나열되어 토성 주위를 회전한다. 아래: 몇 년에 걸친 관측을 통해 토성 고리의 기울기 변화를 포착할 수 있다.

고리의 직경이 충분히 크기 때문에 아마추어 망원경으로도 토성의 고리를 어느 정도 자세히 볼 수 있다. 사진에서는 고리의 그림자(행성 왼쪽 옆)와 고리의 어두운 틈(카시니 간극)을 알아볼 수 있다.

토성 또한 수많은 위성을 가지고 있다. 이 중 몇 개는 망원경으로도 관측이 가능하다. 토성의 가장 밝은 위성은 타이탄이다.

카시니는 안쪽 B 고리와 바깥쪽 A 고리 사이의 틈을 발견하기도 했는데, 이는 오늘날 카시니 간극이라고 불린다. 1785년 프랑스 수학자 피에르 시몽 드 라플라스Pierre-Simon de Laplace는 토성의 고리가 하나의 원판이 아니라는 사실을 발견했다. 천체 역학 법칙에 따르면 내부의 고리가 외부 고리에 비해 더 빠르게 회전할 수밖에 없기 때문에 고리가 하나의 판으로 이루어져 있다면 부서질 수밖에 없다는 사실을 발견한 것이다. '고전적인' 토성 고리의 너비는 4만 6,000 km지만 오늘날 우리는 고리가 A, B, C 고리로 나누어진다는 것과(C 고리는 1848년에 발견되었다), 이것이 하나의 원판으로 보이는 것은 단순히 먼 거리로 인한 눈속임이라는 사실을 알고 있다. 실제로 토성의 고리는 무수히 많은 얼음 덩어리로 이루어진 몇천 개의 고리가 합쳐진 결과물이다. 다시 말해 토성은 거대한 파편 구름으로 이루어져 있다. 이 고리들은 우주적인 시간의 관점으로 봤을 때 하나 혹은 다수의 혜성 분열로 인한 일시적인 현상에 불과하다. 토성의 고리는 소위 말하는 로슈의 한계, 즉 토성의 조력이 '파괴 가능한' 물체를 부술 수 있는 범위 내에 존재한다. 토성과 태양 사이의 거리는 목성과 태양 사이 거리의 약 2배이기 때문에 대기는 상대적으로 덜 따뜻할 수밖에 없다. 이로 인해 토성 대기 낮은 곳에서 암모니아가 응축되어 구름 위의 안개가 되어 시야를 흐리게 만든다. 따라서 가시광선 범위에서 토성의 대기는 목성의 가스층과 마찬가지로 본의 아니게 행성을 가리는 역할을 한다. 반대로 적외선 범위에서 토성을 관찰한다면 목성과 유사한 띠 구조를 관측할 수 있다. 대기에서 큰 폭풍이 일어나면 안개층이 위로 상승하면서 지구의 관측자들에게 놀라운 광경을 제공한다. 이러한 사건은 2011년에 이미 발생한 바 있다.

토성의 내부 구조는 전반적으로 목성과 비슷하다. 1,000 km 깊이에는 가스 상태의 대기가 액체로 변화한다. 토성의 무게가 가볍고, 목성에 비해 중력이 약하기 때문에 토성은 더 두꺼운 액체 수소층을 갖는다. 3만 2,000 km 깊이에는 금속화된 수소가 존재할 것이라고 추측된다. 내부의 암석 핵은 아마도 지구와 비슷한 크기일 것이며, 1만 2,000 km 두께의 얼음층으로 둘러싸여 있을 수도 있다.

토성은 태양으로부터 얻는 것에 비해 약 2배의 에너지를 우주로 방출한다. 이는 수소와 헬륨이-물과 기름처럼-특정 조건에서는 섞이지 않는다는 점을 바탕으로 설명할 수 있을지도 모르겠다. 이는 금속화된 수소 경계에서 일어나는 것으로 보인다. 이곳에서 발생하는 헬륨 방울이 중력장 속에서 핵으로 가라앉으며 중력 에너지가 방출되고, 이러한 에너지는 열로서 위쪽 층으로 전달되어 결국 주변 공간으로 방출되는 것이다. 목성의 경우 이러한 '헬륨 비' 과정은 일어나지 않는데, 목성에서 경계층은 약 2,000도 더 따뜻하기 때문이다.

첫 탐사선이 토성에 도달하기 전에도 토성의 위성 중 10개는 이미 사람들에게 알려져 있었다. 2020년 가을을 기준으로 현재 밝혀진 토성의 위성은 82개다. 가장 거대한 위성인 타이탄(지름 5,150 km)은 지구보다 약 50% 두꺼운 대기층을 가지고 있다. 그 밖의 5개 위성들은 약 1,050에서 1,530 km의 직경을 가지며, 나머지는 몇백 킬로미터 혹은 몇십 킬로미터의 지름을 갖는다. 눈에 띄는 것은 구형이었다가 점차 불규칙한 모양으로 변하는 약 400 km 직경의 위성들이다. 미마스(390 km)는 아직은 동그랗지만 거대한 크레이터로 인해 '변형되고' 있으며, 히페리온은 410×260×210의 거대한 타원체(평균 지름은 약 290 km)다. 여기에서 위성 자체의 중력은 공 모양을 유지하기 충분하지 않은 것으로 보인다.

토성의 관측

노랗게 빛나는 고리 행성, 토성의 겉보기 크기는 14.9~20.8각초 사이이다. 망원경을 이용하면 토성에서도 목성과 같은 구름띠를 관측할 수 있지만 이때 볼 수 있는 구름띠는 비교적 흐릿한 구조를 가지고 있다.

토성에서 가장 눈에 띄는 요소는 당연히 적도에 평행한 얇은 고리다. 고리와 지구가 한 평면에 존재할 때(이는 토성이 한 번 공전하는 동안 두 번 나타난다) 지구에서는 이 고리를 볼 수 없다. 대기가 안정적일 때 10 cm 이상의 직경을 가진 망원경을 통해 관측한다면 토성 고리의 어두운 틈인 카시니 간극을 관측할 수 있을 것이다(왼쪽 그림 참고). 목성과는 다르게 토성의 자전축은 매우 기울어져 있다. 따라서 토성이 태양을 한 바퀴 도는 약 30년의 기간 동안 지구의 관측자는 거대한 고리와 함께 토성의 북극과 남극을 관측할 수 있다. 이를 관찰한 후라면 우리 태양계에서 토성이 가장 아름다운 행성이라고 여기는 사람들의 생각에 금방 공감할 수 있을 것이다.

토성의 위성인 타이탄이 토성 주위를 도는 데는 15일이 걸린다. 이러한 움직임 또한 망원경을 통해 쉽게 관측 가능하다. 관측 조건이 괜찮다면 구경이 20 cm인 망원경으로 최대 9개의 토성 위성을 찾아볼 수 있다. 비교적 밝은 토성 위성들의 위치 정보는 역시나 연감에서 찾아볼 수 있다.

빛이 약한 행성들

천왕성

천왕성은 1781년 독일 출신 천문학자 윌리엄 허셜에 의해 발견되었다. 처음 허셜은 어떠한 별자리 지도에도 나오지 않는 이 밤하늘의 밝은 점이 혜성일 것이라고 생각했다. 토성 너머에 여태까지 알려지지 않은 행성이 존재한다는 사실을 믿을 수 없었던 것이다. 천왕성이 태양 주위를 한 번 공전하는 데는 84.7년이 소요되며, 태양과의 거리는 28억 8,000만 km, 즉 19.3 AU다. 천왕성의 지름은 5만 1,118 km로 지구의 약 4배에 이른다.

천왕성의 특이한 점은 자전축이 약 98도로 기울어져 있다는 점이다. 따라서 태양은 천왕성의 극뿐만 아니라 중위도 및 '아열대'에 속하는 위도 주위까지도 돌게 된다. 천왕성의 자전은 17시간 14분밖에 걸리지 않지만 태양은-천왕성의 위도와 상관없이-하늘에 42년 이상 떠 있을 수 있다. 물론 태양은 천왕성에서 오직 흐린 하나의 점으로 보일 뿐이다. 우리의 보름달보다는 더 밝게 보이겠지만 말이다. 허블 망원경을 통한 적외선 사진에 따르면, 천왕성의 대기에도 목성이나 토성과 유사한 구름띠가 존재한다. 하지만 이는 높은 안개층으로 인해 관측이 불가능하다. 1986년 1월 보이저 2호의 탐사 이전에도 천문학자들은 천왕성에 5개의 위성이 있다는 사실을 알고 있었으며, 1977년에는 9개의 고리를 발견하기도 했지만 탐사를 통해 22개의 위성과 하나의 고리가 더 존재한다는 사실을 알 수 있었다. 토성의 고리와는 달리 천왕성의 고리를 이루는 입자들은 얼음으로 덮이지 않은 것으로 보인다. 이러한 입자들은 태양빛을 훨씬 적게 반사하기 때문에 지구에서는 거의 관측할 수 없다.

천왕성의 평균 밀도는 목성과 비슷하다. 천왕성은 따라서 자신의 큰 형제 행성보다 암석의 비율이 더 높은 것으로 보인다. 현재는 1만 km 크기의 암석 핵이 있는 것으로 추측되며, 이는 1만 2,500 km 두께의 메탄, 암모니아, 얼음 맨틀로 둘러싸여 있을 것이다.

탐사선 보이저 2호가 촬영한 사진에 따르면 천왕성은 별다른 지형 구조가 없는 표면을 가지고 있다.

바깥의 7,500 km는 액체 상태의 수소와 헬륨으로 이루어져 있으며, 이는 대기에 존재하는 가스 형태의 수소와 헬륨이 이동한 결과일 것이다.

해왕성

천왕성과는 달리 해왕성은 우연이 아닌 계산에 의해 발견되었다. 천왕성 운동에 설명할 수 없는 방해로 인해 해왕성의 존재가 알려진 것이다. 1846년 여름, 프랑스 수학자 위르뱅 르베리에는 몇몇 동료들과 자신의 계산 결과에 대해 이야기했는데, 그중에는 베를린 천문대의 천문학자들도 있었다. 이들은 실제로 계산된 장소 근처에서 약한 불빛을 발견했는데, 이는 어떤 별자리 지도에도 적혀 있지 않고 밤마다 움직였다-이렇게 이들은 결국 해왕성, 진짜 행성을 찾는 데 성공했다. 해왕성은 165.5년에 한 번씩 태양 주위를 돌며 태양과의 평균 거리는 45억 1,000만 km 혹은 30.1 AU다. 지름은 4만 9,424 km로 천왕성보다 아주 약간 작다. 그럼에도 불구하고 천왕성에 비해 훨씬 더 무거우며, 따라서 많은 부분이 무거운 원소들로 이루어진 것으로 보인다.

해왕성의 내부 구조와 관련해서는 추측만이 가능하다. 많은 과학자들은 해왕성의 내부가 얼어 있는 메탄, 암모니아, 물, 암석으로 이루어졌으며, 수소와 헬륨으로 이루어진 비교적 얇은 대기를 가진 것으로 추측하고 있다. 여기에 존재하는 소량의 메탄가스 때문에 해왕성이 파란빛을 띠게 된다. 보이저 2호는 해왕성에서 '거대하고 어두운 점'을 촬영한 바 있는데, 이후 허블 망원경을 통한 촬영에서는 이를 찾아볼 수 없었다.

1989년 8월 보이저 2호의 탐사를 통해 해왕성의 위성 2개와 입자로 이루어진 고리 구조를 발견할 수 있었다. 오늘날에는 해왕성이 총 13개의 위성과 7개의 고리를 가진 것으로 알려져 있으며, 여기에는 고리의 파편 또한 포함된다.

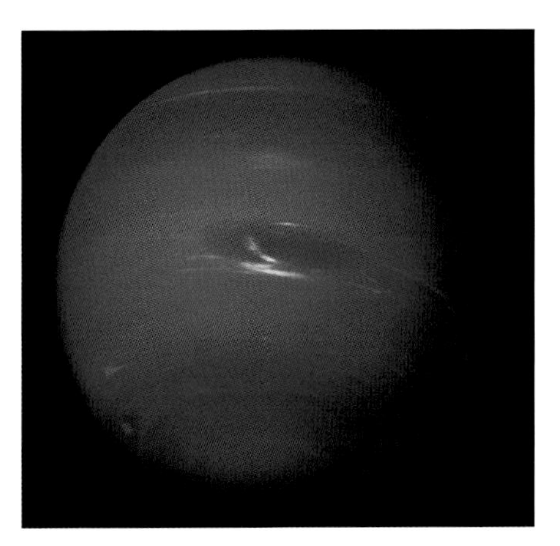

해왕성은 태양계에 존재하는 두 번째 '파란 행성'이다. 다만 물은 해왕성의 파란색과는 전혀 관계가 없다.

명왕성

1930년 미국의 천문학자 클라이드 톰보가 명왕성을 발견하면서 태양계의 경계가 또 한 번 바깥쪽으로 확장되었다. 명왕성은 오른쪽으로 치우친 궤도를 통해 태양 주위를 돌며, 이 궤도는 가끔-최근에는 1979년과 1999년 사이-해왕성 궤도 안쪽으로 들어가기도 한다. 명왕성과 태양 사이의 최대 거리는 최대 지구-태양 사이 거리의 50배(73억 8,000만 km)이며, 명왕성의 공전에는 247.7년이 소요된다.

명왕성은 해왕성 바깥쪽에 위치한 왜행성으로 2015년 여름 지구에서 손님을 맞았다. 탐사선 뉴 허라이즌스는 처음으로 명왕성의 표면을 촬영했다.

2006년 8월 명왕성은 행성의 지위를 박탈당했다. 태양계 바깥 공간을 이런 방식으로 움직이는 것이 명왕성뿐만이 아니었기 때문이다. 2020년을 기준으로 해왕성 바깥을 도는 소위 말하는 케이퍼 벨트에는 3,000개 이상의 천체가 속해 있다. 지름이 2,300 km인 명왕성은 이중 가장 거대한 천체일 뿐만 아니라 지금까지 발견된 것 중 가장 밝으며, 최초로 발견된 천체다.

여태까지 알려진 명왕성의 위성은 총 5개다. 카론은 지름이 1,100 km로 명왕성의 절반 이상의 크기를 가지며, 1978년에 발견되었다. 닉스와 히드라는 2005년 허블 망원경을 통해 발견되었으며, 지름은 100 km에서 150 km 사이로 굉장히 작다. 나머지 2개의 작은 위성은 각각 10 km와 40 km의 지름을 가지고 있으며, 2011년과 2012년에 처음으로

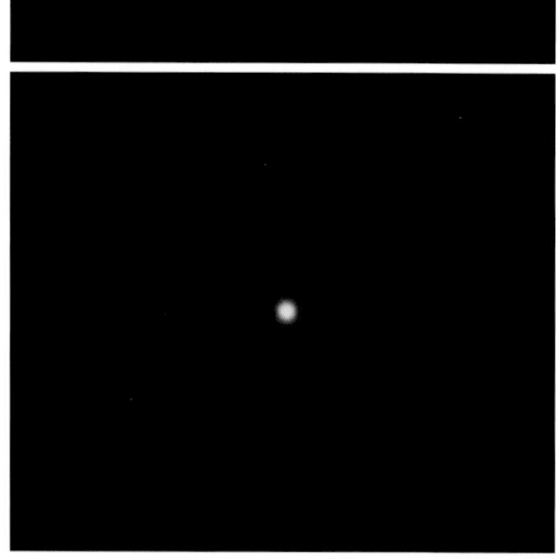

위: 아마추어가 촬영한 천왕성과 위성들
가운데: 356 mm 망원경으로 촬영된 천왕성
아래: 트리톤과 해왕성

목록에 이름을 올렸다.

카론과 명왕성 사이의 거리는 대략 2만 km 정도로, 6.4일 만에 명왕성 주위를 한 바퀴 돌며, 닉스와 명왕성 사이의 거리는 5만 km이고, 히드라와의 거리는 6만 8,000 km 정도다. 공전에는 각각 24.9일과 38.2일이 소요된다. 탐사선 뉴 허라이즌스는 2015년 여름, 명왕성을 가까이에서 탐색한 바 있다(왼쪽 그림 참고).

천왕성, 해왕성, 명왕성의 관측

천왕성의 겉보기 밝기는 5.6등급에서 5.9등급 사이로 맨눈으로도 관측이 가능하지만 하늘 위 희미한 별무리에 숨겨져 잘 보이지 않는다. 망원경을 통해 관측하면 멀리 떨어진 이 행성은 3.3각초와 4.1각초 사이의 크기를 가지며, 구조가 없는 녹색 빛의 원으로 보일 것이다. 매우 거대한 아마추어 장비와 고급 상 처리 기술을 통해서만 이러한 흐릿한 구름 구조를 알아볼 수 있다.

수많은 천왕성의 위성은 20 cm 구경을 가진 망원경으로 최대 3개까지 볼 수 있다. 천왕성의 가장 밝은 위성인 티타니아의 겉보기 밝기 등급은 13.7로, 숙련된 관측자에게도 어려울 수 있다. 아마추어 천문학자라면 천왕성의 어두운 고리는 관측이 거의 불가능할 것이다.

해왕성은 태양계에서 두 번째로(지구 다음으로) 파란 행성이다. 이를 관찰하는 것은 아마추어 천문학자들에게 더욱 어려운 일이다. 해왕성은 천왕성보다도 작으며 1.5배 더 멀리 떨어져 있어 망원경으로 보았을 때 겉보기 크기는 2.2각초에서 2.4각초 사이에 불과하다. 직경이 6 cm인 기구로는 선명한 상을 얻을 수 없으며, 일반적인 별들과도 구분할 수 없다. 해왕성의 겉보기 밝기 등급은 7.8에서 8.0 사이로, 좋은 쌍안경만으로도 관측할 수 있을 만큼 밝지만, 해왕성을 보았다는 성취감 이외에는 딱히 얻을 수 있는 것이 없다. 해왕성은 많은 위성을 가지고 있지만, 그중 겉보기 밝기 등급이 13.5인 트리톤만이 20 cm 구경의 망원경으로 관측할 수 있을 만큼 밝다. 트리톤이 해왕성을 도는 데는 약 6일이 소요된다.

태양에서 멀리 떨어진 명왕성은 겉보기 크기가 겨우 0.1각초로 매우 작으며, 별과 비슷한 하나의 점으로 보일 뿐이다. 명왕성의 최대 겉보기 밝기는 13.5등급으로, 구경이 20 cm 이상인 망원경을 사용한다면 아마추어들도 찾아볼 수 있다. 이를 위해서는 상세한 천문 지도(천문 연감에서의) 혹은 정확한 역표천체력을 가진 성도를 사용할 필요가 있다.

소행성

18세기 후반, 천문학자들은 화성과 목성 사이에 눈에 띄게 큰 틈이 벌어져 있다는 사실에 놀랄 수밖에 없었다. 비텐베르크대학에서 학생들을 가르치던 수학자 요한 다니엘 티티우스Johann Daniel Titius는 행성과 태양 사이의 거리를 설명하기 위한 급수 공식을 개발했으며, 이 틈을 결함으로 여기기도 했다. 1781년 천왕성은 이 법칙과 일치한다는 사실이 밝혀졌고, 몇몇 천문학자들은 이 틈 속에 '빠진' 천체를 활발하게 찾아 나섰다. 1801년 1월 1일, 주세페 피아치Giuseppe Piazzi는 처음으로 이 틈 사이에서 무언가를 발견했으며, 세레스라고 이름 붙였다. 1년 뒤 하인리히 빌헬름 올베르스Heinrich Wilhelm Olbers는 두 번째 천체(팔라스)를 발견했고, 1807년에는 주노와 베스타와 함께 2개의 천체가 더 추가되었다. 이들은 모두 화성과 목성 사이에서 태양 주위를 회전한다. 이들은 명백하게 다른 행성들에 비해 어두웠으며-베스타만이 가끔 맨눈으로 관측 가능하다-지금까지의 행성의 정의로는 설명할 수 없었다. 이 중 가장 큰 천체인 세레스조차 지름이 약 975 km에 불과하며, 명왕성과 마찬가지로 2006년 이후에는 왜행성으로 분류되었다. 화성과 목성 사이에 위치한 이러한 작은 천체들을 소행성이라고 한다.

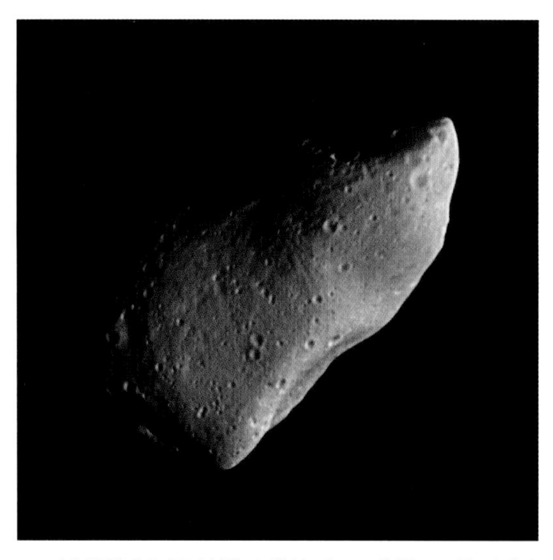

1991년 갈릴레오 탐사선은 소행성 가스프라 플로그를 지나가며 처음으로 사진을 남겼다.

현재 90만 개가 넘는 이러한 암석 조각이 알려져 있으며, 이 중 대다수가 화성과 목성 사이에 위치한다. 물론 이 중에도 태양계 안쪽까지 파고들어 지구의 공전 궤도를 지나치는 것들도 존재한다. 과거에는 이러한 경로 침입자들이나 NEOs(Near Earth Objects, 지구 접근 천체)들과의 충돌이 지속적으로 존재했으며, 일부는 엄청난 결과를 가져오기도 했다. 백악기 말 공룡들의 종말로 잘 알려진 대량 멸종 사건은 직경이 10 km가 넘는 거대한 물체와의 충돌로 인해 발생한 것으로 보인다. 이러한 위협을 가능한 한 빠르게 인식하고, 필요한 경우 방어하기 위해 지구 근처의 소행성 중 이러한 가능성이 있는 천체를 주의 깊게 관찰할 필요가 있다.

목성 너머에서도 작은 천체 가족들이 발견되었다. 이 중 다수는 센타우르스군으로 분류되는데 이들은 목성과 토성 궤도 사이를 움직이며, 태양계 바깥쪽을 오가고, 기타-해왕성 궤도 너머에 존재하는-것들은 카이퍼 벨트라는 이름으로 분류할 수 있다. 이는 명왕성 궤도 너머까지도 뻗어 나간다. 이러한 TNOs(Trans Neptunian Objects, 해왕성 바깥 천체)는 단주기 혜성의 기원으로 여겨진다. 어쩌면 센타우르스는 이에 대한 과도기에 있는 것일지도 모른다.

소행성의 관측

소행성을 관측하기 위해서는 별무리에서 찾아보아야 한다. 이미 알려진 소행성은 특정한 번호를 갖는다(2020년 중순을 기준으로 약 55만 개의 소행성이 번호를 가지고 있다). 또한 때로는(언제나는 아니다) 이름을 가지고 있기도 한데, 이는 발견자가 제안할 수 있다(자신의 이름을 붙이는 것은 안 된다). 소행성을 발견했다는 것은 적어도 이 소행성이 두 번 이상 관측되었다는 것을 의미한다. 하지만 이 두 번의 관측으로는 태양 주위를 도는 이 소행성의 궤도를 특정 짓기 충분하지 않다. 세상에는 가능한 한 많은 소행성을 관측하고 정확한 궤도를 발견하는 것을 과업으로 여기는 아마추어 천문학자들도 존재한다. 이외에도 매년 수많은 새로운 소행성들이 아마추어들에 의해 우연히 발견된다!

궤도에 대한 정보가 알려지면, 궤도는 컴퓨터 프로그램의 데이터 목록으로 넘겨진다(The Sky, Guide, Redshift 등). 비교적 밝고 오래전부터 알려진 소행성들의 좌표와 위치는 연감에서 찾아볼 수 있다. 이를 이용하면 원하는 시간대에 좌표를 이용하거나 근처의 별자리를 길잡이 삼음으로써 소행성을 찾아볼 수 있다. 아니면 적도의식 가대의 기준원, 컴퓨터 제어 가대 혹은 '스타호핑 기법'을 사용하는 것도 좋다.

소행성은 크기가 작으며, 멀리 떨어져 있기 때문에 디테일을 알아보기는 쉽지 않다. 이들은 울퉁불퉁하게 보일 뿐이다. 눈에 띄는 점은 이들이 다른 별들과 비교했을 때 상당히 빠르게 움직인다는 사실이다. 소행성이 밝은 별 사이를 가까이 지나가는 것은 특히 흥미로운데, 이때 별은 소행성을 찾는 것뿐만 아니라 소행성의 움직임을 접안렌즈로 추적하는 데도 도움을 준다. 때로는 소행성이 별을 몇 초(!) 혹은 몇 분 동안 가림으로서 별이 사라진 것처럼 보이기도 한다. 소행성의 지름은 최대 몇백 킬로미터에 불과하기 때문에 별을 가리는 것은 일식과 마찬가지로 지구 위 좁은 범위 내에서만 관측 가능하다.

가장 밝은 소행성(특히 베스타와 세레스)은 망원경만으로도 찾아볼 수 있다. 그 밖의 많은 소행성들은 작은 망원경만으로도 충분하다.

천체 사진을 촬영할 때는 의도치 않게 소행성이 숨어들어 작은 점을 남기기도 한다. 소행성은 불규칙한 모양을 가지고 있기 때문에 약하지만 일시적인 빛 변화가 관측되기도 한다. 이를 자세히 연구하면 소행성의 자전주기를 알 수 있다.

밤하늘 사진 속에서 소행성은 자신의 움직임을 보여 주기도 한다. 여기에는 소행성 (394) 아두이노가 사자자리에 위치한 은하 메시에 66을 통과하고 있다.

별똥별

별똥별이 하늘에 잠깐이나마 흔적을 남긴다. 특히 8월은 별똥별의 달로 알려져 있다. 과거 사람들은 별똥별이 말 그대로 별이 떨어지는 것이라고 생각했지만 오늘날에는 사실이 아니라는 것을 누구나 알고 있다. 그것보다는 우주의 먼지 입자가 우주를 돌아다니다가 지구 대기에 부딪치는 것에 가깝다.

별똥별의 본질

우주의 이 작은 물체를 유성체라고 부른다. 이들의 지름은 먼지 입자만큼 작은 것부터 중간 정도의 돌 크기까지로 다양하다.

유성체는 태양계를 통과하다 초당 10에서 70 km의 상대 속도로 지구에 부딪친다. 이러한 조각은 수없이 많으며, 소행성과의 경계는 명확하지 않다. 매일 약 1만 톤의 외부 물질이 지구로 떨어진다.

별똥별은 유성이라고 불리기도 하며, 특히 밝은 유성들은 화구나 폭발유성이라고 불린다. 이들의 밝기는 보름달보다도 밝으며, 특이한 경우 낮하늘에서도 관찰할 수 있다. 완전히 증발하기 전 유성체는 지구 대기를 파

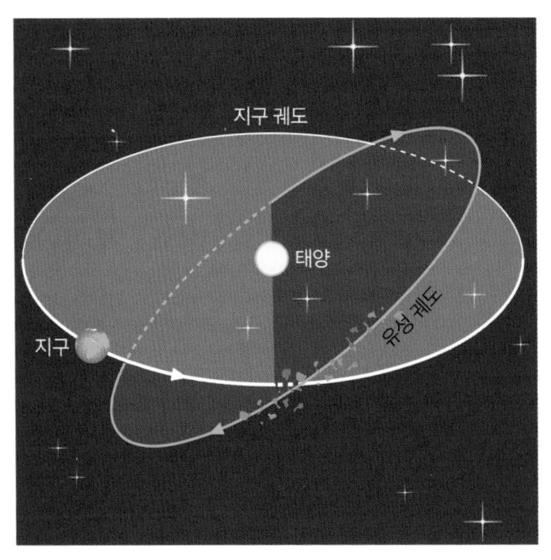

유성 또한 특정한 궤도로 태양 주위를 돈다. 이 궤도가 지구의 궤도를 만나면 유성우가 발생한다.

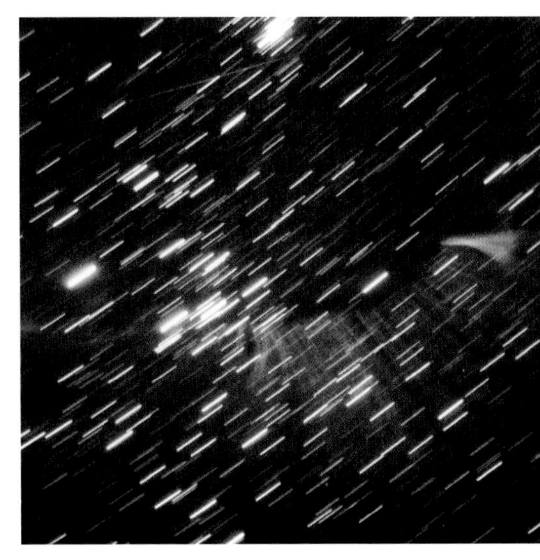

밝은 유성의 꼬리는 시간이 지나면 바람에 의해 사라진다.

오스트레일리아의 헨버리 크레이터에서 볼 수 있는 운석 크레이터

고들어 10~50 km 높이에서 폭발한다. 때로는 긴 꼬리를 대기 위 높은 곳에 남기기도 하지만 이는 몇 분 만에 바람에 의해 날아가버린다. 대부분의 유성체는 다행히도 작기 때문에 지구 대기의 80~120 km 높이에서 완전히 불타버린다. 유성체가 클수록 완전히 증발하지 못하고 운석으로서 지면에 떨어질 확률도 커진다. 이미 과거에 그랬듯, 거대한 운석은 지구 표면에 큰 흔적을 남기기도 한다.

일반적으로는 매일 밤마다 시간당 약 6개의 유성을 관측할 수 있다. 가끔 이러한 조각들은 매우 다양한 궤도로 하늘 위를 돌아다니기도 하는데, 이를 분산 유성이라고 한다. 때로는 하나가 아니라 여러 개의 유성체가 한꺼번에 쏟아지기도 한다. 이는 지구의 궤도가 유성류의 궤도를 가로지를 때 일어난다. 태양계를 통과하는 유성체의 궤도를 지구가 가로지르는 것은 몇 시간 동안 수많은 유성체가 지구 대기에 부딪쳐 유성우를 일으키게 한다. 지구에 있는 관측자의 눈에는 이러한 유성우의 유성이 하늘 위 한 점인 복사점에서 발생하는 것처럼 보인다. 따라서 유성우의 이름은 이들의 복사점이 위치한 별자리에 따라 지어진다. 페르세우스자리에서 이름을 따온 페르세우스자리 유성우나 사자자리에서 이름을 따온 사자자리 유성우가 대표적이다.

유성우는 몇 시간에서 며칠 동안 관측할 수 있으며, 이는 지구가 유성류를 가로지르는 데 걸리는 시간에 의해 결정된다. 주요 유성우는 다음 표에서 찾아볼 수 있다.

유성우에서 유성체의 속도는 유성류가 지구와 부딪치는 각도에 따라 결정된다. 유성류는 대부분 경로를 지나며 파편을 흩뿌리는 혜성으로부터 발생된다. 예를 들어 물병자리-에타 유성우(복사점: 물병자리)와 오리온 유성우는 핼리혜성으로부터, 페르세우스 유성우는 스위프트-터틀 혜성, 사자자리 유성우는 템펠-터틀 혜성에서 발생되었다.

매년 8월 중순에는 페르세우스자리 유성우가 아름다운 유성우를 제공한다.

미국 애리조나의 크레이터에서 발견된 철 성분의 유성

유성의 관찰

유성을 관찰하는 가장 좋은 방법은 광학 기구를 사용하지 않는 것이다. 쌍안경이나 망원경은 시야를 좁히기 때문에 이러한 기구를 통해 유성을 관찰하는 것은 큰 도움이 되지 않는다. 광각 접안렌즈를 사용하더라도 밝은 유성이 우연히 시야에 들어올 확률은 매우 낮다. 그럼 성공적인 유성 관측을 위해서는 무엇이 필요할까? 첫 번째로는 당연히 맑은 날씨와 어두운 밤하늘이다. 밝은 빛은 하늘을 밝히므로, 가능한 한 방해가 되지 않도록 이러한 빛에서 멀어질 필요가 있다. 이것만으로도 겉보기 밝기가 약 5등급이나 6등급으로 약한 빛을 내는 유성을 관측할 수 있을 것이다. 그 밖에 시간과 인내심이 필요하다.

주요 유성우

이름	별자리	최대 활동기	빈도/시	속도
사분의자리 유성우	사분의자리	1월 3일	100...200	40 km/s
거문고자리 유성우	거문고자리	4월 22일	10...20	48 km/s
물병자리-에타 유성우	물병자리	5월 4일	35...60	65 km/s
물병자리-델타 남쪽 유성우	물병자리	7월 29일	30	41 km/s
페르세우스자리 유성우	페르세우스자리	8월 12일	70	65 km/s
오리온자리 유성우	오리온자리	10월 21일	30...40	60 km/s
사자자리 유성우	사자자리	11월 17일	15...10,000	70 km/s
쌍둥이자리 유성우	쌍둥이자리	12월 13일	60	40 km/s

연감에서 시간이나 최대 활동기를 찾아볼 수 있지만, 실제 최대 활동기는 이것과 몇 시간씩 차이 날 수 있다. 따라서 이른 시간에 관측을 시작해 이론적인 최대 활동기 이후 몇 시간까지 관측하는 것이 권장된다.

유성우의 관찰에는 두 가지 측면을 고려해야 한다. 첫 번째는 경험할 만한 가치가 있는가 여부이며, 두 번째는 과학적인 가치가 있는가 여부다. 여기에서는 경험에서 오는 가치에 대해 이야기해 보자. 유성이 더 많고 밝을수록 경험에서 오는 가치는 높아진다. 따라서 맑은 8월 밤에 페르세우스 유성우를 관측하는 것은 매우 가치가 있다. 30년에서 35년마다 사자자리 유성우는 멋진 광경을 제공한다. 1998년에서 2002년 사이에는 매년 시간당 15개 정도의 약한 유성들만을 관측할 수 있었으며, 1시간에 최대 8,000개의 유성을 찾아볼 수 있었다. 1966년에는 1시간 동안 24만 개의 유성이 쏟아지는 제대로 된 유성우를 볼 수 있었다. 이는 당연히 쉽게 볼 수 없는 현상이며, 심지어는 개기일식보다도 희귀하지만, 마찬가지로 관측자의 영혼을 울리기에는 충분하다. 이러한 경험을 준비하기 위해서는 어두운 밤하늘이 펼쳐진 장소와 좋은 날씨가 필요하다. 유성우가 지평선 너머에서 일어난다면, 즉 관측 불가능한 장소에 있다면 올바른 관측 장소는 따라서 지구 반대편이 될 수도 있다.

체계적인 유성 관측

체계적 관측을 통해서도 큰 즐거움을 얻을 수 있다. 유성을 관측할 때는 특히 다른 사람들과 함께하는 것이 좋다. 해변 의자를 사용하면 힘들이지 않고 천정 주변을 관측할 수 있다. 유성의 궤도를 그리기 위해서는 성도나 현재 별자리 정보를 인쇄한 종이가 필요하다. 함께 관측하는 사람들과 시간(예: 5분)과 담당 구역을 정해 식별 가능한 유성의 수를 세고 종이에 적는다. 유성이 지나치게 많지 않다면 유성의 궤도를 성도에 그릴 시간도 충분할 것이다. 이후에는 함께 관찰 결과를 평가한다. 특정 시간 내에 관측한 유성의 숫자를 모두 더해 시간당 유성 활동의 흐름을 나타내는 활동 곡선을 그릴 수 있다. 성도에 그린 유성 궤도를 뒤쪽으로 연장하면 유성우가 한 점으로 모일 것이다. 이를 복사점이라고 한다.

혜성-우주의 순례객

혜성은 아름답지만 과거에는 불행을 가져오는 별로 알려져 있었다. 이는 태양계의 작은 천체로, 일반적으로는 단기적인 예측만이 가능하다. 대다수의 혜성들은 굉장히 약한 빛을 내며 관측자들은 망원경으로 혜성을 알아볼 수 있다는 것만으로 기뻐하곤 한다. 매우 밝은 혜성이 나타나면 엄청난 장관이 하늘에 펼쳐진다. 지난 10여 년간 다양한 혜성들이 하늘을 수놓았다. 1965년의 이케야-세키 혜성, 1976년의 웨스트 혜성, 1996년 햐쿠타케 혜성, 1997년 헤일-밥 혜성, 2020년 니오와이즈 혜성이 대표적인 예다. 이케야-세키 혜성이나 맥노트 혜성처럼 어떤 혜성들은

위: 장노출 사진을 통해 포착한 사자자리 유성우. 사자자리를 향하는 복사점이 뚜렷하게 드러난다.

가운데: 언 눈덩이와 별반 다르지 않은 혜성은 저 먼 우주에서부터 태양 주위를 통과하는 궤도를 돌며 태양 주변으로 다가왔을 때 가스가 타면서 익히 알려진 꼬리가 형성된다.

아래: 로제타 탐사선에 의해 촬영된 추류모프-게라시멘코 혜성의 핵

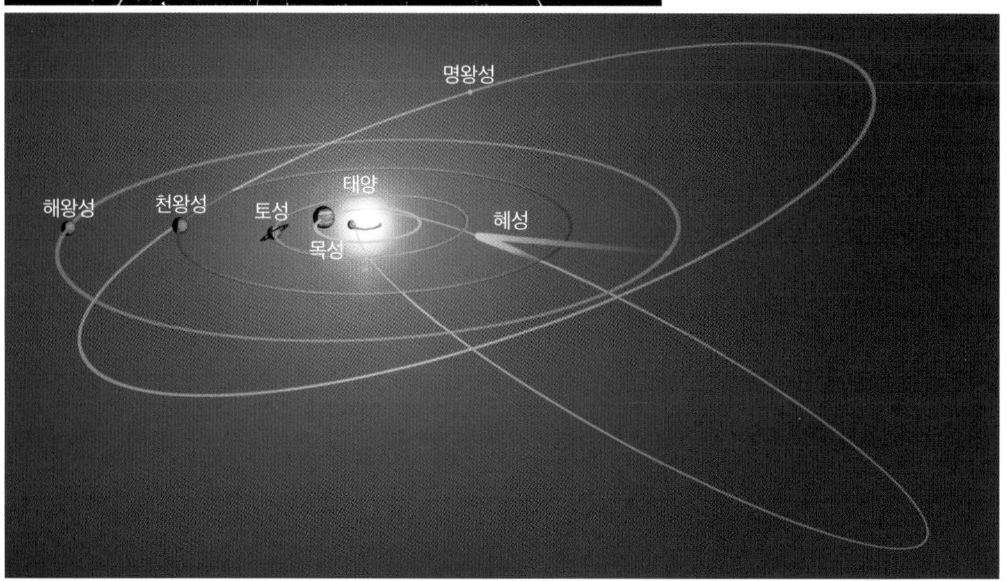

심지어 낮하늘에서도 관측이 가능하다. 중간 밝기의 혜성들은 쌍안경이나 망원경으로 관측하는 별의 친구들에게는 매우 흥미롭게 다가오겠지만, 맨눈으로는 관측이 불가능하다. 안타깝게도 전문 천문학자들조차 혜성의 밝기를 예측할 수 없다. 기대가 크면 실망도 큰 법이지만 이러한 일은 수도 없이 발생한다.

매우 밝을 것으로 예상되었던 2013년의 아이손 혜성은 맨눈의 관측자들에게 실망만을 안겨 주었다. 예상했던 것보다 빛이 훨씬 약했던 것이다. 혜성이 태양을 지나갈 때(근일점을 통과할 때)는 시야에서 사라지기도 한다.

혜성의 본질

혜성에서 특이한 점을 꼽으라면 코마와 두 꼬리를 꼽을 수 있다. 혜성의 몸체 직경은 대부분 몇 킬로미터로 작으며, 망원경으로는 보이지 않는다. 이는 얼어붙은 가스와 물, 먼지의 집합체로 한 마디로 말해 '더러운 눈덩이'다. 이 불규칙한 모양의 천체는 희미한 초록빛의 코마 중앙에 위치한다.

혜성은 행성과 마찬가지로 태양 주변을 돌지만, 대부분은 굉장히 찌그러진 궤도를 가지고 있다. 따라서 혜성은 일반적으로 태양으로부터 멀리 벗어났다가 잠시-며칠, 몇 주 혹은 몇 달-동안 태양 주변을 지나친다. 혜성은 공전하는 데 200년 이상이 걸리는 장주기 혜성과 몇 년이 걸리는 단주기 혜성으로 구분할 수 있다.

주기가 알려진 혜성 이외에도 때때로 과거에 알려진 바 없는 혜성 또한 새롭게 발견된다. 이들의 궤도 범위는 해왕성의 궤도를 한참 넘어서며, 거대 가스행성에 의해 궤도가 변해 태양계 내부로 향하기도 한다. 언젠가 혜성의 핵은 궤도를 따라 돌다가 태양 근처에 다다른다. 혜성체는 뜨거워지고 얼어 있던 가스는 증발한다. 이때 전형적인 혜성 코마와 혜성 꼬리가 탄생한다. 가스는 초당 약 1 km(시간당 3,600 km)의 속도로 핵 표면에서 나오며, 이 과정에서 먼지 입자가 떨어진다. 가스 입자와 먼지는 혜성의 핵을 감싸는 흐릿한 껍질을 형성한다. 이것이 바로 코마다.

혜성의 코마는 다양한 효과에 노출된다. 일단 대전된 분자와 소립자가 지속적으로 태양으로부터 뻗어 나오는 400 km/s 속도의 태양풍의 영향을 받아 행성 간 자기장을 따라 운동한다. 혜성 코마는 이러한 입자와 자기장에 부딪친다. 결과적으로 혜성 코마의 대전된 가스 분자는 태양광 입자에 의해 찢기며 파랗게 빛나는 가스꼬리를 만든다.

코마에 영향을 주는 또 다른 요소는 태양광 그 자체다. 태양광은 특히 코마 내의 먼지 입자에 큰 영향을 미친다. 이들의 질량은 매우 작기 때문에 태양광의 광압에 의해 밀려나 독자적인 궤도를 그리며 태양광에 의해 끝없이 떨어져 나간다. 이를 통해 노란빛 또는 흰색의 먼지꼬리가 형성된다. 가스꼬리는 거의 정확하게 태양의 반대 방향을 가리키며 스스로 빛을 내지만 먼지꼬리는 크게 구부러져 있으며 햇빛을 반사시킨다.

빛이 약한 작은 혜성을 관찰하면 때로는 가운데로 농축된 코마만을 볼 수 있다. 헤일-밥 혜성이 그러했듯 밝은 혜성이라고 해도 항상 강렬한 꼬리를 갖는 것은 아니다. 예를 들어 웨스트 혜성은 약 28도 길이의 매우 밝은 먼지꼬리를 가지고 있었지만 가스꼬리는 비교적 약했다. 반대로 햐쿠타케 혜성은 60도 길이의 가스꼬리와 짧은 먼지꼬리를 가지고 있었다. 혜성을 이루는 가스와 먼지의

2015년 3월 12일에 촬영된 러브조이 혜성. 초록색 코마와 푸른 빛의 가스꼬리가 눈에 띈다.

헤일-밥 혜성과 각 요소

혜성 C/2012 K5(LINEAR)

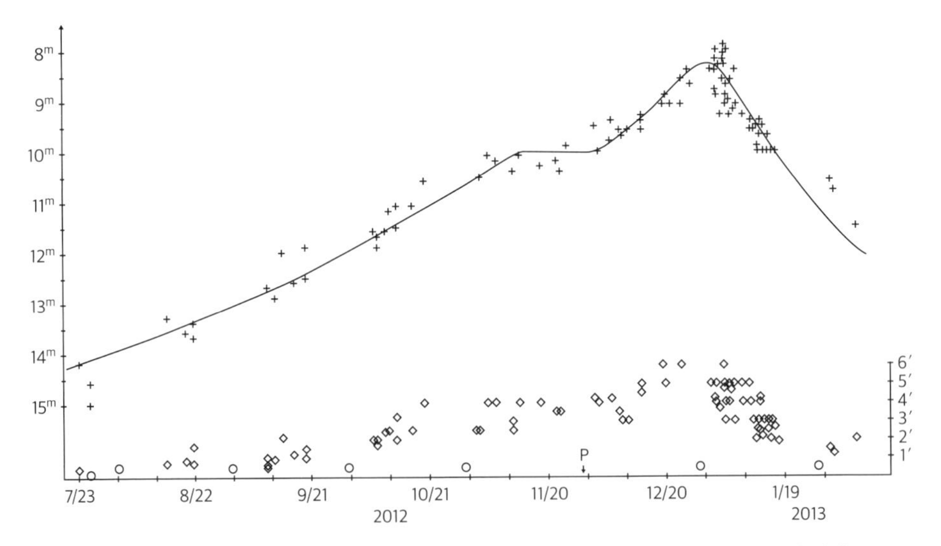

VdS 혜성 전문 모임이 수집한 모든 관측 기록. 밝기의 변화(위)와 코마의 직경(아래)이 표시되어 있다.

비율은 제각각이며, 때문에 혜성의 모습은 예측하기가 힘들다.

코마는 혜성의 활동과 지구와 태양과의 거리에 따라 50만~250만 km 크기를 가지며, 도 단위의 겉보기 크기를 가지기도 한다. 꼬리는 심지어 몇억 킬로미터에 이르기도 한다. 태양 주위를 도는 궤도의 주기가 길거나 태양계 외부에서 내부로 파고드는 혜성들은 대부분 비교적 어린 혜성들로, 밝을 확률이 높다. 이때 혜성이 태양과 지구 근처로 다가오면 특히 아름답게 보인다. '늙은' 혜성들은 단주기 궤도를 돌며 이미 몇천 번 혹은 몇만 번씩 태양 주변을 지나쳤기 때문에 쉽게 타버리는 물질들은 이미 소모된 지 오래다. 따라서 이들의 밝기는 비교적 약하다. 오늘날에는 자동화된 탐색 망원경이나 열정적인 아마추어 천문학자들을 통해 매년 몇십여 개의 새로운 혜성이 발견된다. 대부분의 혜성들은 겉보기 등급이 10등급을 넘지 않으며, 빛이 약한 천체로 분류된다.

혜성의 관찰

혜성의 궤도 요소나 천체력에 대한 계산이 끝나면 이러한 정보가 곧 저널이나 인터넷에 올라온다. 천체력에는 중요한 위치 정보 이외에도 예상 밝기(언제나 들어맞는 것은 아니다)가 포함되며, 태양이나 지구와의 거리 정보 또한 제공한다. 소행성과 마찬가지로 성공적으로 혜성을 찾기 위해서는 미확인 물체를 확실하게 식별할 수 있어야 하며, 성도가 필요하다.

헤일-밥 혜성의 핵 주변에서는 조개껍데기 모양의 구조를 볼 수 있다.

1986년 핼리 혜성의 사진. 선명한 녹색 코마가 보인다.

체계적인 혜성 관찰

혜성을 발견하더라도 대개 몇 주나 몇 달이 지나면 태양과 지구 가까이로 다가오던 혜성은 다시 우주 저 너머로 사라져버린다. 이는 반대로 말하면 오랜 기간 동안 혜성의 움직임을 추적하고, 밝기와 모습을 기록하고, 관측 기록을 평가할 수 있음을 의미한다. 혜성을 찾기 위해서는 성가신 절차를 거쳐야 하지만 몇 번의 관측을 거치고 나면 이는 거의 필요하지 않다. 대부분의 혜성은 별들 사이를 느리게 지나기 때문에 주변 별들을 기억하면 이를 쉽게 다시 찾을 수 있기 때문이다.

혜성을 한 번 찾고 나면 정밀한 관측을 시작할 수 있다. 혜성에서 흥미롭게 지켜볼 점은 밝기와 코마의 모양, 꼬리의 길이 등 세 가지다. 혜성의 밝기는 이미 밝기를 알고 있는 주변 별들을 이용해 어림짐작할 수 있다. 코마의 크기 또한 마찬가지다. 예를 들어 코마보다 별 X가 약간 더 밝고, 별 Y는 약간 어둡다고 기록한 뒤 나중에 두 별의 실제 밝기를 찾아보면 혜성의 밝기를 얼추 짐작할 수 있다. 혜성은 가능하면 여러 날에 걸쳐 관측해야 밝기의 변화를 알아차릴 수 있다.

코마의 모양은 '거의 한 점처럼 보임'부터 '매우 흐릿함'까지 다양하다. 이때 응축도(DC)를 이용해 0(응축되지 않고 완전히 흐릿함)부터 9(중심이 별과 같음)까지 기록할 수 있다.

코마의 직경은 주변의 별들과 비교해 얻을 수 있으며, 이들 사이의 거리는 성도를 이용해 측정할 수 있다. 이때 시야에서의 별들과

지나가는 혜성과 원 모양의 별-혜성은 별에 비해 빠르게 움직이기 때문에 이 둘 모두를 포착하기 위해서는 이미지 처리 단계가 필요하다.

코마의 배열을 그림으로 기록하는 것이 좋다. 다른 천체 관측과 마찬가지로 그날 하늘에서 관측 가능한 가장 어두운 별(소위 말하는 미광성)의 밝기를 기록하는 것이 도움이 된다. 하늘의 밝기가 이러한 판단에 큰 영향을 미치기 때문이다. 이외에도 밤하늘의 밝기를 정확하게 측정해 주는 측정 기구를 사용할 수도 있다.

때때로 혜성의 모습은 하루 만에 변하기도 한다. 특히 코마의 DC 값이나 밝기는 빠르게 변화한다. 햐쿠타케 혜성은 24시간 만에 겉

보기 밝기 등급이 한 단계 올라가기도 했다.

약한 혜성 또한 때로는 짧게나마 꼬리를 가지고 있다. 이때 주변 별들을 통해 꼬리의 겉보기 길이를 측정할 수 있다. 이는 특히 맨눈으로도 '측정할' 수 있을 만큼 밝은 혜성을 관측할 때 더 큰 재미를 느낄 수 있다. 비교적 밝은 혜성의 중심에서는 코마의 구조를 관측할 수 있다. 이는 부채꼴, 고리 모양, 빛이 번진 듯한 모양, 아치 모양 등으로 다양하다. 이러한 구조의 수명은 짧으며, 이는 혜성 코마의 역동성을 명확하게 보여 준다.

혜성의 움직임

빛이 약해 쌍안경이나 망원경을 통해서만 식별 가능한 혜성은 대부분 지구에서 멀리 떨어져 있으므로 별들에 비해 느리게 움직이는 것처럼 보인다. 하지만 혜성이 지구에서 단 몇백만 킬로미터 떨어진 곳을 통과할 때는 다르다. 1983년 아이라스-아라키-알코크 혜성Comet IRAS-Araki-Alcock은 3일 만에 하늘 위를 질주했다. 1996년의 햐쿠타케 혜성 또한 굉장한 빠르기를 보였으며, 이때 지구와의 최소 거리는 1,500만 km에 불과했다. 이와는 달리 밝은 혜성인 헤일-밥 혜성(1997)은 지구와의 최소 거리가 2억 km로 상당히 멀리 떨어져 있었다.

별들을 스쳐 지나가는 코마의 움직임을 관측하는 것은 충분히 흥미로운 일이다. 하지만 혜성을 촬영할 때는 문제가 될 수 있다. 원형의 별을 촬영할 때는 카메라가 해당 별을 매우 정확히 추적해야 한다. 하지만 혜성은 카메라의 노출시간 동안에도 크게 움직이기 때문에 흐리고 번진 사진이 나올 수밖에 없다. 카메라가 혜성을 정확하게 따라간다면 별들은 선 모양으로 번져 보이게 된다.

별, 성운, 은하

별-우주의 불빛

별은 밤에 빛나는 작은 불빛 그 이상이다. 이 장에서는 별에 대해 우리가 알아야 할 것들과 관측을 통해 스스로 경험할 수 있는 것들에 대해 다룬다.

오랜 시간 동안 사람들은 별들이 크리스털 구에 뚫린 '구멍'이라고 생각했다. 이를 통해 '외부'를 둘러싼 우주의 불빛을 관측할 수 있다고 말이다. 현대의 천체물리학 덕분에 우리는 별이 실제로는 멀리 떨어져 있는 태양이며, 수소가 헬륨으로 전환되는 과정에서 에너지를 얻는다는 사실을 알게 되었다. 과거 사람들은 별이 운명을 점지해 준다고 믿었지만 오늘날의 천문학자들은 별의 운명을 계산한다. 우리의 태양이 별이라는-혹은 별이 태양이라는-사실을 증명하기에 충분한 증거를 모으는 데는 오랜 시간이 걸렸다. 태양은 커다랗고 우리에게 빛을 쏟아내지만, 별은 거대한 망원경으로 보아도 한 점에 불과하며, 별빛은 어두운 밤을 밝히기에는 충분치 않다. 별들이 몇 광년씩이나 떨어져 있다는 사실은 19세기 중반이 되어서야 증명되었다. 이전 사람들은 태양계-즉 '세상'-가 토성에서 끝나고(토성은 그 당시에 사람들이 알고 있던 태양에서 가장 먼 행성이었다) 별들은 이를 둘러싸고 있다고 믿고 있었다.

영국의 천문학자 에드먼드 핼리Edmond Halley가 17세기 후반 자신의 이론을 발표하면서 이러한 생각에 균열이 생기게 되었다. 그는-차후 그의 이름이 붙은-혜성이 태양을 76년마다 타원형 궤도로 돈다는 사실을 밝혀냈다. 이는 곧 태양에서 멀리 떨어진 혜성의 궤도 부분이 고리 행성인 토성보다 3.5배 더 멀리 떨어져 있다는 것을 의미했다.

잡을 수 없을 만큼 먼 별

1838년 쾨니히스베르크의 천문학자 프리드리히 빌헬름 베셀Friedrich Wilhelm Bessel은 처음으로 별의 거리를 측정하는 데 성공했다. 그는 측량사들이 하는 것처럼 2개의 먼 지점에서 백조자리의 한 별을 향하는 직선을 그어 작은 '시차' 이동을 발견했다. 그의 측정 방식은 엄지손가락을 통해 쉽게 이해할 수 있다. 팔을 쭉 펴고 오른쪽 눈을 통해 엄지손가락을 바라본다. 그다음에는 왼쪽 눈을 통해 다

시차각 parallax angle

별의 시차각은 지구가 도는 궤도의 반지름(1 AU)과 별과의 거리로 인해 나타나는 각도를 의미한다. 1년 동안 한 별을 관측하면 별이 약간 움직이는 것을 볼 수 있는데, 이러한 움직임을 측정하면 2시차각의 값을 얻을 수 있다. 시차각의 역수는 '파섹'이라는 단위로 나타낼 수 있으며, 이는 별과의 거리를 나타낸다. 1파섹은 따라서 지구가 공전 궤도의 반을 도는 동안 각거리가 1각초로 변화하는 별과의 거리를 의미한다. 파섹은 시차초 'parallax of one arc second'의 약자이며, 1파섹은 3.26광년이다.

시 본다. 그럼 엄지손가락은 배경 앞에서 움직이는 것처럼 보인다. 이러한 현상은 엄지손가락이 눈에서 가까울수록 더 강하게 나타난다. 눈 사이의 거리는 우리 주변의 공간 분류에 충분하다. 하지만 몇 킬로미터씩 떨어진 거리를 측정하기 위해서는 최소 몇십 미터의 기본 거리가, 달까지의 거리를 측정하는 데는 몇백 킬로미터의 기본 거리가 필요하다. 별의 시차를 측정하기 위해서는 지구의 직경보다도 더 먼 거리가 필요하다. 베셀은 가능한 한 큰 기본 거리를 갖기 위해 태양을 도는 지구의 움직임을 이용했다. 즉 몇 개월의 간격을 두고 백조자리 61의 위치를 측정했다.

그럼에도 불구하고 그가 측정한 각도는 1각초보다도 작았다! 그의 측정에서 나온 값은 0.31각초로, 계산 결과 백조자리 61과의 거리를 3.2파섹으로 정할 수 있었다.

별의 거리를 일상적인 거리 단위로 표현하기 위해서는 태양과 지구 사이의 거리가 몇 킬로미터인지를 알아야 한다. 이는 약 1억 5,000만 km이며, 간단하게 천문단위(AU)로 나타낼 수 있다. 1파섹은 206,265 AU로, 약 31조 km이다. 계산을 위해서는 1 AU의 거리를 1각초의 탄젠트 값으로 나누어야 한다. 도저히 계산할 수 없는 숫자다! 따라서 천문학에서는 '광년'이라는 단위를 자주 사용한다. 이는 초당 약 30만 km의 속도로 움직이는 빛이 1년 동안 움직이는 거리를 의미한다. 1년은 약 3,156만초이기 때문에 빛은 1년 동안 약 9조 4,700억 km를 이동하게 된다. 1파섹

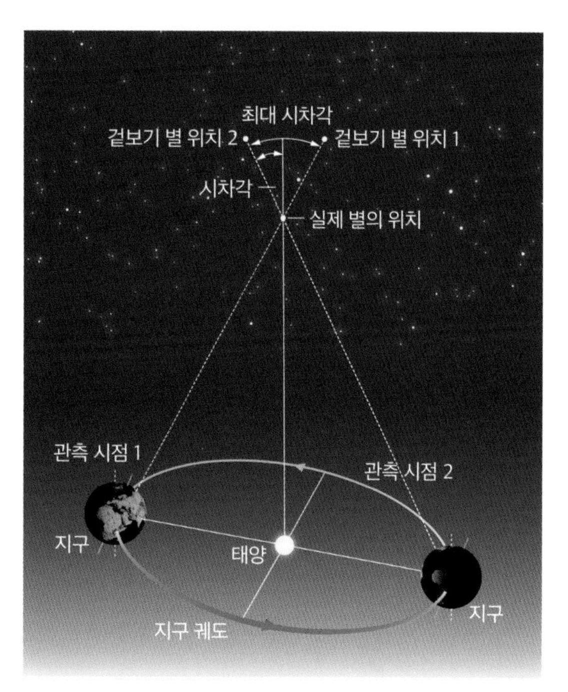

별의 시차를 통해 거리를 알 수 있다.

은 약 3.26광년으로, 베셀의 측정에 따르면 백조자리 61은 10.43광년 떨어져 있다. 다시 말해 우리가 보는 백조자리 61의 별빛은 약 10.5년 전에 만들어진 빛이다.

안타깝게도 오늘날을 기준으로 다소 겸손하다고 할 수 있는 베셀의 망원경으로 지상에서 회오리치는 대기를 통해 얻어낸 측정값의 정확도는 그다지 높지 않다. 1990년대 유럽의 인공위성 히파르코스는 약 12만 개 별의 시차를 매우 정확하게 측정할 수 있었다. 이를 통해 얻어낸 백조자리 61의 시차는 0.2854각초로 거리는 3.5036파섹, 즉 11.427광년인 것으로 나타났다. 2014년에서 2016년까지 22개월 동안 가이아 인공위성은 매우 높은 정확도로 24억 개 천체의 시차를 계산했다. 이와 관련된 정보는 GAIA-

DR2 카탈로그에서 찾아볼 수 있다. 여기에서 측정된 백조자리 61의 시차는 0.2861초±0.0008초로, 거리는 11.39광년 혹은 3.49파섹이다. 백조자리 61은 31.9초 떨어진 곳에 동반성을 가지며, 이에 대한 시차 또한 비슷하게 측정되었다.

절대 등급

백조자리 61은 태양보다 70만 배 더 멀리 떨어져 있다. 이 별이 이렇게 어둡게 보이는 것도 놀랄 일이 아니다. 백조자리 61의 겉보기 등급은 6등급으로, 맨눈으로는 거의 찾아볼 수 없다. 그럼 실제 밝기는 어느 정도일까?-베셀의 측정 이후 알게 되었다시피-별의 거리는 천차만별이기 때문에 겉보기 밝기로는 실제 별의 밝기를 알 수 없다. 객관적인 관측을 하더라도 이는 '보이는' 밝기만을 측정할 수 있을 뿐이다. 다행히도 우리는 거리에 따라 빛의 세기가 어떻게 변하는지에 대해 알고 있다. 빛의 밝기는 거리의 제곱에 따라 감소한다. 두 별의 실제 밝기를 비교하기 위해서는 따라서-최소 이론적으로는-두 별이 나란히 있다고 가정해야, 즉 두 별의 거리가 같다고 가정해야 한다. 이를 위해 천문학자들은 '절대' 밝기에 대한 등급을 만들어냈다. 이는 한 별이 10파섹 혹은 32.6광년 떨어져 있다고 가정했을 때의 겉보기 밝기다. 태양이 이 거리에 있다면, 지금보다 200만 배 멀리 떨어져 있는 것이 되며, 빛의 밝기는 4조 분의 1로 낮아질 것이다. 밝기 등급은 로그를

가장 밝은 별 20개

별 이름	적경	적위	m_V	M_V	스펙트럼형	거리(광년)
시리우스	$06^h45^m09^s$	-16°43′00″	-1.44^m	1.5^M	A1	8.57
카노푸스	06:23:57	-52:41:44	-0.62	-5.5	F0	313
아크투르스	14:15:39	+19:10:52	-0.05	-0.3	K0	36.7
알파 센타우르스	14:39:36	-60:50:00	0.01	4.4	G2	4.35
베가	18:36:56	+38:47:02	0.03	0.6	A0	25.3
카펠라	05:16:41	+45:59:52	0.06	-0.5	G0	42.2
리겔	05:14:32	-08:12:06	0.18	-6.7	B8	770
프로키온	07:39:18	+05:13:30	0.40	2.7	F5	11.41
베텔게우스	05:55:10	+07:24:25	0.45	-5.1	M0	427
아케르나르	01:37:43	-57:14:12	0.54	-2.8	B5	144
하다르	14:03:49	-60:22:23	0.61	-5.4	B1	525
알타이르	19:50:47	+08:52:07	0.76	2.2	A5	16.8
아크룩스	12:26:36	-63:05:57	0.77	-4.2	B1	321
알데바란	04:35:55	+16:30:33	0.87	-0.6	K5	65
스피카	13:25:12	-11:09:41	0.98	-3.6	B2	262

사용하기 때문에 100배의 밝기 차이는 5등급 차이가 나게 된다. 1조에서 4조의 밝기 차이는 30등급 이상의 차이가 나므로 태양이 10파섹 혹은 32.6광년 거리에 있다면 태양의 밝기는 4.8등급에 불과하다. 절대 등급은 겉보기 등급과 다르게 대문자 M으로 나타낸다.

즉 태양의 절대 밝기는 4.8^{M}이다. 백조자리 61의 별을 절대 등급으로 나타내기 위해서는 약 3배만 더 멀어지면 되기 때문에 밝기는 약 8분의 1로 줄어들며, 밝기 등급은 약 2.3등급 정도 차이 나게 된다. 즉 백조자리 61의 절대 등급은 8.3^{M}이며, 태양보다 3.5등급 낮다. 바꿔 말해 태양은 백조자리 61에 비해 약 25배 더 밝다. 천문학자들은 태양광도로 이러한 비율을 표현하며, 백조자리 61의 광도는 0.04태양광도에 해당된다.

142페이지 표를 보면 알 수 있듯이 이 표의 별들 중 약 3분의 1만이 맨눈으로도 관측이 가능하다. 반대로 말하면 우리는 몇백, 몇천 광년 멀리 떨어져 있는 다른 별들도 알아볼 수 있다. 빛이 약한 별들의 비율은 태양 주변에만 존재하는 것이 아니며, 오히려 거리가 멀어질수록 더 많아진다. 광도가 큰 별들도 맨눈으로 볼 수 있는 한계점 아래에 있는 경우가 많기 때문이다. 따라서 우리는 우리 은하계에 있는 별 중 극소수만을 찾아볼 수 있다. 별의 최대 절대 밝기가 -9^{M} 이상인 경우에는 3만 광년 멀리에서도 맨눈으로 이를 찾아볼 수 있다.

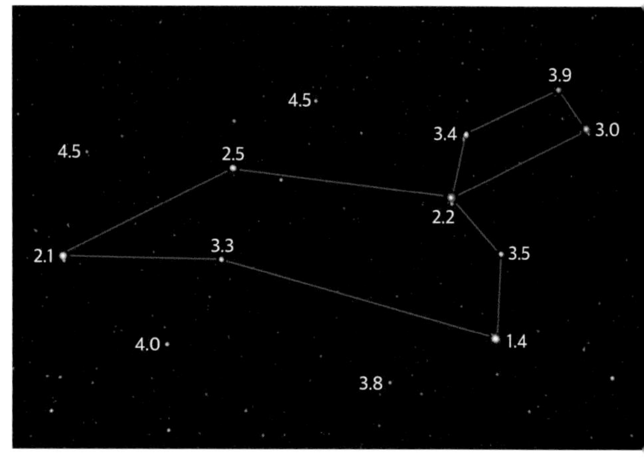

사자자리와 별들의 밝기 정보

별의 색깔

빛은 기본적으로 직선으로 뻗어 나가지만 렌즈 등을 이용하면 구부러지기도 한다. 이는 빛이 가지는 독특한 특성이다. 태양빛은 기본적으로 하얗게 보이지만, 사실 이러한 하얀빛은 다양한 색깔이 합쳐져 만들어진 결과물이다. 이에 대한 자연 속 '증거'는 무지개에서 찾아볼 수 있다. 이는 수많은 물방울에 의해 빛이 분산되어 형성된다.

밝은 별들 중 일부에서는 뚜렷한 색깔을 알아볼 수 있다. 오리온자리의 왼쪽 어깨에 위치한 베텔게우스는 오른쪽 무릎 별인 푸르스름한 리겔에 비해 명확하게 붉은빛을 띤다. 황소자리의 붉은 눈인 알데바란과 전갈자리의 주성인 안타레스도 마찬가지다. 반대로 처녀자리의 옥수수에 위치한 스피카와 오리온자리의 오른쪽 어깨 벨라트릭스는 푸른색으로 빛나며, 마차부자리의 카펠라나 작은개자리의 프로키온은 노란빛을 띤다.

19세기 중반 구스타프 로버트 키르히호

프Gustav Robert Kirchhoff와 로버트 빌헬름 분젠Robert Wilhelm Bunsen의 스펙트럼 분석의 발견 이후, 천문학자들은 별의 색깔이 갖는 의미에 대해 알게 되었다. 이를 통해 우리는 별의 표면 온도를 짐작할 수 있다. 뜨거운 쇳물은 용광로에서 나올 때 '하얗게' 빛나며, 식을수록 노란빛에서 밝은 붉은색으로, 그다음에는 어두운 붉은색으로 변한다. 흰색이나 노란색으로 빛나는 별의 표면은 붉은 별에 비해 더 뜨겁다.

20세기 초 물리학자 막스 플랑크Max Planck는 별의 색깔과 온도의 연관성에 대한 이론

태양에서 가까운 25개의 별들

별 이름	적경	적위	스펙트럼형	m_V	M_V	거리(광년)
센타우르스 프록시마	$14^h29^m41^s$	−62°40′44″	M5V	11.01^m	15.4^M	4.22
센타우르스 알파 A	14:39:36	−60:50:00	G2V	0.01	4.4	4.35
센타우르스 알파 B	14:39:35	−60:50:12	K0V	1.34	5.7	4.35
바너드별	17:57:49	+04:41:36	M4V	9.55	13.2	5.98
볼프 359	10:56:29	+07:00:54	M6V	13.45	16.6	7.80
랄랑드 21185	11:03:20	+35:58:12	M2V	7.47	10.5	8.23
루이텐 726-8A	01:39:01	−17:57:00	M5.5V	12.41	15.3	8.57
루이텐 726-8B	01:39:01	−17:57:00	M6V	13.2	16.1	8.57
시리우스 A	06:45:09	−16:43:00	A1V	−1.44	1.5	8.57
시리우스 B	06:45:09	−16:43:00	dA2	8.44	11.3	8.57
로스 154	18:49:50	−23:50:12	M3.5V	10.47	13.1	9.56
로스 248	23:41:55	+08:52:07	M5.5V	12.29	14.8	10.33
에리다누스 엡실론	03:32:56	−09:27:30	K2V	3.73	6.2	10.67
로스 128	11:47:45	+00:48:18	M4V	11.12	13.5	10.83
루이텐 789-6	22:38:33	−15:18:06	M5V	12.33	14.7	11.08
그룸브리지 34 A	00:18:23	+44:01:24	M1.5V	8.08	10.4	11.27
그룸브리지 34 B	00:18:26	+44:01:42	M3.5V	11.07	13.4	11.27
인디언 엡실론	22:03:22	−56:47:12	K5V	4.68	7.0	11.29
백조자리 61 A	21:06:54	+38:45:00	K5V	5.22	7.5	11.30
백조자리 61 B	21:06:55	+38:44:30	K7V	6.03	8.3	11.30
BD +59° 1915 A	18:42:45	+59:37:54	M3V	8.9	11.2	11.40
BD +59° 1915 B	18:42:46	+59:37:36	M3.5V	9.68	12.0	11.40
고래자리 타우	01:44:04	−15:56:12	G8V	3.5	5.8	11.40
프로키온 A	07:39:18	+05:13:30	F5IV-V	0.38	2.7	11.41
프로키온 B	07:39:18	+05:13:30	dA	10.7	13.0	11.41

적 배경을 마련했다. 그는 물체가 특정 파장으로 방출하는 에너지양이 온도와 관련 있다는 사실을 증명했다. 가파른 산을 연상시키는 플랑크 곡선에서 곡선의 높이와 꼭짓점의 파장 위치는 온도에 의해 결정된다. 이 곡선은 기본적으로 포락선으로, 전체 파장 범위에서 다른 온도의 곡선 사이에는 교차점이 존재하지 않는다. (엄밀히 말해 이는 소위 말하는 완전 흑체에만 해당된다. 하지만 단순히 알아 가는 과정에서 이를 고려해야 할 필요는 없다) 별이 뜨거울수록 각 파장에서 더 많은 에너지가 방출된다. 따라서 뜨거운 별은 온도가 낮은 별에 비해 더 많은 에너지를 제공한다. 하지만 별의 에너지는 무한하지 않기 때문에 별의 수명은 온도와 광력에 결정적인 역할을 한다.

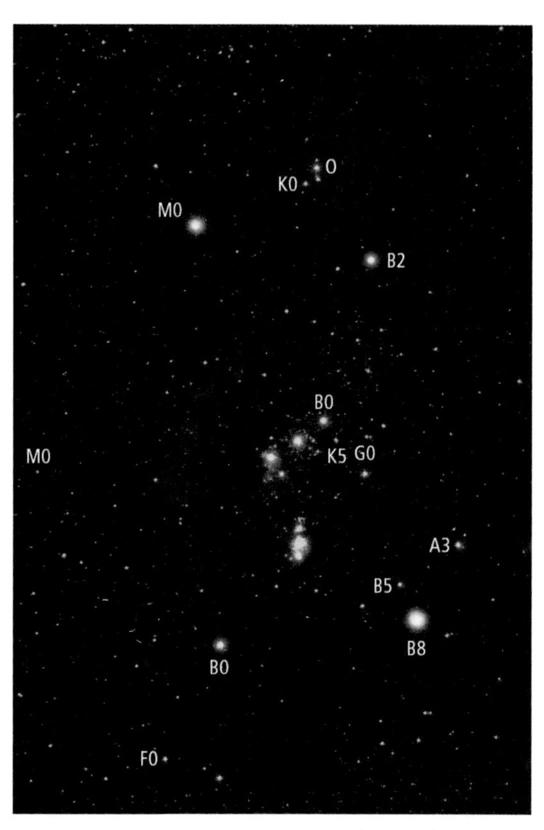

오리온자리와 항성분류법에 따른 별자리 내 항성들

숨겨진 선

19세기 초, 광학기기 전문가이자 안경사였던 프라운호퍼는 태양 스펙트럼에서 어두운 선을 찾아냈다. 스펙트럼의 의미는 19세기 중반 화학자 로버트 빌헬름 분젠과 물리학자 구스타프 로버트 키르히호프의 학제 간 연구에 의해 밝혀졌다. 이러한 '스펙트럼 선'은 다양한 화학 물질의 지문과도 같다. 키르히호프와 분젠은 뜨거운 가스가 빛날 때 나타나는 스펙트럼 선(방출선) 연구를 진행했다.

반대로 프라운호퍼가 발견한 선인 흡수선은 특정 파장의 빛이 비교적 차가운 가스의 원자에 내리쬘 때 나타난다. 이를 통해 이들은 빛을 내며, 이전에 흡수한 에너지를 모든 방향으로 내보낸다. 이로 인해 원래의 빛이 관측자의 관점에서 크게 줄어들게 된다. 어두운 선은 따라서 흡수선이라고 불린다. 별의 스펙트럼을 분석하면 별의 화학적 조성뿐만 아니라 온도와 대부분의 대기에 대해서도 알 수 있다.

20세기 초반 천문가들은 별의 스펙트럼 등급에 따라 간단한 등급 체계를 사용했다. 여기에서 알파벳은 희한한 순서로 정렬되어 있다. 대부분의 별들은 온도에 따라 O, B, A, F, G, K, M등급으로 나눌 수 있다. 여기에서 O와 B등급 별은 온도가 높은 별을 의미하며, M등급은 온도가 낮은 별을 의미한다. 이를

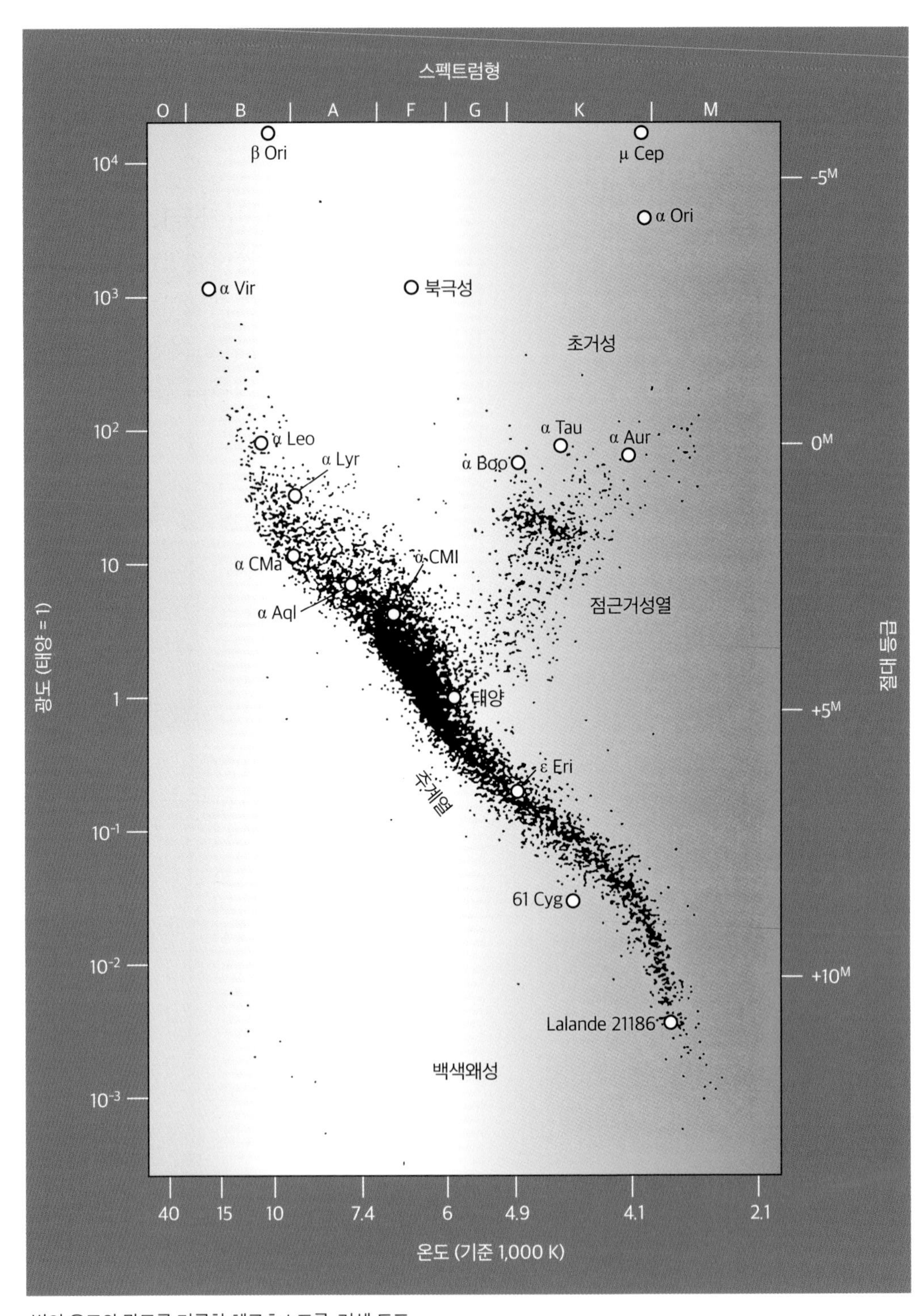

별의 온도와 광도를 기록한 헤르츠스프룽-러셀 도표

더 세분화하기 위해 각 등급은 0에서 9등급으로 다시 나뉜다. 이 체계에 따르면 우리의 태양은 G2등급 별이다. 이 이상한 알파벳 순서는 다음과 같은 문장으로 쉽게 기억할 수 있다. "확실히 천문학자들은 무서우리만큼 이상한 구절을 사용한다니까**O**ffenbar **b**enutzen **A**stronomen **f**urchtbar **g**erne **k**omische **M**erksätze."•

헤르츠스프룽-러셀 도표

별의 분광 정보를 체계적으로 정리하는 작업을 시작한 덴마크의 천문학자 아이나르 헤르츠스프룽Ejnar Hertzsprung과 미국인 헨리 노리스 러셀Henry Norris Russell은 독자적으로 별의 온도와 광도의 놀라운 연관성을 발견해냈다. 각 별의 온도(혹은 스펙트럼형)와 광도(혹은 절대 밝기)를 한 도표에 넣으면 별들은 균일하게 퍼져 있지 않고 한 선을 그린다(주계열). 이 선은 높은 온도와 높은 광도를 가진 왼쪽 위에서 시작해 낮은 온도와 낮은 광도를 가진 오른쪽 아래로 향한다.

별의 광도는 온도뿐만 아니라 지름에도 영향을 받기 때문에 헤르츠스프룽-러셀 도표(HR 도표)는 별의 직경이 임의로 결정되지 않는다는 것을 보여 준다. 별의 직경은 특히 온도와 연관이 있다. 이러한 연관성은 비교적 온도가 낮은 별들에서는 명확하게 드러나지 않는데, 이 위치에는 주계열에 있는 빛이 약한 별뿐만 아니라 크기가 훨씬 크고 빛이 강한 별들도 존재하기 때문이다. 이 부분을 점근거성열asymptotic giant branch이라고 부른다.

수소 연소

별의 에너지원에 대한 연구가 지속되는 동안 1930년대 물리학자들은 핵융합을 발견했다. 여기에는 엄청나게 높은 온도와 압력이 필요한데, 별의 내부는 이러한 전제조건을 문제없이 충족시킨다. 별의 내부에서는 원자핵과 주변을 도는 전자로 이루어진 일반적인 원자 구조가 이미 파괴되어 있으며, 양성자와 전자는 무서운 속도로 날아다닌다. 이로 인해 온도는 1,000만 도에 이르게 되며, 동일한 전하로 인한 상호 반발 없이 양성자가 융합된다. 태양과 우주에서 가장 흔하게 찾아볼 수 있는 수소의 양성자는 이러한 과정을 거치면 수소 다음으로 무거운 원소이자 두 번째로 흔한 원소인 헬륨의 원자핵으로 변하게 된다. 4개의 양성자 혹은 수소 원자핵은 헬륨 원자핵에 비해 약간 더 무겁기 때문에 남는 질량은 아인슈타인의 유명한 공식($E = mc^2$)에 따라 에너지로 전환된다. 태양 내부에서는 매초마다 5억 9,700만 톤의 수소가 5억 9,300만 톤의 헬륨으로 전환되며, 태양은 매초마다 400만 톤의 물질을 에너지의 형태로 방출한다. 이는 엄청나게 큰 규모지만 엄청난 수소의 양 덕분에 태양은 이러한 방법으로 1,000억 년간 오늘날의 광도를 유지하며 빛날 수 있다-수소를 연소하는 데 필요한 고온과 압력을 무시한다면 말이다. 약 60~70억 년 후 10%의 수소가 핵에서 연소되면 태양

• 미국 천문학자들은 'Oh, Be A Fine Girl, Kiss Me!'라는 문장으로 흔히 기억하고 있다.

은 '늙어 가기' 시작할 것이다.

별의 일생

일반적으로 헤르츠스프룽-러셀 도표에서 주계열에 위치한 별들은 수소에서 에너지를 얻는다. 매우 밝은 별들은 아주 높은 에너지로 많은 양을 방출하기 때문에, 그 에너지 공급은 우리 태양이나 더 희미한 별들만큼 오래 지속되지 않는다. 천체물리학자들의 항성 모델에 따르면 별이 주계열에서 '머무는 시간'은 대략 별의 질량의 제곱으로 감소한다. 따라서 어떤 별의 질량이 태양 질량의 10배라면 태양과 비교했을 때 약 100분의 1만큼의 시간 동안만 주계열에서 머무를 것이다. 바꿔 말하자면 온도가 높고 질량이 큰 별은 비교적 최근에 생성되었다는 의미다. 따라서 이러한 별의 주변에서는 별 생성 과정의 비밀을 엿볼 수 있다. 실제로 뜨거운 별은 주로 거대한 가스구름이나 먼지구름 주변에서 발견된다. 이러한 구름이 외부 혹은 내부의 힘으로 인해 응축되기 시작하면 새로운 별이 생성된다. 이에 대한 대표적 예시는 몇백 개의 '아기 별'들이 발견된 오리온성운이다. 이러한 탄생 단계가 끝나면 새로운 별은-질량과 상관없이-헤르츠스프룽-러셀 도표의 주계열에 위치하게 되며, 대부분의 일생 동안은 수소를 헬륨으로 전환시킨다.

중심에 존재하는 수소의 양이 줄어 내부의 압력이 낮아지면 별의 핵은 수축하고, 내부의-수소 연소의 '재'와도 같은-헬륨이 핵융합을 통해 더 무거운 원소로 전환된다. 이

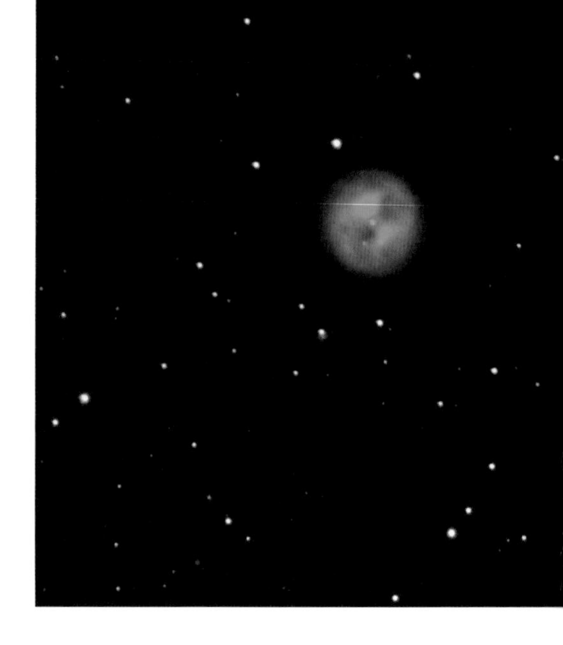

와는 별개로 수소는 계속해서 연소되며 수축 단계를 통해 두꺼워진 주변의 수소층을 '먹어치운다.' 이렇게 에너지난을 겪던 별은 순식간에 에너지 과잉 상태에 빠지게 된다. 이 두 에너지원은 중력과 복사압 사이의 기존의 균형을 무너뜨리고, 별은 점차 팽창한다. 별의 표면이 더욱 넓어짐에 따라 내부에서 생성된 에너지는 더 빠르게 방출되며, 이로 인해 바깥층이 식기 시작한다. 결국 거대해진 별은 붉은빛을 띠게 된다. 소위 말하는 '적색거성'이 탄생하는 것이다.

이후의 변화는 별의 질량에 의해 결정된다. 우리의 태양처럼 질량이 작은 별은 적색거성 단계에서 대부분의 바깥층을 잃게 되고 뜨거운 헬륨 원자핵이 노출되게 된다. 따라서 지구나 천왕성 정도의 크기를 가진 백색왜성이 남게 되며, 이때 원래의 태양 정도의 질량은 유지된다. 이러한 자유 전자들은 오히려 기둥을 형성해 이 '백색왜성'을 마지막 붕괴로부터 보호한다.

별의 일생이 끝나면 바깥쪽 가스층이 사라지며 소위 말하는 '행성상성운'에 둘러싸이게 된다. 사진 속 천체는 큰곰자리에 위치한 메시에 97로 부엉이성운이라고 불린다.

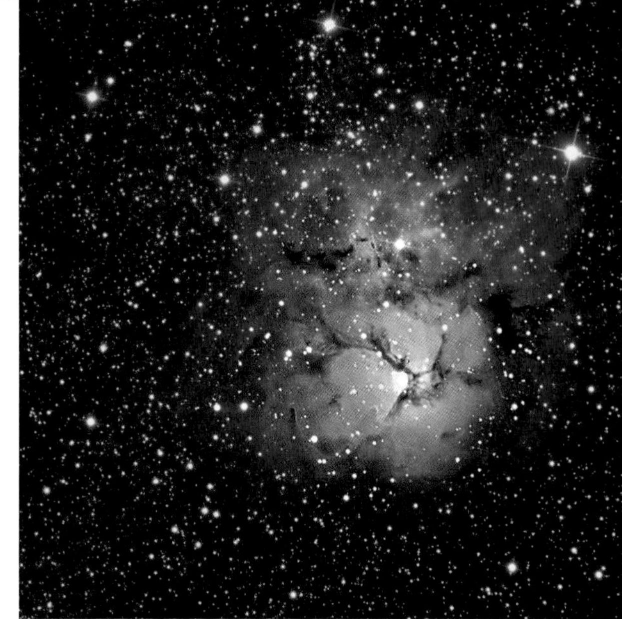

거대한 성간 수소구름은 새로운 별의 탄생지다.

질량이 큰 별은 소멸하기 전에 더 많은 연소 단계를 거치며, 결국에는 카드로 지은 집처럼 무너져 내린다. 이때 대부분의 바깥층이 사라진 후 남은 잔해가 태양 질량의 1.4배 이상인 경우에는 전자 기둥이 잔해를 지지해 주지 못한다-따라서 별은 계속 수축해 중성자별이 된다. 중성자별은 약 20 km 크기의 '괴물별'로, 1초에 몇십 번씩 자전한다. 펄사라고도 불리는 이러한 중성자별은 1967년 처음으로 전파 망원경에 의해 관찰되었으며, 오늘날에 알려진 중성자별의 개수는 몇천 개가 넘는다. 붕괴 후 최후에 남은 별의 질량이 태양 질량의 3~4배 정도라면 펄사의 중성자 골격도 구조를 더 이상 지지해 주지 못한다. 따라서 물질 덩어리는 계속해서 붕괴하게 된다. 표면에 작용하는 인력의 크기는 계속해서 커지다 못해 결국에는 빛마저도 빨아들인

질량이 큰 별은 에너지원이 고갈되면 폭발해 초신성이 된다. 황소자리에 위치한 게성운은 1054년에 폭발했으며, 오늘날에도 찢겨져 나간 잔해를 관측할 수 있다.

다. 이렇게 '블랙홀'이 되어버린 천체는 눈으로 볼 수 없으며, 오직 주변에 미치는 엄청난 중력을 통해서만 위치를 추측할 수 있다.

쌍성

때때로 별들은 혼자 나타나지 않고 짝이나

백조자리의 알비레오 쌍성. 색 대비가 눈에 띈다.

큰곰자리의 미자르와 알코르. 알코르는 곰의 꼬리를 찾게 해주는 가이드 별로 알려져 있다.

그룹을 이루어 나타나기도 한다. 쌍성이나 다중성은 기본적으로 가스구름이나 먼지구름에서 함께 생성된다. 그럼에도 때로는 서로 다른 질량을 갖거나 다른 속도로 성장하며, 나이가 같음에도 불구하고 발달 단계에서 차이를 보이기도 한다. 이러한 경우에는 주성과 동반성이 다른 색깔을 가지게 된다. 쌍성은 희귀한 일이 아니다. 오히려 절반 이상의 별이 쌍성이나 다중성이다.

쌍성의 관찰

쌍성 관측에는 쌍안경이나 망원경이 적합하다. 심지어 몇 개의 쌍성은 맨눈으로도 나누어진 모습을 관측할 수 있다. 쌍성은 초심자를 위한 망원경으로 관측할 만한 가치가 있는 천체이며, 약한 빛을 가진 성운이나 은하와는 달리 빠르게 찾을 수 있다. 쌍성을 나누어 볼 수 있는가 여부에는 기구의 집광력뿐만 아니라(빛이 약한 쌍성도 존재한다) 실제 분리 정도도 큰 영향을 미친다.

굴절 망원경은 반사 망원경에 비해 더 큰 장점을 가지며, 반사 망원경의 교정력과 특히 큰 관련이 있다. 몇몇 쌍성은 맨눈으로도 관찰할 수 있다. 소위 말하는 '시력 검사별'인 큰곰자리의 꼬리 중간에 위치한 별, 미자르와 알코르가 대표적이다. 쌍성은 대개 도시에서도 관측할 수 있을 만큼 충분히 밝다. 하늘에서 찾아볼 수 있는 아름다운 쌍성 중 일부는 다음 표에서 찾아볼 수 있다. 모든 쌍성이 실제로 쌍둥이인 것은 아니다. 여기에서 '겉보기' 쌍성과 물리적 쌍성을 구분할 필요가 있다. 겉보기 쌍성은 우연히 하늘에서 가까이 붙어 있는 것처럼 보일 뿐 실제 우주에서는 멀리 떨어져 있는 별들을 의미한다. 물리적 쌍성은 실제 쌍둥이로, 공통의 한 점을 중심으로 회전하며 (장기적으로 보았을 때) 서로 간의 거리가 변화한다.

두 별 사이 거리 이외에도 밝기 차이 또한 중요하다. 하늘에서 가장 밝은 별인 큰개

쌍성 및 다중성 목록

별자리	별	밝기	거리	색깔
독수리자리	23 Aql	5.3^m / 9.3^m / 13.5^m	3.1″ / 11.3″	노랑/녹색
안드로메다자리	γ And	2.3 / 5.5	9.8	노랑/푸른 녹색
목동자리	ζ Boo	4.7 / 7.0	6.6	노랑/붉은 주황
돌고래자리	γ Del	4.5 / 5.5	9.6	노랑/녹색
용자리	o Dra	4.8 / 7.8	34.2	노랑/초록빛 파랑
마차부자리	ψ_5 Aur	5.3 / 8.3	36.2	노랑/파랑
큰개자리	ν_1 CMa	5.8 / 8.5	17.5	노랑/남색
머리털자리	24 Com	5.2 / 6.7	20.3	노란 주황/파랑
헤라클레스자리	γ Her	3.8 / 9.8 / 12.2	41.6 / 87.7	노랑/보라
헤라클레스자리	α Her	3.5 / 5.4	4.7	주황/푸른 녹색
사냥개자리	α CVn	2.9 / 5.5	19.4	푸른색/녹색
카시오페이아자리	α Cas	2.2 / 8.9	64.4	주황/보라
카시오페이아자리	η Cas	3.4 / 7.5	12.9	노랑/붉은색
세페우스자리	δ Cep	3.4 / 7.5	41.0	노랑/파랑
게자리	ι_2 Cnc	6.0 / 6.5 / 9.1	1.4 / 55.6	짙은 노랑/파랑
거문고자리	ϑ Lyr	4.4 / 9.1 / 10.9	99.8 / 99.9	주황/푸른색
사자자리	6 Leo	5.2 / 8.2	37.4	금빛/파랑
북쪽왕관자리	ζ CrB	5.1 / 6.0	6.3	파랑/초록빛
오리온자리	ρ Ori	4.5 / 8.3	7.0	주황/파랑
페가수스자리	57 Peg	5.1 / 9.7	32.6	주황/파랑
페르세우스자리	ϑ Per	4.1 / 9.9	20.0	금빛/파랑
페르세우스자리	η Per	3.8 / 8.5	28.3	주황/파랑
백조자리	β Cyg	3.1 / 5.1	34.0	금빛/파랑
백조자리	61 Cyg	5.2 / 6.0	30.3	빨강/주황
뱀자리	β Ser	3.7 / 9.9	30.6	파랑/노랑
뱀주인자리	70 Oph	4.2 / 6.0	3.8	노란 주황/빨강
궁수자리	η Sgr	3.2 / 7.8	3.6	빨간 주황/흰색
전갈자리	α Sco	1.2 / 5.4	2.9	빨간 주황/초록
염소자리	ρ Cap	5.0 / 6.7	247.6	노랑/주황
황소자리	ϕ Tau	5.0 / 8.4	52.1	짙은 노랑/파랑
물병자리	41 Aqr	5.6 / 7.1	5.0	노랑/파랑
물병자리	τ_1 Aqr	5.8 / 9.0	23.7	푸른색/노란 주황
양자리	λ Ari	4.9 / 7.7	37.4	노란빛 도는 흰색/파랑
양자리	33 Ari	5.5 / 8.4	28.6	토파즈/파랑

자리의 시리우스는 비교적 멀리 떨어져 있는 쌍성이다. 하지만 주성이 -1.5^m으로 밝기 때문에 밝기가 $+8.7^m$인 동반성은 (최소한 아마추어 망원경으로는) 관측이 불가능하다. 다른 한편으로는 비슷한 밝기를 가진 두 별의 각거리가 너무 작으면 망원경의 해상도 한계를 넘어서게 되어 관측이 힘들어지며, 이러한 어려움은 대기가 불안정할 때 특히 커진다. 따라서 지나치게 가까이 붙어 있는 쌍성을 관측하거나 밝기 차이가 너무 큰 쌍성을 관측하는 것은 관측자에게 어려울 수 있다.

다행히도 우주에는 밝기 차이가 크지 않고 둘 사이의 거리가 멀어 작은 관측기구로도 이들의 색깔을 '즐길' 수 있는 쌍성들이 많다. 함께 붙어 있는 파란 별과 주황 별을 관측하는 것은 멋진 경험이다.

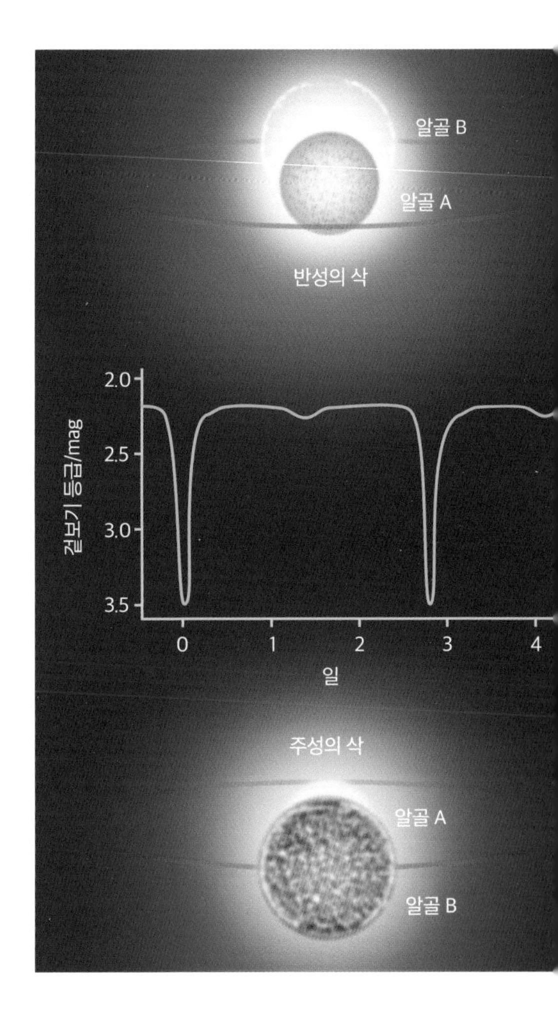

변광성

오랜 시간 동안 별의 빛은 영원한 빛의 근원이며, 당연히 변하지 않는다고 여겨져 왔다. 하지만 예외적으로 이러한 변화를 미처 무시할 수 없는 '놀라운' 별들도 존재한다. 최고의 예시는 페르세우스자리의 알골이다. 이 별은 보통 이 별자리에서 두 번째로 밝은 별이다. 이 별의 밝기는 2일 하고도 21시간 주기로 몇 시간 동안 한 등급 이상 낮아졌다가 다시 원래의 값으로 돌아온다. 고대 그리스에서는 이해할 수 없었던 이러한 규칙적인 밝기 변화를 설명하기 위해 페르세우스가 그곳에 쳐다보는 것만으로 사람을 돌로 만든다고 알려져 있는 메두사의 머리를 들고 있다는 설명이 붙여졌다. 오늘날까지도 사용되는 알골이라는 이름은 '악마'를 의미하는 아랍어에서 유래되었다.

사실 알골의 실제 밝기는 변화하지 않는다. 그 자리에서는 밝기가 다른 2개의 별이 회전하며, 궤도의 경사가 관측자의 위치와 (적어도 간접적으로는) 수평이기 때문에 2일 하고도 21시간마다 한 번씩 어두운 별이 밝은 별을 가리는 것을 볼 수 있을 뿐이다. 즉 주기적인 '별의 일식'을 보는 것이다. 따라서 알골은 식변광성이라고 불린다.

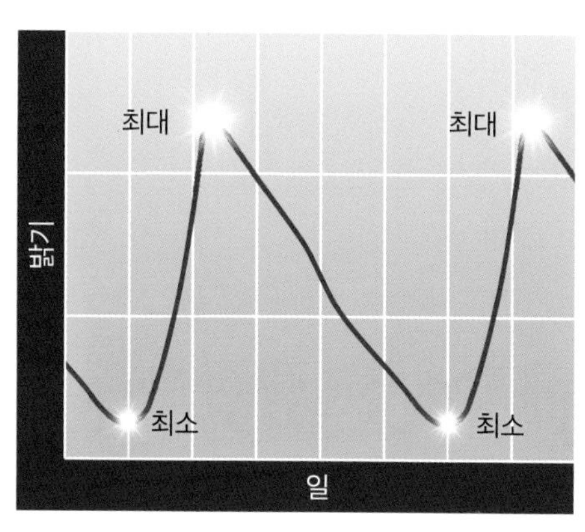

삭에 의한 알골(왼쪽)과 세페우스 델타(위)의 빛의 세기 곡선

하지만 실제로 밝기가 변하는 별들도 존재한다. 이때 별의 겉보기 밝기 변화는 물리적 변화로 인해 발생한다. 그중 일부는 밝기 변화 주기에 따라 실제로 팽창하고 수축한다.

광 변화 주기와는 별개로 세페이드 변광성(이중 가장 대표적인 것이 세페우스 델타다)과 같은 단기적 변화와 미라형 변광성과 같은 장기적 변화를 구분해야 할 필요가 있다. 두 형태의 별 모두 비교적 주기적인 밝기 변화를 보여 주지만, 식으로 인한 밝기 변화만큼 균일하지는 않다. 이러한 변광성의 밝기는 꽤나 급격하게 증가 혹은 감소하며, 이는 며칠, 몇 주, 몇 개월 혹은 몇 년 동안 지속된다. 이러한 변화는 대부분 내부적 변화와 이로 인해 발생하는 폭발 혹은 가까운 쌍성 간의 물질 교환으로 인해 발생한다.

변광성의 관찰

맨눈으로도 수많은 변광성의 빛 세기 변화를 관측할 수 있다. 관측 가능 여부는 별의 겉보기 밝기와 밝기 변화 세기에 달려 있다.

최대 밝기가 6^m 이상인 변광성은 맨눈으로도 관측 가능하며, 최대 밝기가 4^m 이상인 별은 밝은 환경에서도 알아볼 수 있다. 152페이지 표는 중유럽에서 관측할 수 있는 비교적 밝은 변광성에 대한 정보를 담고 있다. 맨눈으로 관측 가능한 변화에는 변광 주기가 며칠인 단주기, 몇백 일 주기로 변화하는 장주기 그리고 불규칙적인 주기가 존재한다. 주기적으로 변화하는 별들은 규칙적으로 원래의 밝기로 돌아온다. 이때 광 변화는 주기에 따라 변하는 빛의 곡선으로 기록할 수 있다. 이러한 별의 밝기는 완만하게 변화하지 않으며, 오랜 시간 동안 일정한 밝기를 유지하다가 몇 분 만에 약해지고, 짧은 시간이 지나면 다시 원래의 밝기를 되찾게 된다. 가장 대표적인 예시가 알골의 곡선이다(위 그래프 참고). 따라서 실제 밝기 변화는 굉장히 빠르게 진행된다.

일반적인 측면뿐만 아니라 과학적인 측면에서도 가장 흥미로운 것은 불규칙 변광성이다. 여기에서 '불규칙'이란 밝기의 증가 혹은 감소를 예측할 수 없다는 것을 의미한다. 이러한 별의 대표적인 예시는 북쪽왕관자리 T다. '일반적인' 상태일 때 이 별의 밝기는 10등급으로 거대한 쌍안경이나 망원경으로만 알아볼 수 있다. 하지만 어느 날 갑자기 이 별의 밝기는 9등급으로 한 등급을 훌쩍 올라가고, 심지어 주성인 겜마의 밝기를 뛰어넘게 된다. 그러고는 마찬가지로 예상치 못한 시점에 다시 원래의 밝깃값으로 돌아간다.

주요 변광성

별자리	별 이름	최대 밝기	최소 밝기	밝기 차이	주기
독수리자리	η Aql	3.6^m	4.4^m	0.8^m	7.18일
안드로메다자리	λ And	3.7	4.1	0.4	54.3
마차부자리	ε Aur	2.9	3.8	0.9	9,885
토끼자리	μ Lep	3.0	3.4	0.4	2
토끼자리	R Lep	5.5	11.7	5.2	432
사냥개자리	Y CVn	5.2	6.6	1.4	157
카시오페이아자리	γ Cas	1.6	3.0	1.4	불규칙
세페우스자리	δ Cep	3.7	4.6	0.9	5.4
세페우스자리	μ Cep	3.4	5.1	1.7	730
세페우스자리	T Cep	5.3	8.4	2.9	401
거문고자리	β Lyr	3.3	4.3	1.0	12.9
사자자리	R Leo	4.4	11.3	6.9	312
북쪽왕관자리	R CrB	5.8	14.8	9.0	불규칙
북쪽왕관자리	T CrB	2.0	10.8	8.8	불규칙
오리온자리	α Ori	0.2	1.3	1.1	불규칙
페가수스자리	β Peg	2.4	2.8	0.4	불규칙
페르세우스자리	β Per	2.1	3.4	1.3	2.87
페르세우스자리	ρ Per	3.3	4.0	0.7	50
방패자리	R Sct	4.4	8.2	3.8	140
뱀자리	δ Ser	4.8	5.7	1.3	불규칙
뱀주인자리	χ Oph	4.2	5.0	0.8	불규칙
궁수자리	RR Sgr	6.0	14.0	8.0	334.6
궁수자리	X Sgr	5.0	6.1	1.1	7.01
백조자리	χ Cyg	3.3	14.2	10.9	407
전갈자리	α Sco	1.0	2.0	1.0	1,600
천칭자리	δ Lib	4.8	5.9	1.1	2.32
고래자리	ο Cet	3.0	10.0	7.0	332
고래자리	T Cet	5.0	6.9	1.9	159
바다뱀자리	U Hya	4.7	6.2	1.5	450
바다뱀자리	R Hya	3.5	10.9	7.4	387

이 별은 특히 주기적으로 관측해 밝기를 어림하고, 관측일지에 기록한 뒤 변광 곡선을 그려 보기에 알맞다.

밝기 어림하기

변광성의 밝기는 주변의 밝기가 알려진(그리고 일정한) 별과 비교해 어림할 수 있다. 기본적으로는 간단하다. 변광성이 X라는 시점에서 별 A보다 밝고 별 B보다는 어두운가? 그렇다면 이 별의 밝기는 이 두 값 사이일 것이다. 여기에서 중요한 것은 주변에서 비교에 적절한 후보 별을 찾는 것이다. 실제로 어림을 하는 것은 어렵지 않으며, 경험이 쌓이게 되면 0.1등급 단위까지도 정확하게 맞출 수 있을 것이다.

하늘에서 변광성을 찾아보기 위해서는 최소 8등급까지의 별들이 나와 있는 성도가 필요하다. 빛이 약한 별을 찾는 데는 적절한 주변 별들이 잘 표시되어 있는 별자리표가 특히 도움이 된다. 이러한 자료는 독일연방 변광성연구회www.bav-astro.de 등에서 찾아볼 수 있다.

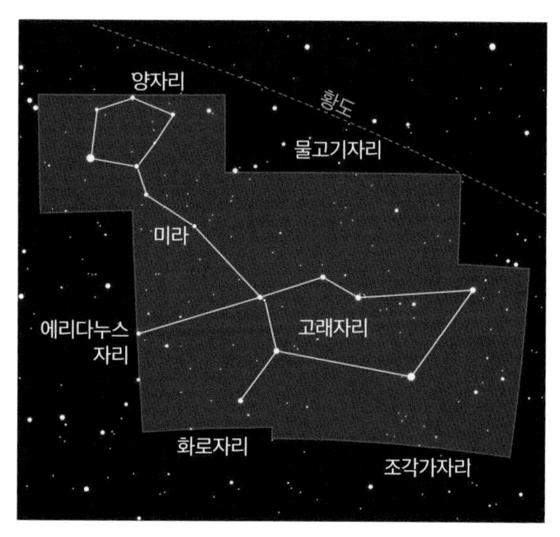

고래자리에서 미라형 변광성 찾는 법

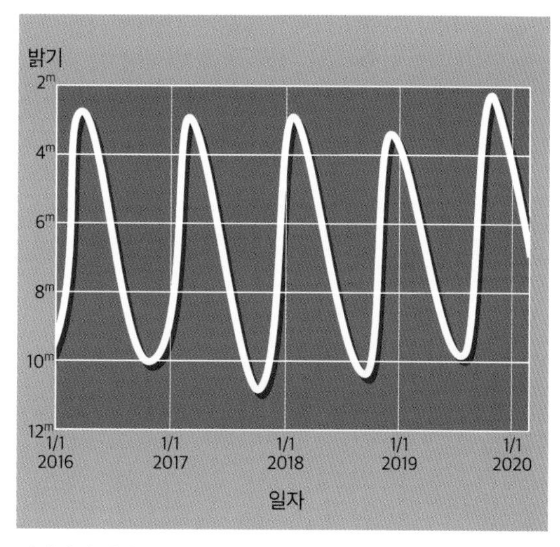

미라성의 밝기 곡선

가깝고도 먼 은하

성단과 발광하는 가스성운, 응축된 모습의 구상성단으로 이루어진 우리의 은하는 우주를 이루고 있는 수많은 은하 중 하나일 뿐이다. 이 장에서는 별의 생애를 이루는 각 단계를 눈으로 직접 관측할 수 있다.

이미 맨눈으로 하늘을 관측할 때 깨달았다시피 별들은 더 거대한 하나의 계 속에 존재한다. 바로 은하다. 밝은 별들은 하늘의 반짝이는 띠에 집중되어 있다. 특히 가시성 한계 근처에 있는 별들이 그렇다. 쌍안경이나 작은 망원경을 통해 관찰한다면 이러한 경향이 6등급 이상의 어두운 별들에도 적용된다는 것을 알 수 있다.

18세기 말 윌리엄 허셜은 이러한 관측을 통해 계의 모습(과 형태)에 대한 발상을 떠올

은하수. 초광각 접안렌즈를 통해 촬영되었다.

렸다. 그는 하늘의 특정 구역에서 밝기와 상관없이 모든 별의 숫자를 조사했다. 그는 한쪽 방향에서 특히 더 많은 약한 별들을 관측할 수 있었고, 이를 통해 우리의 은하가 그 방향으로 더 멀리 뻗어 나간다는 사실을 알게 되었다. 이때 엄청난 거리 때문에 (절대 밝기가) 비교적 밝지만 (겉보기에는) 빛이 약한 천체도 계산에 포함되었다.

또한 허셜은 은하가 거대한 렌즈와 비슷한 모양을 하고 있다는 사실을 발견했다. 그의 관측에 따르면 은하는 평평하지만 중간이 볼록한 원반 형태로 직경은 8,000광년, 중앙의 두께는 약 800광년이다. 모서리는 약간 헤진 듯 보이는데 오늘날 우리는 그곳에 암흑성운이 존재하기 때문이라는 사실을 알고 있다. 암흑성운은 멀리 떨어진 별의 빛을 흐리게 하고 은하의 깊이가 '얕아' 보이게 만든다.

암흑성운 때문에 오늘날 천문학자들은 우리 은하의 실제 모습을 연구하는 데 어려움을 겪고는 한다. 다행히도 과학자들은 이러한 가스와 먼지구름을 다른 스펙트럼을 이용해 통과하는 방법을 발견해냈다. 전파를 이용한 천문 관측은 성간 물질의 분포에 대해 연구하는 데 도움을 주며, 덕분에 과학자들은 - 엑스레이 사진처럼 - 은하수의 '골격'을 재현할 수 있게 되었다. 적외선 혹은 자외선을 이용한 위성 관측은 별이 새로 탄생하는 지역과 굉장히 어리고 뜨거운 별들의 분포를 파악하는 데 이바지한다. 끝으로 엑스선 관측을 통해서는 '별의 무덤'을 찾을 수 있다.

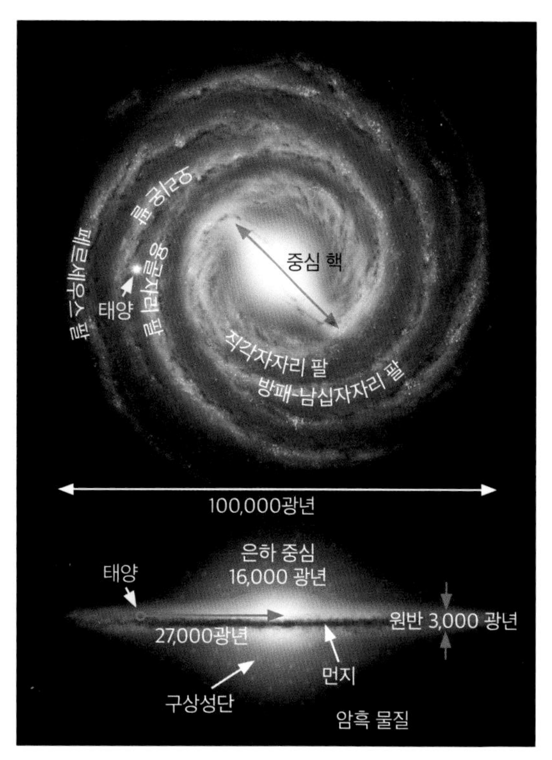

간략하게 나타낸 은하와 태양의 위치

이러한 관측에도 불구하고 현재 우리가 가진 각 천체의 거리 정보는 턱없이 부족하다. 여기에는 1만 광년 이상의 범위를 조사한 가이아의 데이터가 도움이 되고 있다. 전파를 통한 성간 물질 연구 시에는 개체 사이의 거리를 파악하기 위해 반향에 의존한다. 물론 성단을 조사할 때는 다른 방법을 사용해야 한다. 우리 은하의 전체 구조를 파악하기 위해서는 아직 가야 할 길이 멀다.

이러한 정보에 따르면 우리 은하의 지름은 약 10만~12만 광년이며, 평균 두께는 약 3,000광년이다. 그중 은하 중심은 약 1만 6,000광년의 두께를 가진다. 우리 은하를 촬영한 파노라마 사진을 보면 이처럼 불룩한 중심을 명확하게 알아볼 수 있다. 은하 중심은 궁수자리와 전갈자리 방향에 위치하며, 이를 통해 쉽게 방향을 찾아볼 수 있다. 안타깝게도 가스와 먼지성운으로 인해 정확히 중심에 위치한 '중심 물체'는 가시광선 범위에서 관측하거나 연구할 수 없다. 엑스레이 혹은 전파 관측에 따르면 그곳에는 태양 질량의 약 400만 배에 달하는 비교적 얌전한 블랙홀이 존재한다고 추측된다. 우리 은하의 전체 가시 질량은 태양 질량의 약 1,800억 배다. 우리의 태양계는 중심부에서 2만 7,000광년 떨어져 있으며 태양이 중심 물체를 공전하는 데는 2억 2,000만 년이 소요된다. 다른 은하들과 비교했을 때 우리의 은하는 나선 구조를 가지고 있다. 이러한 나선팔은 별의 형성 및 여기서 태어난 젊고 뜨거운 (그리고 밝은) 별들로 이루어져 있다. 실제로 이는 동일한 물질로 일관되게 이루어진 안정적인 구조가 아니다. 나선 구조는 마치 파도를 헤쳐 나가는 파도타기처럼 은하수를 통해 물질과 크게 분리되어 있다. 따라서 나선팔은 우리 은하의 자전으로 인해 서서히 감기지 않는다. 다른 은하와 마찬가지로 관측을 통해 우리 은하의 종류에 대해서도 알 수 있다. 우리 은하는 두 팔을 가진 SBc 유형의 막대나선은하다.

우리 은하의 관찰

은하는 하늘의 천체 중 하나로, 우주의 광활함을 깨닫게 한다. 빛나는 은하수는 약한 빛을 갖는 수백만 개의 별들이 수없이 겹쳐 보이면서 형성된다. 은하수 속 대부분의 별들

은 빛이 약하기 때문에 맨눈으로는 각 개체를 알아볼 수 없다. 하지만 이러한 별들은 하늘에 흩뿌려진 희미한 우윳빛의 반짝임을 만들어 낸다.

별들 사이의 먼지로 이루어진 암흑성운은 이 희미한 빛을 방해하며, 멀리 떨어져 있는 별의 빛을 흐리게 하거나 아예 차단한다. 어두운 밤에는 맨눈으로도 은하수 속의 밝은 성운과 소위 말하는 암흑성운을 관찰할 수 있다.

안타깝게도 중유럽에서는 언제나 가로등, 네온사인, 건물의 불빛과 '스카이 빔' 등이 밤하늘을 밝힌다. 은하수는 도시화된 환경에서는 거의 찾아볼 수 없다. 중유럽에 거주하는 대부분의 사람들이 이를 그리워하는 것도 놀라운 일이 아니다. 이러한 장관을 관측하기 위해서는 산속이나 먼 시골, 바다 등 어둡고 인구 밀도가 낮은 지역으로 가야만 한다.

사진 속 은하수가 수평선 위에서 큰 호를 그리고 있다. 왼쪽 끝에는 국부 은하인 마젤란은하가 보인다.

은하수는 여름에 특히 선명하게 보일 뿐 겨울에도 찾아볼 수 있다. 눈이 어둠에 익숙해지고 나면 멀리 떨어진 여름 별자리, 궁수자리와 전갈자리 주변에서 밝은 부분을 알아볼 수 있다. 작은 삼각형 모양의 성운을 관측하고 북쪽에 위치한 방패자리로 향해 보자. 그다음에는 독수리자리와 백조자리가 존재하며, 밝은 띠가 두 나선팔로 나누어지는 것을 볼 수 있다. 더 북쪽으로 가면 (거대하고 둥근 암흑성운과 함께) 세페우스자리와 거대한 W 모양의 별자리 카시오페이아를 관측할 수 있다. 여기에서 은하수의 불빛은 점점 희미해진다. 카시오페이아 다음에는 페르세우스가 나타난다. 여기서부터는 은하의 중심이 아닌 원반 부분을 관찰할 수 있다. 마차부자리를 시작으로 은하수는 다시 밝아지고, 쌍둥이자리와 외뿔소자리, 동쪽의 오리온자리를 지나 큰개자리에 다다른다. 중유럽의 관측자를 기준으로 고물자리 주변에 위치한 은하수는 수평선 너머에 존재하기 때문에 관측이 불가능하다.

맨눈으로는 희미한 빛, 그 이상은 관측할 수 없다. 하지만 빛나는 가스성운, 산개성단, 작은 행성상성운 등 은하는 훨씬 더 많은 것을 보여 준다. 쌍안경이나 망원경을 이용하면 별의 성장 단계를 관찰할 수도 있다. 쌍안경을 통해 밝은 성운을 관측하면 별을 좀 더 개별적으로 관측할 수 있지만 여전히 흐릿하게 보일 것이다. 가스성운과 성단은 반대로 주변과 뚜렷하게 구분되며 개별적이고 조밀한 모습을 관측할 수 있다.

Deep Sky, 태양계 너머

16세기나 17세기 천문학자들은 가능한 한 완

벽하게 별을 관측하려고 노력하는 데 그쳤지만, 18세기 중반에 들어서는 혜성을 체계적으로 관찰하기 시작했다. 에드먼드 핼리는 1682년에 관측된 한 혜성이 1758년에 다시 돌아온다는 사실을 예측했다. 프랑스 천문학자 샤를 메시에Charles Messier는 이러한 탐색 과정에서 하늘의 성운을 혜성으로 오인하지 않기 위해 1758년과 1781년 사이에 100개 이상의 '성운'의 위치를 기록했다. 이것이 바로 메시에 목록으로 오늘날에도 성단, 가스 및 먼지성운 은하 등 밝은 태양계 너머의 천체를 안내해 주는 가이드로 활용된다. 다른 성운과 은하는 소위 말하는 NGC 번호를 가지고 있다. 이는 성운 및 성단에 관한 신판 일반 목록New General Catalogue of Nebulae and Clusters의 약자로 1888년 덴마크 천문학자 존 드레이어John Louis Emil Dreyer에 의해 만들어졌다.

태양계 너머의 천체를 관측하기 위한 망원경에서는 집광력이 매우 중요하다. 망원경의 구경이 클수록 더 빛이 약한 천체도 관측할 수 있다. 태양계 너머의 천체를 관측하고자 하는 사람들은 (가격이 비슷할 때) 대부분 작

은하의 중심은 먼지성운에 가려 보이지 않는다.

은 반사 망원경에 비해 집광력이 더 좋은 뉴턴식 망원경을 더 선호한다. 이때 가능한 한 더 많은 빛이 눈에 닿을 수 있도록 더 작은 배율을 선택해야 한다. 이렇게 하면 (비교적 밝은) 가스성운의 아름다운 디테일까지도 관측할 수 있다. 성단과 작은 행성상성운을-천체의 크기에 따라 다르지만-자세하게 관측하기 위해서는 배율을 더 높여야 한다.

겨울 하늘의 두 산개성단: 플레이아데스성단(오른쪽 위)과 히아데스성단(황소자리의 V형 머리, 알데바란은 전경항성이다)

산개성단

성단은 맨눈으로 관측할 때도 굉장히 눈에 띈다. 황소자리 등 부분에 위치한 플레이아데스(일곱자매별)나 V 모양으로 찢어진 황소자리의 머리-히아데스-는 대표적인 산개성단으로, 못 보고 지나치기 힘들다. 쌍안경을 통해 관측하면 다른 곳(페르세우스와 카시오페이아 사이나 게자리 내 등)에도 이러한 성단이 존재한다는 것을 알 수 있다. 특히 쌍안경은 빛이 약한 별들까지 포착할 수 있도록 하기 때문에 이를 이용하면 더 반짝이는 성단의 모습을 관측할 수 있다. 형성 단계의 관점에서 볼 때 성단은 별들을 위한 어린이집과도 같다. 스펙트럼을 통한 조사에 따르면 이러한 성단 속 별들의 나이는 1,000만에서 1억 년 사이이다. 질량이 무거운 별들은 거의 나이를 먹지 않는 반면, 대부분을 차지하는 질량이 작은 별들의 기대수명은 훨씬 더 길다. 성운에 속한 별의 숫자는 몇십 개에서 몇백, 몇천 개에 이르기도 하며, 30광년 이상의 직경을 갖는다. 성운에 속한 별은 인력을 통해 서로를 붙잡고 있지만 영원히 지속되지는 않는다. 때문에 이들은 산개성단이라고 불린다. 차후 해산 단계에 이르면 산개성단은 소위 말하는 운동성단(성협)으로 변화한다. 여기에 속한 별들은 은하의 다른 별들과 달리 함께 운동하는 모습을 보인다. 이러한 성류는 큰곰자리의 여러 별들뿐만 아니라 하늘 반대편에 위치한 별들에서도 찾아볼 수 있다-성류의 별들은 '현재' 우리의 하늘을 지나가는 것처럼 보이지만 이미 서로의 거리는

카시오페이아자리와 페르세우스자리 사이에는 h산개성단과 χ 산개성단이 나란히 자리한다.

아름다운 산개성단

별자리	성단	밝기	직경	숫자	거리(광년)
안드로메다자리	NGC 752	5.7^m	50′	60	1,300
안드로메다자리	NGC 7686	5.6	15	20	3,200
도마뱀자리	NGC 7243	6.4	21	40	2,600
외뿔소자리	M 50	5.9	16	80	2,400
외뿔소자리	NGC 2232	3.9	30	20	1,300
외뿔소자리	NGC 2264	4.4	30	40	2,800
외뿔소자리	NGC 2301	6.0	12	80	2,400
여우자리	NGC 6940	6.3	31	60	2,600
마차부자리	M 36	6.0	12	60	4,100
마차부자리	M 37	5.6	24	150	4,400
마차부자리	M 38	6.4	21	100	4,300
마차부자리	NGC 2281	5.4	15	30	1,600
큰개자리	M 41	4.5	38	80	2,400
큰개자리	NGC 2362	4.1	8	60	5,100
고물자리	M 46	6.1	27	100	4,600
고물자리	M 47	4.4	29	30	1,600
고물자리	M 93	6.2	22	80	3,600
카시오페이아자리	NGC 457	6.4	13	80	9,100
세페우스자리	NGC 7160	6.1	7	12	4,000
게자리	프레세페	3.1	95	50	590
오리온자리	NGC 1662	6.4	20	35	1,300
오리온자리	NGC 1981	4.6	25	20	1,500
오리온자리	NGC 2169	5.9	7	30	3,600
페르세우스자리	M 34	5.2	35	60	1,400
페르세우스자리	h/χ	5.3 / 6.1	30/30	315	7,500
페르세우스자리	NGC 1528	6.4	23	40	2,600
페르세우스자리	NGC 1545	6.2	18	20	2,600
방패자리	M 11	5.8	13	200	5,600
뱀자리	IC 4756	4.6	52	80	1,500
뱀주인자리	NGC 6633	4.6	27	30	1,100
궁수자리	M 23	5.5	27	150	2,200
백조자리	M 39	4.6	32	30	880

별자리	성단	밝기	직경	숫자	거리(광년)
백조자리	NGC 6871	5.2^m	20′	15	5,400
전갈자리	M 6	4.2	15	80	2,000
전갈자리	M 7	3.3	80	80	780
황소자리	플레이아데스	1.4	120	100	410
황소자리	히아데스	0.8	400	40	150
황소자리	NGC 1647	6.4	45	200	1,800
황소자리	NGC 1746	6.1	42	20	1,400
바다뱀자리	M 48	5.8	54	80	2,000
쌍둥이자리	M 35	5.1	28	200	2,800

400광년 이상 떨어져 있다.

천문학자들은 우리 은하 내 산개성단의 분포를 통해 우리 은하 자체의 형성 과정에 대해 알아볼 수 있었다. 우리에게 알려진 1,000개 이상의 성단 중 대부분은 우리 은하의 평면에서 30도 이상 떨어져 있지 않다. 이는 오늘날 존재하는 대부분의 별들이 우리 은하의 중심 평면에서 형성되었으며, 서로가 영향을 미침에 따라 이 평면에서 벗어났다는 것을 말해 준다. 반대로 수십억 년 전 우리 은하 평면의 성단은 은하 평면 바깥에 존재하는 수많은 나이 든 별들처럼 뚜렷하게 밀집되어 있지 않았을 것으로 보인다. 이 당시에는 별들 사이에 가스와 먼지성운이 더 균일하게 분포되어 있었을 것이다.

산개성단의 관측

밝은 산개성단은 도시 주변의 밝은 하늘에서도 관측 도구 없이 관측할 수 있다. 성단을 이루는 각각의 별들은 빛이 너무 약해 기구 없이는 알아볼 수 없지만 이들이 함께 만들어내는 하늘 위 흐릿한 빛의 반점은 충분히 볼 수 있다.

밝고 크기가 큰 산개성단으로는 황소자리의 플레이아데스(일곱자매별)과 히아데스, 게자리의 프레세페(M 44), 페르세우스의 이중성단 h와 χ를 꼽을 수 있다. 잘 알려져 있지는 않지만 전갈자리의 M 6과 M 7 또한 밝은 산개성단에 속한다-비록 남쪽 멀리 수평선 근처에 위치해 관측하기는 힘들지만 말이다. 앞쪽의 표는 하늘에서 찾아볼 수 있는 밝은 산개성단의 목록을 보여 준다. 산개성단은 특히 망원경을 이용할 때 제대로 관측할 수 있다. 이때 작은 배율만으로도 성단을 이루는 각 별들을 관측할 수 있으며, 별 주변을 떠다니는 듯 보이는 성운 또한 관측할 수 있다. 색깔을 통해 각 별의 진화 과정과 질량을 알아보는 것도 충분히 가능하다.

성간 물질

별들 사이의 공간은 사실 비어 있지 않다. 성간 먼지와 가스는 거의 모든 곳에 분포되어 있으며, 이들은 때로는 매우 옅고(cm³당 원자 몇 개만 존재한다), 때로는 cm³당 몇백, 몇천 개 이상의 원자로 이루어진 두꺼운 구름을 형성한다. 물론 이마저도 지구의 최첨단 기술을 이용해 만든 진공 상태보다도 더 진공에 가깝지만 말이다. '일반적인 상태'에서 이러한 성간 물질은 매우 차갑다-이때 온도는 절대 영도(섭씨 –273.15도 혹은 0켈빈)보다 조금 더 높은 수준이다. 이는 가시광선 범위에서 보이지 않기 때문에 오랜 세월 동안 천문학자들은 이에 대해 알지 못했다. 20세기 초반 요하네스 프란츠 하트만Johannes Franz Hartmann은 밝은 별의 스펙트럼을 조사하다가 빛의 일부가 '유실'되었다는, 즉 무언가에 의해 흡수되었다는 사실을 알게 되었다. 범인은 바로 성간 먼지였다. 별과 관측자 사이에 입자가 많을수록, 즉 성운의 입자 밀도가 높거나 성운의 크기가 클수록 더 많은 빛이 흡수되었다. 이 두 가지가 모두 해당되는 경우에는 암흑성운이 특히 눈에 띄고 심지어는 육안으로도 관측할 수 있다. 이러한 예로 말 그대로 은하수가 두 갈래로 갈라져 있는 백조자리나 마치 은하수에 구멍이 뚫린 것처럼 석탄 주머니가 있는 듯한 남십자자리 등이 있다.

반사성운

별과 성간의 가스 및 먼지성운은 함께, 하지만 자신만의 궤도로 은하 중심을 공전하며 이 때문에 때로는 서로 가까워지기도 한다. 이러한 경우, 별빛은 근처 먼지 입자에 반사

된다(산란된다). 때문에 망원경이나 쌍안경을 통해 관측하면 별 주위를 둘러싸는 흐릿한 빛을 관찰할 수 있다. 성간 물질 중 먼지의 비율이 매우 낮기 때문에 반사성운의 밝기는 그다지 높지 않으며, 대개 장노출 촬영을 통해서만 포착이 가능하다. 이는 단순히 별빛이 반사되거나 산란된 것에 불과하기 때문에 반사성운의 색깔은 언제나 별의 색깔과 일치한다. 이러한 반사성운은 플레이아데스성운이나 안타레스 근처에 위치한 땅꾼자리 ρ 주변에서 찾아볼 수 있다.

밝고 희미한 가스성운

별의 표면 온도가 3만 켈빈 이상인 경우, 즉 스펙트럼 유형이 O인 거대 항성인 경우 별은 자외선을 내뿜는다. 자외선은 파장이 짧은 빛으로, 원자핵을 도는 궤도에서 전자를 '탈선'시킴으로써 주변의 가스를 발광시킨다. O5 별의 이러한 '이온화 영역'이 몇백 광

성간 암흑성운 때문에 때때로 은하수에 별이 가려지기도 한다.

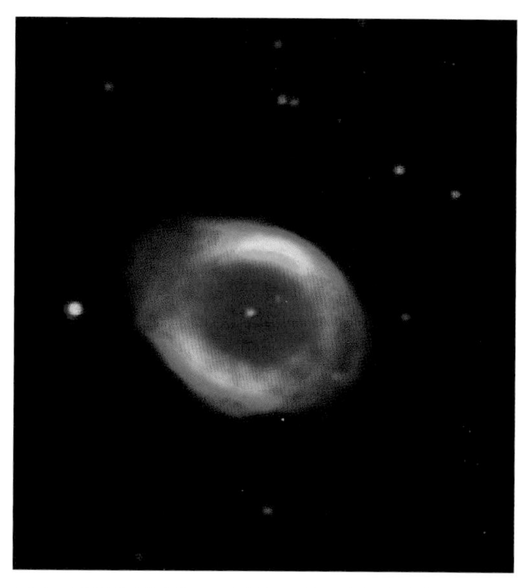

거문고자리에 위치한 고리성운은 대표적인 행성상성운이다.

플레이아데스의 푸른 반사성운은 뜨거운 별빛이 성간 먼지에 의해 산란되며 발생한다.

석호성운(메시에 8)은 궁수자리에 위치한 밝은 가스성운이다. 중심에는 산개성단이 존재한다.

전갈자리의 별 안타레스 주변을 둘러싼 반사성운

년 너머까지 뻗어 나간다. 수소는 우주에서 가장 흔한 물질이므로, 가스 혹은 발광성운은 사진에서 소위 말하는 Hα 수소선에 의해 대개 붉은색을 띤다. 천문학에서 이러한 가스성운은 HII 영역(전리수소 영역)이라고 한다(HI은 중성수소 원자, H_2는 수소 분자, HII는 이온화된(전리) 수소를 의미한다). 안타깝게도 이러한 파장은 사람의 눈에 잘 보이지 않기 때문에 대개 두 번째로 강한 수소(Hβ)선과 이보다 더 약하고 더 희귀한 푸른빛 파장의 이중 전리산소([OIII]) 발광성운을 볼 수 있다. HII 영역의 예시로는 궁수자리의 석호성운(M 8)과 외뿔소자리의 장미성운, 남쪽 하늘의 η용골자리성운을 꼽을 수 있다. 뜨거운 O형 별은 나이가 많지 않기 때문에 대부분 별의 생성 장소 주변에서 찾아볼 수 있으며, 은하수 주변의 가스 및 먼지성운은-천문학적 관점으로 보았을 때-최근에 진화한 것이라고도 말할 수 있다. 때때로 방출성운은 오늘날에도 별들이 생성되는 지역에 위치한다.

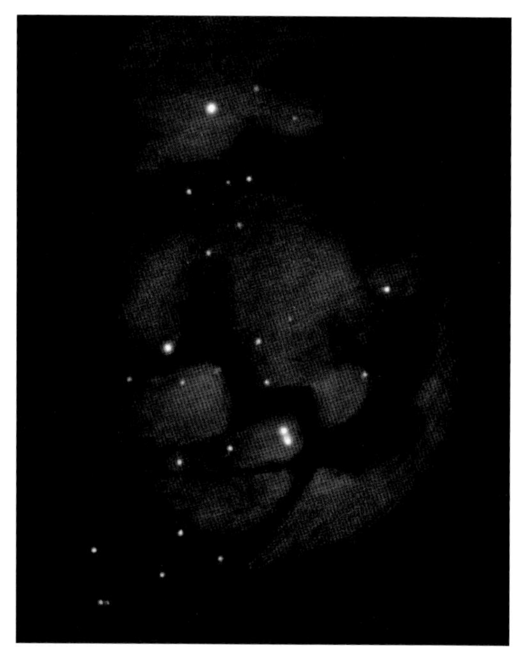

가스성운인 삼렬성운의 그림

행성상성운

오로지 나이가 어리고 뜨거운-그리고 충분히 큰 질량을 가진-별만이 방출성운을 형성하는 것은 아니다. 수명이 다할 무렵 우리의 태양처럼 질량이 작은 별들도 일시적으로 빛나는 가스성운을 만들어 낸다. 적색거성 단계에서 중력에 대한 통제력을 잃고 팽창된 바깥쪽 층의 끓어오르는 물질이 항성풍과 함께 바깥으로 떨어져 나가면 별의 뜨거운 내부가 노출되고, 죽어가는 별은 UV 광선을 내

아름다운 성운

별자리	이름	유형	밝기	크기	거리(광년)
용자리	NGC 6543	PN	8.3^m	0.3′	3,000
외뿔소자리	NGC 2237-46	GN	4.8	90	4,600
외뿔소자리	NGC 2264	GN/DW	3.9	60×30	2,800
여우자리	M 27	PN	7.3	8.0	950
오리온자리	M 42	GN/RN	4.0	65	1,500
오리온자리	NGC 2024	GN/RN	8.0	30	1,500
뱀자리	M 16	GN	6.0	28×35	8,000
궁수자리	M 8	GN	4.6	80×40	5,500
궁수자리	M 17	GN	6.0	11.0	4,900
궁수자리	M 20	GN/RN	6.3	28.0	5,200
고래자리	NGC 246	PN	8.5	4.0×3.5	1,600
물병자리	NGC 7009	PN	8.3	0.5× 0.4	3,000
물병자리	NGC 7293	PN	6.3	16	400
바다뱀자리	NGC 3242	PN	8.0	0.75	1,900

PN 행성상성운, GN 가스성운, RN 반사성운, DW 암흑성운

뿜기 시작한다. 이러한 광선은 이미 날아간 바깥층을 이온화시켜 발광하게 만든다. HII 영역과는 달리 이와 같은 '장례식'은 기본적으로 규모가 작다. 발생 범위가 별의 주변으로 제한되어 있기 때문이다. 백색왜성의 경우에는 이온화 범위가 더 넓기는 하지만 날아간 층의 가스 밀도가 (몇 광년 범위의) 팽창에 의해 너무 낮기 때문에 UV 광선을 통해 발생한 빛의 강도는 검출 한계 이하로 떨어진다. 18세기 후반의 망원경으로 관측한 둥근 성운이 새로 발견된 행성인 천왕성과 비슷하게 보였던 것은 놀랍지 않다. 이 때문에 이러한 성운은 행성상성운이라고 이름 붙여지게 되었다. 20세기 고성능 망원경을 통해 천문학자들은 이러한 행성상성운의 모습을 처음으로 관측할 수 있었으며, 별의 생애 마지막 단계에 대한 중요한 정보를 얻을 수 있었다. 행성상성운의 대표적인 예시로는 거문고자리의 고리성운(M 57), 여우자리의 아령성운(M 27), 용자리의 고양이눈성운 NGC 6543 혹은 큰곰자리의 올빼미성운(M 97)을 꼽을 수 있다.

성간 성운의 관측

성간 성운은 가장 관측하기 힘든 천체로 손꼽히며, 매우 어두운 하늘과 훌륭한 쌍안경 혹은 집광력이 좋은 망원경이 필요하다. 성운의 빛은 맨눈으로 보기에 너무 약하기 때문에 우연히 찾는 일은 매우 드물며, 보통 성도를 이용한 체계적인 탐색이 필요하다. 성도에서 성운의 밝기가 유난히 낮게 표기되는 경향이 있지만, 어쨌거나 성운은 다른 천체에 비해 밝기가 낮다. 165페이지 표에 나와 있는 숫자는 단순히 비교용 값에 불과하다.

오리온성운(M 42)과 석호성운(M 8)은 가장 밝은 성운으로, 두 성운 모두 하늘이 충분히 어둡다면 맨눈으로도 찾아볼 수 있다. 쌍안경이나 망원경을 이용하면 심지어는 도시에서도 이 성운을 관측할 수 있을 것이다. 대부분의 가스성운(특히 오리온성운)은 성간 먼지를 많이 포함하고 있으며, 암흑성운이자 반사성운으로 분류될 수 있다. 반사성운 중 가장 유명하고 아름다운 것은 궁수자리에 위치한 삼렬성운 M 20으로, (발광하는) 붉은빛과 푸른빛의 반사면을 가진다. 여기에는 강렬한 빛을 내뿜는 부분뿐만 아니라 명확하게 어두운 암흑성운 부분을 알아볼 수 있다. 원추성운은 가스성운 NGC 2264 내에 존재하는 크리스마스트리 모양의 암흑성운이다.

잘 알려진 행성상성운은 거문고자리의 고리성운 M 57로, 쌍안경으로 관측하기에는 조금 작다. 여우자리의 아령성운 M 27은 망원경을 이용해 찾아볼 수 있다. 중유럽에서 찾아볼 수 있는 가장 크고 밝은 행성상성운은 물병자리에 위치한 나선성운 NGC 7293이다. 하지만 이는 남쪽 저 멀리에 위치하기 때문에 수평선 부근에 구름이 끼어 있지 않을 때만 겨우 찾아볼 수 있다.

구상성단

망원경이 충분히 발전한 뒤-특히 프라운호퍼가 2개의 렌즈를 이용한 색수차 대물렌즈

뱀주인자리 내의 메시에 10과 메시에 12 구상성단

를 발명한 뒤-메시에 목록에서 동그랗게 보이는 모든 '성운'이 행성상성운에 속하지만은 않는다는 사실이 밝혀졌다. 몇몇 경우에는 가장자리에 위치한 별들을 '분리할' 수 있었던 것이다. 결국 이러한 성운은 매우 조밀한 성단인 것으로 판명되었으며, '구상성단'이라고 불리게 되었다.

실제로 이는 몇십만 개에서 몇백만 개의 별로 이루어진 밀도 높은 성단으로, 지름은 50~100광년에 이른다(더 큰 경우도 존재한다). 이때 사진에서 보이는 것과 같이 별들은 성단 중심에 모여 있지 않다. 별 사이의 거리는 몇 광주* 이내로, 별 지름의 몇십만 배 이상이다. 이는 6만 km^2당 한 명이 서 있는 꼴로, 전 독일에 6명이 서 있는 것과 같다.

스펙트럼을 통해 조사해 본 결과 우리 은하의 구상성단에 속한 별들의 나이는 약 100~120억 년으로, 굉장히 나이가 많다. 따라서 이들은 우리 은하 초기에 생성된 것으로 보이며, 이를 통해 우리 은하의 과거를 알 수 있다. 중요한 것은 이러한 구상성단의 분포와 은하의 중심을 공전하는 궤도다. 이들

* 광주(光週, light week)
빛이 진공 속에서 1주일 동안 진행하는 거리로, 181,314,478,598,400 m다.

은 산개성단과는 달리 한 평면에 중점적으로 분포되어 있지 않으며, 은하 중심 부분에 비교적 둥글게 모여 있다. 따라서 위아래로 비교적 넓은 범위 내에서 관측된다. 이는 우리 은하가 약 100억 년 전에는 지금처럼 평평한 원판 모양이 아닌 구 모양을 가지고 있었다는 것을 의미한다. 이것은 또한 구상성단이 우리 은하의 평면에 심하게 기울어진 궤도를 가지고 우리 은하의 중심을 공전하고 있음을 의미하며, 나아가서 우리 은하의 평면을 반복적으로 관통해야 한다. 따라서 이것은 구성 성분에 영향을 미칠 수밖에 없다. 이로 인해 구상성단의 성간 가스와 먼지는 오래전에 '쓸려 나갔을' 것이다. 실제로 구상성단에는 성간 물질이 거의 존재하지 않는다. 구상성단이 이러한 '가미카제 비행'의 반복에서 살아남은 것은 내부에 서로의 인력이 강하게 작용한다는 사실을 증명한다.

우리 은하 주변에는 총 약 150개의 구상성단이 알려져 있지만 실제 수는 더 많을 것으로 보인다. 여기에는 헤라클레스자리의 M 13과 페가수스자리의 M 15가 속해 있으며, 가장 큰 구상성단은 남쪽 하늘에서 찾아볼 수 있는 오메가 센타우리다.

구상성단의 관측

가장 밝은 구상성단은 맨눈으로도 흐릿한 점으로 관측할 수 있다. 쌍안경을 이용하면 구

아름다운 구상성단

별자리	천체 이름	밝기	직경	거리(광년)
머리털자리	M 53	7.7^m	14′	60,000
헤라클레스자리	M 13	5.7	16.6	23,000
헤라클레스자리	M 92	6.4	11.2	25,000
사냥개자리	M 3	6.4	18	34,000
페가수스자리	M 15	6.0	12.3	32,000
뱀자리	M 5	5.7	17.4	26,000
뱀주인자리	M 9	7.6	9.3	24,000
뱀주인자리	M 10	6.6	15.1	15,000
뱀주인자리	M 12	6.8	14.5	17,000
뱀주인자리	M 14	7.6	11.7	33,000
뱀주인자리	M 19	6.7	13.5	35,000
뱀주인자리	M 62	6.6	14.1	20,000
궁수자리	M 22	5.1	24	10,000
전갈자리	M 4	5.8	26.3	6,800
비둘기자리	NGC 1851	7.3	11	39,000
바다뱀자리	M 68	7.7	12	131,000

상성단을 더 잘 관측할 수 있다. 망원경을 이용하면 구경에 따라 구상성단을 둥근 빛이나 각 별을 분리해서 볼 수 있다. 이 경우에는 배율을 높이면 각 별을 더 잘 관측할 수 있을 것이다. M 13의 경우-북반구에서 관측할 수 있는 가장 밝은 구상성단이다-15 cm 이상의 구경을 가진 기구라면 가장자리에 위치한 각 별을 구분해 관측할 수 있다. 직경과 밝기 이외에도 구상성단은 별의 개수와 밀집도를 통해 구분할 수 있다.

M 31인 안드로메다은하는 가을밤에 맨눈으로도 반짝거리는 불빛으로 알아볼 수 있다.

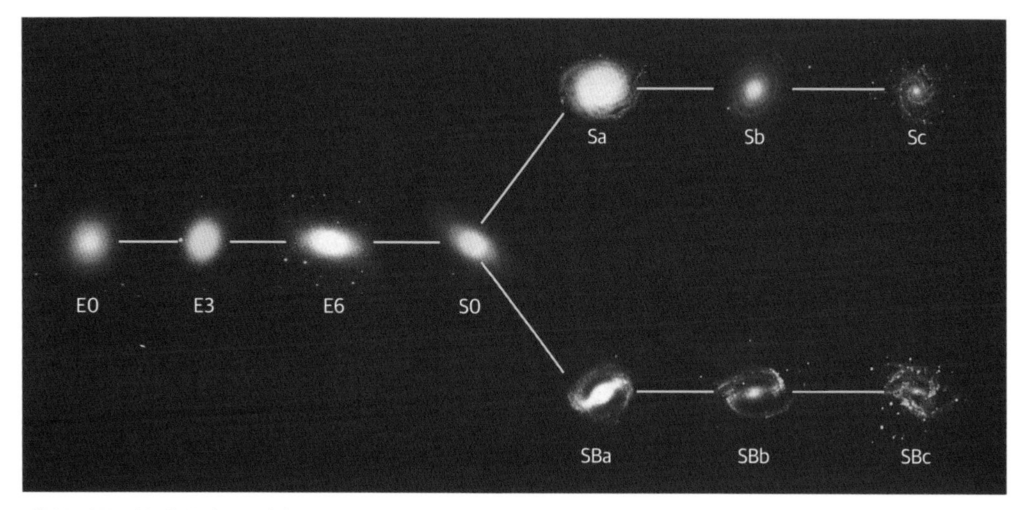

허블순차를 이용해 은하를 3개의 그룹으로 나눌 수 있다. 여기에서 E는 타원은하, S는 나선은하, SB는 막대나선은하를 의미한다.

대마젤란은하(왼쪽)와 소마젤란은하(오른쪽)는 우리 은하의 위성 은하다.

안드로메다은하는 우리 은하의 거대한 이웃이다.

은하

맑은 가을밤, 어두운 곳에서는 맨눈으로도 안드로메다자리 내에 존재하는 흐릿한 점을 알아볼 수 있을 것이다. 쌍안경을 이용해도 반점의 크기만 커질 뿐 여전히 안개가 낀 듯 흐릿하다. 아마추어 망원경을 이용해야만 나선 모양을 겨우 알아볼 수 있다. 이 '안드로메다성운'은 가스성운이 아니라 - 우리 은하와 마찬가지로 - 수십억 개의 별로 이루어진 은하다. 250만 광년 거리에 위치한 안드로메다 은하는 맨눈으로 관측 가능한 가장 먼 천체일 뿐만 아니라 우리 은하의 가장 가까운 이웃이기도 하다. 미국 천문학자 에드윈 허블 Edwin Hubble이 이를 증명해냈다. 그는 당시 가장 거대한 망원경이었던 윌슨 산 위 2.5 m 반사 망원경으로 안드로메다성운 가장자리의 별을 관측하고 이들의 밝기를 측정했다.

몇 년 뒤 허블은 겉모습을 통해 은하를 분류하는 체계를 만들었다. 여기에서 크게 구조화되진 않았지만 일정한 모양을 가지고 있

초점거리 3,000 mm의 Meade 12″-ACF-망원경을 이용해 촬영한 소용돌이은하 M 51의 사진

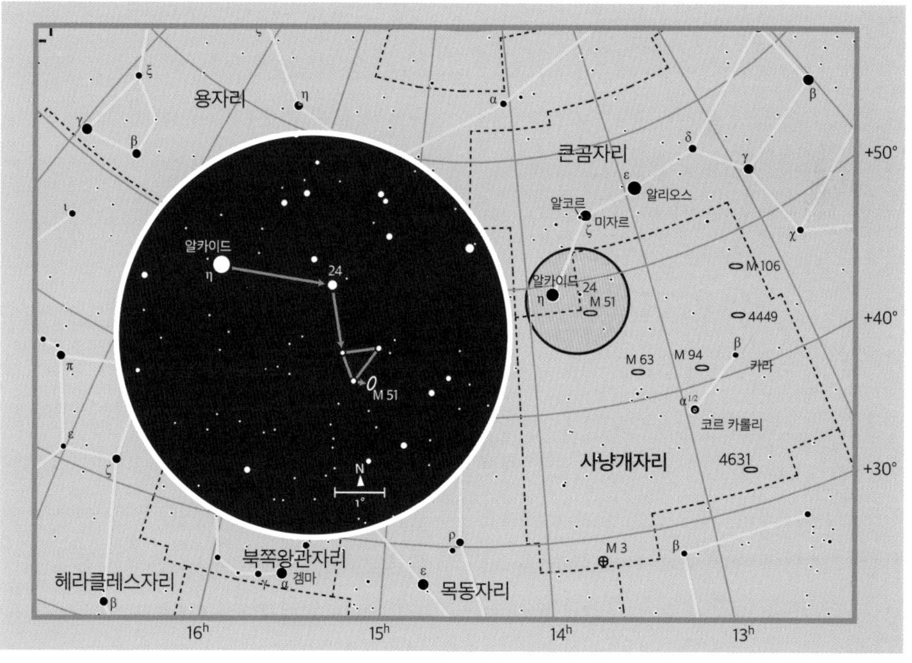

사냥개자리와 큰곰자리와의 경계 주변에서 소용돌이 은하 M 51을 찾는 법. 동그라미 부분은 망원경을 통해 본 확대된 모습을 보여 준다.

아름다운 은하

별자리	천체 이름	밝기	크기	유형	거리(광년)
안드로메다자리	M 31	3.4^m	185'×75'	Sb	2.2
조각가자리	NGC 253	7.6	30.0×6.9	Sc	8
삼각형자리	M 33	5.7	67.0×41.5	Scd	2.4
에리다누스자리	NGC 1291	8.5	11.0×9.5	SB0	30
물고기자리	M 74	9.4	11.0×11.0	Sc	30
기린자리	NGC 2403	8.5	25.5×13.0	Scd	10
큰곰자리	M 81	6.9	24.0×13.0	Sab	10
큰곰자리	M 82	8.4	12.0×5.6	I0	10
큰곰자리	M 101	8.0	26.0×26.0	Scd	15
머리털자리	M 64	8.5	9.2×4.6	Sab	42
사냥개자리	M 51	8.4	8.2× 6.9	Sbc	38
사냥개자리	M 63	8.6	13.5×8.3	Sbc	42
사냥개자리	M 94	8.2	13.0×11.0	Sab	32
사냥개자리	M 106	8.4	20.0×8.4	Sbc	39
처녀자리	M 49	8.4	8.1×7.1	E2	42
처녀자리	M 60	8.8	7.1×6.1	E2	42
처녀자리	M 87	8.6	7.1×7.1	E0	42
처녀자리	M 104	8.0	7.1×4.4	Sa	40
사자자리	M 66	8.9	8.2×3.9	Sb	30
사자자리	NGC 2903	9.0	12.0×5.6	Sbc	23
사자자리	NGC 3521	9.0	12.5×6.5	Sb	23
고래자리	M 77	8.9	8.2×7.3	Sab	50
고래자리	NGC 247	9.2	19.0×5.5	Sd	7
바다뱀자리	M 83	7.6	15.5×13.0	Sc	15
S 나선은하, SB 막대나선은하, E 타원은하, I 불규칙은하, a 꽉 감긴 나선팔, c 느슨한 나선팔					

는 타원은하와 좀 더 구조가 뚜렷한 나선은하, 그리고 구조를 알아볼 수 없는 불규칙은하를 구분할 수 있다. 이러한 허블순차는 오늘날에도 멀리 떨어진 은하를 설명할 때 사용된다.

은하의 관측

은하는 수많은 별들로 이루어져 있지만, 이를 관측하기 위해서는 흐릿한 천체를 위한 관측 기술이 필요하다. 은하는 너무 멀리 떨어져 있어 아마추어 기구로는 개별적인 별들을 알아볼 수 없다.

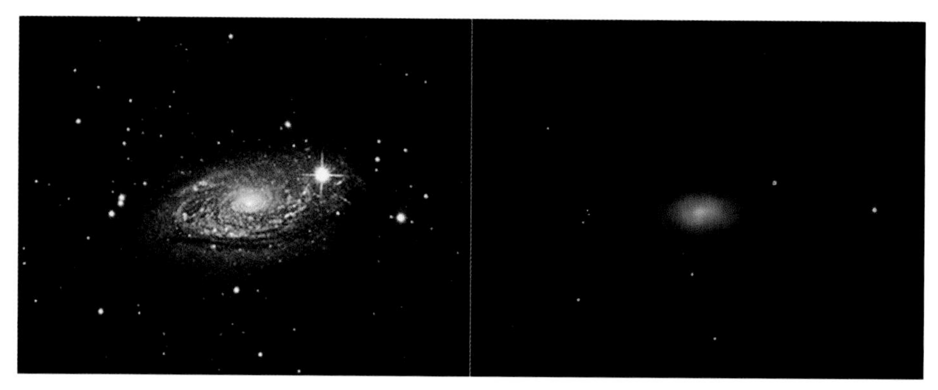

사냥개자리 내에 위치한 나선은하 M 63의 사진 및 그림. 중급 아마추어 망원경을 통해 관측할 수 있다.

유일한 예외는 (유명 탐험가의 이름을 딴) 대마젤란은하와 소마젤란은하다. 대마젤란은하는 약 15만 6,000광년, 소마젤란은하는 약 20만 9,000광년 떨어져 있다. 안타깝게도 이 멋진 두 은하는 남쪽 하늘에 위치하며, 중유럽을 기준으로 지평선 위에서는 볼 수 없다. 중유럽의 관측자라면 앞에서 언급한 안드로메다은하(M 31)를 관찰해 보자. 우리 은하와 비슷하게 생긴 안드로메다은하는 노란색의 밝은 타원형 중심을 가지며, 어린 별들로 이루어진 푸른 나선에 둘러싸여 있다. 안드로메다은하 옆에도 마찬가지로 2개의 작은 타원은하가 존재한다. 이는 두 마젤란은하를 갖는 우리 은하와 놀라울 만큼 닮았다.

다음으로 밝은 은하는 삼각형자리의 M 33으로, 기상 조건을 점검하기에 적절한 천체다. 기상 조건이 매우 좋을 때 M 33은 맨눈으로도, 일반적으로는 망원경으로 겨우 관측이 가능하며, 도시에서는 관측할 수 없다. 아마추어 천문학자들은 이때 은하 (및 태양계 너머의 천체) 관측에 대한 보편적인 문제에 맞닥뜨린다. 바로 천체의 밝기가 너무 낮다는 것이다. 은하의 중심은 매우 치밀하고 밝지만 나선팔은 흐릿하고 어둡다. 물론 작은 기구를 통해 관측한다고 해서 실망만을 얻어가는 것은 아니다. 수백만 광년 너머를 바라보는 것이 아닌가. 관찰 중 접안렌즈에 눈을 댄 채 천체를 그림으로 남기면 관측한 천체를 더 잘 기억할 수 있으며, 흥미롭고 멋진 경험이 될 것이다. 다양한 구경의 망원경을 통해 관찰할 수 있는 환경이 된다면 천체의 구조 차이를 비교하는 것 또한 흥미진진할 것이다.

망원경을 통해 관찰한 타원은하는 나선팔이 없으며, 뚜렷한 구조를 갖지 않는다. 예를 들어 처녀자리 내 솜브레로* 은하 M 104는 이름에서 알 수 있듯이 모자 모양을 하고 있는데, 이때 우리는 비스듬한 시점으로 이 나선은하를 관찰하며 은하를 둘러싼 암흑성운 띠로 인해 2개로 나뉜 구조를 보게 된다.

* 솜브레로(sombrero)는 스페인어로 모자를 의미한다.

천체 사진의 실제

필요한 장비

천체 사진을 촬영하기 위해서는 무엇이 필요할까? 당연히 카메라와 삼각대는 필수다. 다른 장비들은 어떤 '배율'로 어떤 천체를 촬영하고자 하는지에 따라 달렸다.

배율은 광학장비의 초점거리에 의해 결정된다. 800 mm 초점거리로 가스성운을 촬영하는 것과 5 m 초점거리로 행성을 촬영하는 것(둘다 망원경이 필요하다)은 50 mm의 짧은 초점거리를 갖는 일반 카메라 렌즈로 은하수를 촬영하는 것과는 전혀 다른 장비를 필요로 한다.

천체 사진 촬영에 적합한 카메라는 다음과 같은 사항을 갖추어야 한다.

1. 장노출 설정이 가능한가(리모컨이나 앱을 통한 제어로 B 설정)
2. 자동 초점 모드를 끌 수 있고 과초점 설정이 가능한가
3. 조리개를 수동으로 설정할 수 있는가(자동 모드를 끌 수 있는가)
4. 렌즈는 교환이 가능한가
5. 카메라는 삼각대에 장착 가능한가
6. 데이터 압축 없이 RAW 포맷으로 촬영본을 저장할 수 있는가(스냅숏의 경우에는 압축된 JPG 파일도 충분하다)

카메라를 고정시킨 상태에서 촬영하고자 한다면(별자국 사진이나 단노출 사진) 안정적인 삼각대가 필요하다. 장노출 사진을 촬영하기 위해서는 카메라용 가대나 추적 기능이 있는 적도의식 가대를 사용해야 한다. 디지털 촬영본을 보정하기 위해서는 사진 보정 소프트웨어가 설치된 컴퓨터가 필요하다.

렌즈 교환이 가능한 최신 카메라는 천체 사진 촬영에 적합하다. 광각 혹은 일반 렌즈로 풍경과 별이 반짝이는 하늘을 촬영할 수 있다. 이를 야경 사진이라고 한다. 카메라를

삼각대 위 반사식 카메라와 리모컨. 처음으로 천체를 촬영하고자 하는 사람에게는 충분하다.

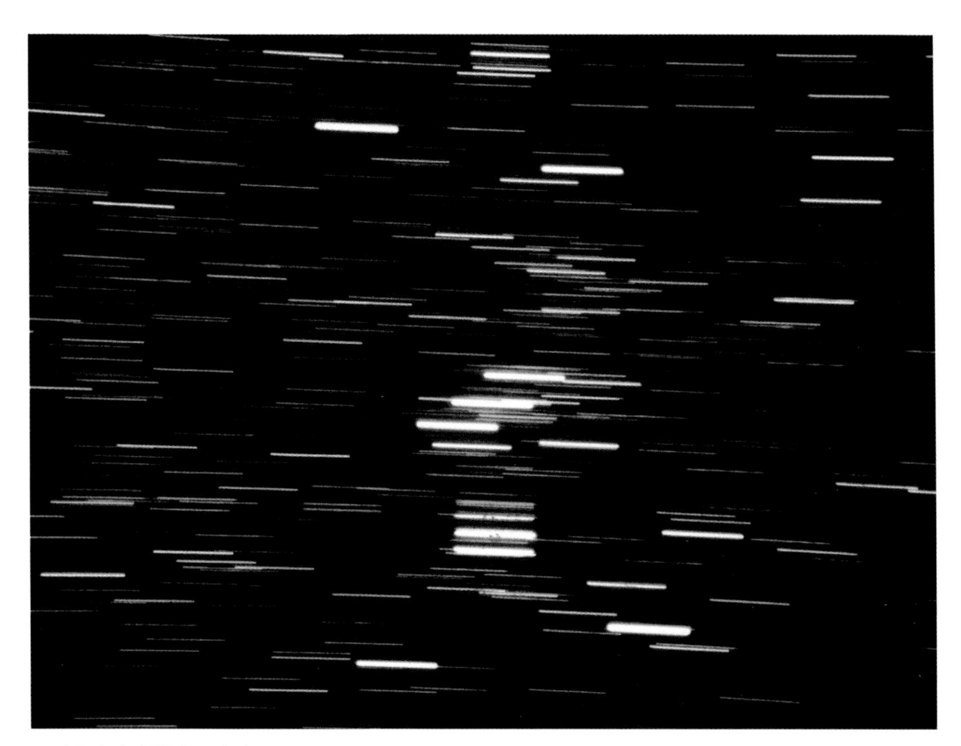

오리온자리의 별자국 사진

망원경에 결합해 망원경을 초점거리가 긴 렌즈로 활용하기 위해서는 전문점에서 취급하는 어댑터가 필요하다. 이때 대부분의 DSLR이 가진 무시할 수 없는 단점은 다수의 모델의 센서 앞에 위치한 특수 필터가 적색 감도를 크게 감소시킨다는 사실이다. 이는 '일반' 촬영 시에는 알아차리기 힘들다. 카메라의 자체 보정 시스템이 이를 보정하고 필터로 인해 걸러지지 못한 '약한' 붉은빛을 보완하기 때문이다. 하지만 태양의 채층이나 홍염, 붉은 가스성운에서 나타나는 붉은 수소선 등 많은 천체가 뿜어내는 붉은빛은 이를 통해 안타깝게도 걸러져 천체가 붉은색이 아니라 푸른-흰빛으로 보이게 된다. 이때 필요한 것은 이 필터를 제거하고 렌즈 앞에 장착하는 필터 등을 사용해 색상을 보정하는 것이다. 이러한 필터는 천문 촬영 시 언제든지 제거할 수 있다. 이러한 필터 제거는 특수 업체에 의해 진행되며, 일부 망원경 판매상들을 통해서도 가능하다. 또는 단순히 새 상품을 구매할 수도 있다. 일부 카메라 업체에서는 천문 촬영을 위해 최적화된 모델을 판매하고 있다.

특수 카메라

일반적인 카메라로도 멋진 결과물을 얻을 수 있지만 장노출(초 단위에서 분 단위까지) 촬영을 하다 보면 사진 속 노이즈가 특히 눈에 띌 것이다. 노이즈를 최소화하기 위해서는 센서를 냉각시켜야 한다. 따라서 한 발 더

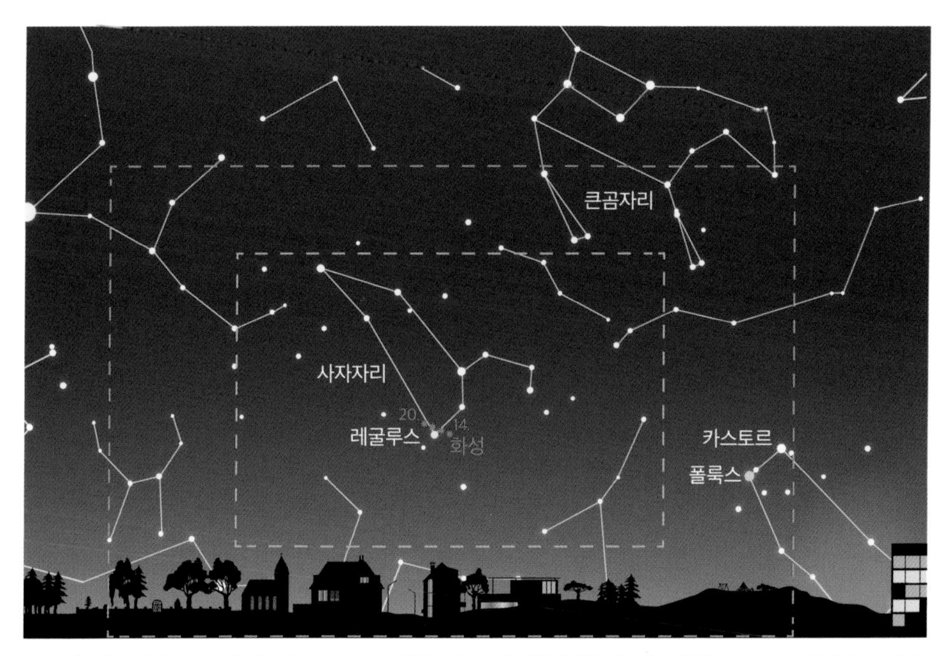

2025년 6월 레굴루스를 지나는 화성의 모습. 광각렌즈를 사용하면 지평선 너머의 별들까지도 촬영할 수 있다. 바깥쪽 사각형은 35 mm 포맷의 카메라, 안쪽 사각형은 APS-C 센서 포맷의 카메라 화각을 나타낸다.

나아간 천문 촬영용 카메라는 컴퓨터에 있는 것과 유사한 냉각 시스템이 내장되어 있다. CCD 센서를 내장한 이러한 특수 카메라는 오랫동안 비싼 가격으로 이름을 떨쳤다. 하지만 최근에는 냉각 CMOS 센서가 내장된 모델을 쉽게 찾아볼 수 있다. 이는 지나치게 비싸지도 않을뿐더러 성능도 뛰어난 반사식 카메라다.

달이나 행성 표면을 촬영하기 위해서는 천문용 비디오카메라가 필요하다. 이는 CMOS 센서가 있지만 냉각 기능이 없고 작은 센서 포맷을 가진 카메라를 의미한다. 이러한 카메라는 사진 대신 비디오를 촬영한 후 소프트웨어를 통해 하나의 그림으로 통합한다. 이와 관련된 내용은 행성 촬영에 관한 장에서 자세히 다루도록 한다.

추적 기능

천문 촬영에서는 몇 초에서 몇 분 정도의 장노출을 활용하는 것이 일반적이다. 하지만 지구가 자전함에 따라 별들은 몇 초 동안도 멈춰 있지 않다는 사실을 기억해야 한다. 이 때문에 안정적인 삼각대 말고도 카메라 추적 장치가 필요하다. 여기에는 (초점거리가 너무 길지 않은 경우) 간단한 사진용 가대나 적도의식 가대가 필요하다. 카메라는 정확한 추적의 지속적인 제어를 위한 오토가이더로 활용된다.

고정된 카메라로 촬영하기

삼각대에 고정된 카메라를 이용해 별을 촬영하거나 별자국을 촬영할 수 있다. 노출시간을 몇 분으로 지정하고 카메라를 고정시키기만 하면 된다.

지구의 자전을 차치하더라도 하늘은 노출시간을 제한시킨다. 특히 도시 주변의 밝은 하늘이 그렇다. ISO 800에 조리개 값을 4로 맞추면 노출시간은 최대 30초가 된다. 하늘의 밝기가 같을 때 찍히는 별의 수를 줄이고 더 긴 별자국을 얻고자 한다면 ISO 100에 조리개 값을 5.6으로 맞추면 노출시간을 8분으로 늘릴 수 있다. 밤하늘을 촬영하고자 한다면 되도록 하늘이 어두운 장소를 찾아야 한다!

이처럼 노출시간이 비교적 짧은 촬영은 나름의 특별한 매력을 갖는다. 피사체가 적절하다면 이것으로도 충분하다. 별자리 속 별의 색깔, 별자리 속 행성의 움직임(며칠 혹은 몇 주 간격을 두고 촬영해야 한다), 해질녘이나 동틀녘 촬영이나 별똥별 촬영 등이 적합한 피사체의 대표적인 예시다. 이러한 촬영에는 열린 조리개(가장 작은 조리개 값)를 선택해야 한다. 보통 조리개 값은 1.4, 앞에서 언급한 대로 매우 밝은 하늘이 방해되지 않는 경우에는 2.8이 적절하다.

그렇다면 감도(ISO 값)는 어떻게 설정해야 할까? 감도가 높을수록 노출시간은 짧아진다. 디지털 카메라를 사용한다면 감도가 높을수록 사진의 품질은 떨어진다. 눈 뜨고 볼 수 없을 정도로 강렬한 노이즈가 발생하기 때문이다. 설정된 감도가 높을수록 노이즈는 심해진다. 천체 사진 촬영 시 장노출 사진을 찍고자 한다면 (물론 하늘이 '어두울' 때를 의미한다) 대부분 ISO 값을 400에서 800 사이로 설정하는 것을 추천한다. 이렇게 설정하면 심한 노이즈 없이 사진을 촬영할 수 있다.

그렇다면 적절한 노출시간은 어떻게 알 수 있을까? 가장 좋은 방법은 카메라 모니터에서 '히스토그램'을 읽는 것이다. 이는 사진 속에 특정한 밝기를 가진 픽셀의 수를 보여 준다(180페이지 위 그림 참고). 왼쪽 가장자리는 밝기가 0인 픽셀의 수를, 오른쪽 가장자리는 밝기가 최대인 255인 픽셀의 수를 의미한다. 오른쪽 히스토그램에서의 분폿값은 대

천체 사진 촬영의 피사체

일반 혹은 광각렌즈를 장착한 고정된 카메라: 별자국 사진(특히 천구의 극이나 지평선 주변을 촬영할 때 매력적이다), 별똥별, 위성, 야광운, 북극광.
일반 혹은 광각렌즈를 장착한 추적 가능한 카메라(보정되지 않은 경우): 빛이 약한 천체를 포함하는 별자리.
망원렌즈를 장착한 추적 가능한 카메라: 태양, 달, 삭, 별이 가득한 밤하늘, 가스성운, 성단, 소행성, 혜성.
접안렌즈가 없는 추적 가능한 망원경: 태양, 달, 가스성운, 성단, 은하, 소행성, 혜성.
바로우 렌즈를 장착한 추적 가능한 망원경: 태양, 달, 행성.

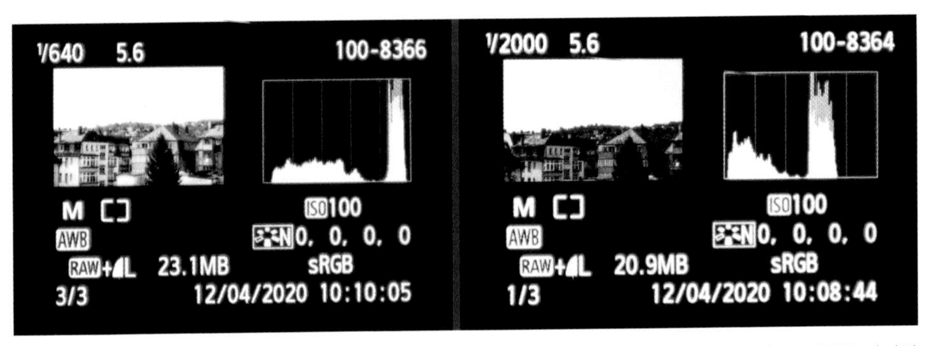

히스토그램을 통해 사진의 밝깃값의 분포를 알 수 있다. 왼쪽은 어두운 부분을, 오른쪽은 밝은 부분을 의미한다. 왼쪽 그림은 노출 과다이며, 오른쪽 그림은 적절하게 노출되었다.

부분의 픽셀이 130에서 180 사이의 밝깃값을 가지고 있다는 사실을 보여 준다. 천체 사진에서 통용되는 일반적인 규칙에 따르면, 히스토그램의 분폿값은 가장 아랫값(노출 부족)과 가장 위 끝(노출 과다)에 있으면 안 되며, 이상적으로는 하단의 4분의 1에서 3분의 1에 있어야 한다.

노출의 길이는 조리개와 감도 이외에도 하늘의 밝기에 따라 조절되어야 한다. 도시의 하늘은 밝으며 따라서 짧은 시간으로도 노출 과다에 이를 수 있으며, 더 적은 수의 별만을 알아볼 수 있다. 따라서 어두운 하늘이 있는 장소를 찾아 촬영하는 것이 좋다. 10초로 시작해서 촬영할 때마다 노출시간을 2배씩 늘려 보자. 어디서 멈추어야 하는지는 ISO 값에 달렸다. 15분 뒤면 어떤 식으로든 멈추게 될 것이다. 사진 속 하늘의 밝기가 지나치게 밝거나 카메라 센서의 감도로 인한 노이즈가 너무 심해지기 때문이다. 여기에서 촬영 직후에 카메라의 디스플레이나 컴퓨터, 모니터를 통해 촬영본을 볼 수 있다는 디지털카메라의 장점이 드러난다.

촬영을 할 때마다 관측일지에 날짜와 시간, 시간대(중유럽 시간대 등), 피사체, 초점거리와 조리개, ISO 값과 노출시간을 기록한다. 이때 하늘을 가장 잘 알아볼 수 있는 사진이 노출시간이 적절한 사진이다. 이것이 장소에 대한 표준 노출값이며, 차후에 활용할 수 있도록 관측일지에 기록하는 것이 좋다. 물론 이는 자동적으로 사진 정보에 저장되기 때문에 밤중에 갑자기 노트에 적지 않아도 나중에 컴퓨터로 읽어낼 수 있다.

노출시간을 다르게 해서 여러 장을 찍어 보면 적절한 노출시간을 알 수 있다.

특정 노출시간을 넘기지 않는 한(아래 표 참고) 별들은 점 모양을 유지한다.

이 매우 긴 오리온자리의 별자국 사진에서는 명확하게 다른 색의 별을 볼 수 있다.

천구의 극의 천체 회전운동 등 몇 시간에 걸쳐 긴 별자국 사진을 촬영하고자 한다면 이는 문제되지 않는다. 노출시간을 몇 분으로 설정한 DSLR 카메라로 연이어 여러 장을 촬영한 후, 차후 컴퓨터를 이용해 합치면 긴 꼬리를 가진 별의 사진이 만들어진다.

별이 점으로 나타나는 사진을 찍고 싶다면 ISO 800, 1,000, 1,600 등 감도를 높게 설정해야 한다. 노출은 하늘의 움직임이 찍히지 않을 정도로 최소화해야 한다. 별이 점으

고정된 카메라 기준 최대 노출시간

초점거리(mm)	최대 노출시간(초)		
	적위 = 0°	적위 = 45°	적위 = 60°
14	14	20	28
20	10	14	20
24	8	11	16
50	4	6	8
80	2.5	3.5	5
100	2.0	2.8	4
200	1.0	1.4	2
300	0.7	0.9	1.4
500	0.4	0.6	0.8

초점거리에 따른 화각

초점거리(mm)	하프 포맷 센서(18 mm × 24 mm)	풀 포맷 센서(24 mm × 36 mm)
28	32.7° × 46.4°	46.4° × 65.5°
30	30.9 × 43.6	43.6 × 61.9
50	19.8 × 27.0	27.0 × 39.6
80	12.7 × 17.1	17.1 × 25.4
135	7.6 × 10.2	10.2 × 15.2
180	5.7 × 7.6	7.6 × 11.4
300	3.4 × 4.6	4.6 × 6.9
500	2.1 × 2.8	2.8 × 4.1
1,000	1.0 × 1.4	1.4 × 2.0
2,000	0.5 × 0.7	0.7 × 1.0

로 나타나는 사진의 최대 노출시간은 초점거리와 피사체의 적위에 따라 다르다.

앞의 표에서 우리는 고정된 카메라로 천체를 촬영하는 것이 큰 소용이 없다는 사실을 알 수 있다. 조리개가 4에서 5.6으로 낮은 망원 혹은 줌렌즈의 빛 감도가 낮고 카메라가 고정되어 있을 때, 별이 한 장소에 가만히 있는 시간은 매우 짧기 때문에 노출시간 또한 상대적으로 짧을 수밖에 없다.

이 때문에 고정된 카메라로는 빛을 많이 받을 수 있는 조리개 1.4에서 2.8 사이의 광각이나 일반 렌즈를 사용한다. 위 표는 다양한 초점거리와 사진 포맷에 따른 화각 크기에 대해 보여 준다.

일반적인 DSLR은 소위 말하는 하프 포맷 센서(APS-C 포맷, 약 18 mm×24 mm)를, 훌륭한 모델은 35 mm 형식의 풀 포맷 센서(24 mm×36 mm)를 가진다. 디지털카메라의 센서가 작으면 초점거리가 같아도 화각이 좁아지게 되며, 사실상 초점거리가 짧은 것이나 다름없다. 사진의 선명도는 사진의 크기와 관련이 있으며, 대부분 더 큰 화소(픽셀)를 사용할 수 있는 풀 포맷 센서가 더 좋다. 좀 더 비교하기 쉽게 이야기하자면, 달은 0.5도의 지름을 가지며, 오리온의 베텔게우스와 리겔을 연결하는 선은 19도다.

추적 가능한 카메라로 촬영하기

천체 추적 촬영은 적도의식 추적장치를 통해 이루어진다. 이러한 장치는 망원경이나 카메라가 정확하게 움직이는 천체를 좇을 수 있도록 돕는다.

추적을 통한 천체 사진 세계에 입문하는 데 거대한 망원경과 거대한 장치는 필요하지 않다. 처음에는 작은 기구와 작은 적도의식 가대로도 충분하다.

사진용 삼각대 단순한 취미로 접하고자 하는 사람이라면 나무로 직접 가대를 제작할 수도 있다. 대충이나마 천구의 극을 향하게 설치한 후 손으로 움직여 천체를 추적한다. 인터넷에서 'barndoormount(또는 barndoor-tracker)'라는 키워드로 검색하면 조립설명서에 대한 정보를 얻을 수 있다. 전문점에서는 모터와 배터리가 달린 추적장치를 구매할 수 있다. 금속으로 이루어진 이러한 장치는 부피에 비해 무게가 가볍다(184페이지 왼쪽 그림 참고).

적도의식 가대 대부분 망원경을 위해 제작된다. 망원경을 통해 별에 대한 카메라의 정확한 추적을 제어하고 정정할 수 있다. 이를 통해 사진의 초점거리를 넓히고 노출시간을 늘릴 수도 있다. 이와 같은 천문 추적 촬영에는 두 가지가 존재한다.

1. 작은 망원경은 추적장치로 사용하고 카메라 렌즈를 통해 촬영하기-특히 초보자에게 적합하다. 하지만 경험이 많은 천체 사진가 또한 상대적으로 넓은 화각에서 더 '깊은' 촬영본을 얻기 위해 이러한 기구를 사용한다.
2. 망원경을 망원렌즈로, 보조 망원경을 추적장치로 사용하기-첫 번째 방법을 익힌 초보자나 숙련자에게 적합하다.

적위축에 장착하는 금속판을 이용하면 카메라와 망원경을 나란히 장착할 수 있다. 이러한 방법으로 다수의 카메라를 장착하는 것 또한 가능하다. 판 위에 달린 안정적인(!) 볼 조인트에 카메라를 장착하는 것이 가장 이상적이다. 이렇게 하면 볼 조인트를 움직임으로써 카메라가 매우 정확하게 피사체를 향하게 만들 수 있다.

다른 방법은 카메라를 곧장 망원경 경통 위에 고정하는 것이다. 이와 관련된 부품 또한 전문점에서 찾아볼 수 있다. 이외에도 하나 혹은 여러 대의 카메라를 무게추 대신 적위축 반대편 끝에 고정할 수도 있다. 이렇게 하면 무게는 줄어들지만 적위축을 중심으로 회전할 때 무게추가 움직이면서 카메라가 회전할 수도 있다. 물론 모든 제품에서 이런 일

초점거리가 짧은 촬영을 위해서는 카메라용 삼각대로도 충분하다. 삼각대와 카메라 사이는 고정되며 모터를 통해 자전을 상쇄할 수 있다.

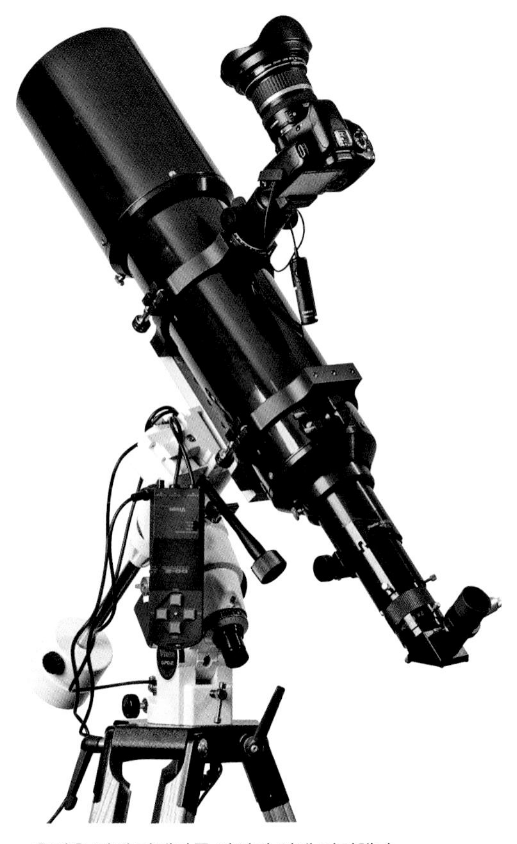

추적을 위해 카메라를 망원경 위에 거치했다.

이 일어나는 것은 아니다.

정밀 추적을 통한 사진 촬영

모터를 통해 정확하게 피사체를 추적했다면, 별은 정확히 카메라 센서 속에 한 점으로서 존재할 것이다. 하지만 모터의 움직임이 언제나 정확하지는 않기 때문에 이러한 일은 매우 드물다. 카메라로 피사체를 정밀하게 추적하기 위해서는 섬세한 움직임이 필요하며, 여기에는 두 가지 방법이 존재한다.

1. 망원경에 평행하게 장착된 십자선 파인더와 눈을 이용해 시각적으로 별의 위치를 조정한다. 단순한 십자선, 이중 십자선, 망선, 반사 십자선 등 여기에도 다양한 방식이 존재한다. 십자선 파인더의 배율은 최대 배율 이하여서는 안 되며 원하는 목표를 이루기 위해 더 높여야 할 수도 있다.

노출 시 천체가 정확히 십자선 중앙에 오도록 설정해야 할 뿐만 아니라 이 위치를 고수해야 한다. 가대의 추적 기능은 이

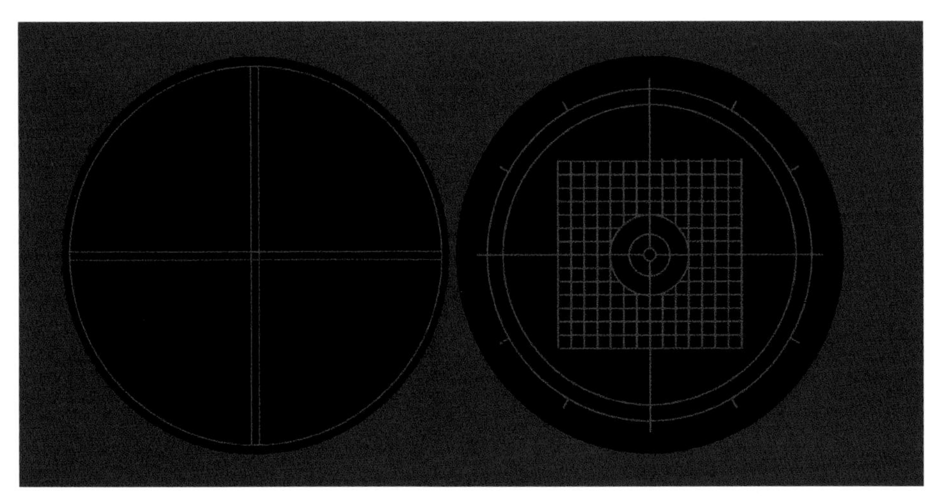

십자선 파인더의 다양한 십자선

카메라 렌즈와 열린 조리개를 이용해 촬영하는 경우에는 가장자리에 그림자가 나타난다(왼쪽). 조리개를 1~2로 설정하면 이를 피할 수 있다(오른쪽).

를 위해 사용된다. 촬영 초점거리가 길수록 더 정확한 추적이 필요하다. 별이 십자선에서 전혀 벗어나지 않는 것이 가장 이상적이다. 얼마나 추적이 정확해야 할까? 이는 실험을 통해 알아볼 수 있다. 남쪽 방향에 있는 한 별과 천구의 적도 근처에 있는 한 별을 고른다. 그러고는 일반 접안렌즈를 십자선 접안렌즈로 바꿔 끼운다. 추적 기능이 꺼져 있는 경우, 별은 1초에 15각초씩 움직일 것이다. 이를 통해 십자선 접안렌즈에서의 최대 추적 허용 오차 거리를 쉽고 빠르게 알아볼 수 있다.

2. '오토가이더'를 사용한다. 오토가이더는 초기 위치에 대한 별의 움직임을 감지하고 가대에 부착된 전자 제어장치와의 연결을 통해 추적을 보정하는 전자장치다. 전문점에서는 여러 제조사에서 출시한 다양한 성능의 오토가이더를 찾아볼 수 있다. 이러한 장치는 접안렌즈 대신 망원경에 장착되

일반 렌즈와 추적장치를 이용해 촬영한 거문고자리

며, 망원경에 맺히는 상을 촬영하는 감도가 높은 소형 카메라라는 공통점을 갖는다. 이러한 기기는 짧은 시간 동안 사진들을 비교한다. 관측하고자 하는 별의 위치가 변화하면 가대의 제어장치가 이를 파악하고 천체의 상이 원래의 위치에 맺히도록 망원경을 조절한다. 이런 방식을 통해 가지고 있는 DSLR로 정확하게 추적된 상을 촬영할 수 있으며, 별은 장노출 사진에도 점 모양을 유지할 수 있다.

너무 긴 초점거리를 갖는 장치로 입문하는 것은 초보자들이 자주 저지르는 대표적인 실수다. 이러한 기기로 만들어 내는 결과는 처음부터 만족스러울 수 없으며(훌륭한 천체 사진을 촬영하기 위해서는 특히 많은 연습이 필요하다), 이로 인해 취미에서 오는 즐거움을 잃어버리기 십상이다. 짧은 초점거리를 갖는 기구에서 긴 초점거리를 갖는 기구로 천천히 옮겨 가도록 하자. 여기에서 '짧은' 초점거리를 갖는 기구란 광각 혹은 일반 렌즈로 시작하라는 의미다. 대부분의 촬영본에 만족할 수 있게 되면(노출, 선명도) 간단한 망원렌즈를 시도해 보자. 여기에 익숙해지면 작은 망원경을 이용한 촬영을 시도해 본다. 이러한 단계적 접근은 성공에서 오는 성취감, 성장, 무엇보다 즐거움을 보장한다.

렌즈의 이미지 품질을 향상시키기 위해서는 조리개를 한 단계 혹은 반 단계씩 낮춰 보고 노출시간을 2배 혹은 3배로 늘려 본다 (185페이지 아래 그림 참고).

연속 촬영

촬영 시 단 하나의 실수도 없었다 하더라도 천체를 찍은 단일 사진은 강한 노이즈 때문에 불만족스럽기 마련이다. 노이즈는 ISO 값이 높을수록 강해지며, 천체 사진에서 ISO 값은 400에서 1,600 사이가 권장된다. 좋은 결과물을 얻는 가장 좋은 방법은 똑같은 추적 사진을 가능한 한 많이 찍어서 차후 사진 보정 단계에서 통합하는 것이다. 더 많은 사진을 합칠수록, 정확히는 사진 수의 제곱근으로 노이즈는 줄어든다. 다시 말해 25장의 사진을 통합하면 노이즈는 5분의 1로 줄어든다. 이는 분명 명확한 차이이다.

망원경을 이용한 촬영

여기에서는 중간 초점거리와 긴 초점거리를 이용한 촬영을 구분할 필요가 있다. 중간 길이의 초점거리를 위해서는 망원경을 망원렌즈로 활용하며, 긴 초점거리를 위해서는 추가적으로 강화렌즈가 사용된다.

이때 망원경에서 접안렌즈를, 카메라에서는 렌즈를 분리해 사용한다. 전문점에서는 카메라 본체를 접안렌즈 연결부에 고정하기 위한 연결 어댑터를 구매할 수 있다. 태양이나(망원경 앞에 태양 필터를 장착하는 것을 잊지 말자) 흑점, 달의 상, 금성의 상, 목성과 목성의 위성들, 성단과 성운 등 이러한 종류의 사진 촬영을 위한 피사체는 차고 넘친다.

여기에서 초점거리는 짧은 반사 망원경의 경우 약 500 mm, 뉴턴식 망원경에서는 800 mm, 시중에서 쉽게 찾아볼 수 있는 슈미트 카세그레인식 망원경에서는 2,000 mm 등 다양하다. 거대한 아마추어 망원경은 대개 긴 초점거리를 갖는다.

노출시간은 피사체에 따라 결정된다. 태양이나 달을 촬영할 때는 1초 이하의 짧은 노출시간으로도 충분하며, 이중성이나 행성의 위성을 촬영할 때는 몇 초에서 몇 분의 노출시간이 필요하다. 성단이나 성운에서 밝은 중심 부분 이외에 다른 부분까지 담아내고자

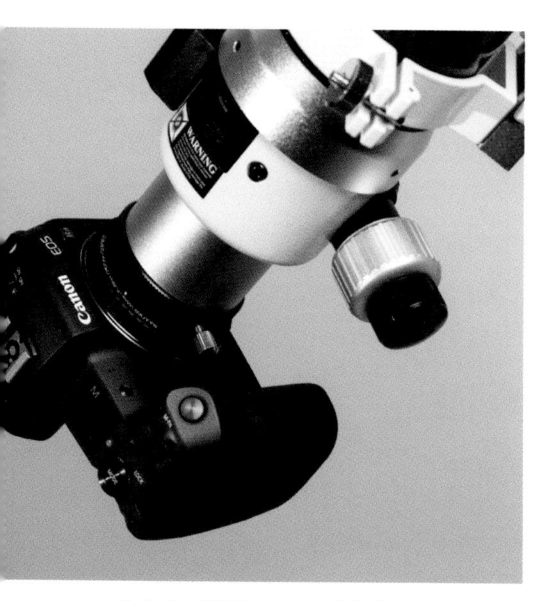

초점 사진: 망원경을 거대한 망원렌즈로 사용한다.

1,100 mm 초점거리를 가진 망원경과 DSLR 카메라를 이용한 달 사진

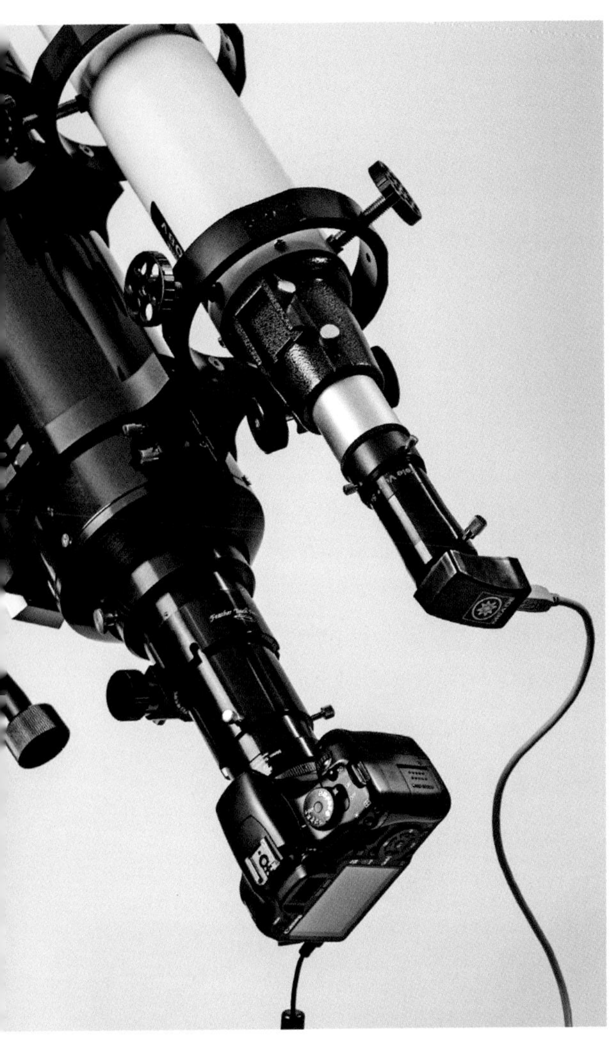

오토가이더 카메라가 달린 보조 망원경은 파인더로서 추적 제어장치로 활용된다.

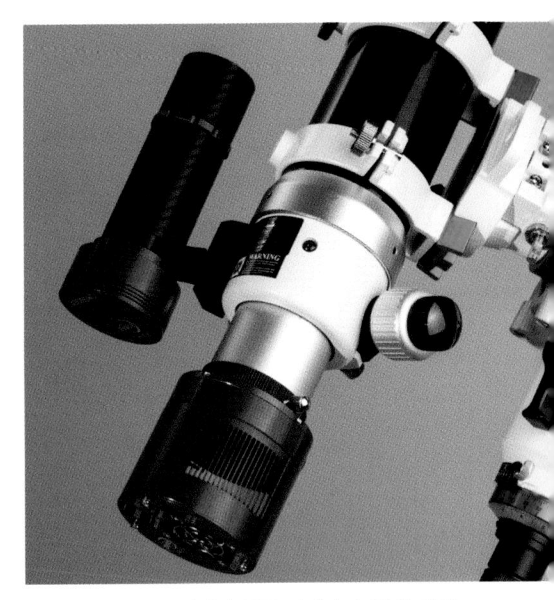

큰 붉은 카메라는 냉각식 천문 카메라다. 작은 파인더에 장착된 작은 카메라는 추적장치로 활용된다.

한다면 더 긴 노출시간이 필요하다. 광각렌즈를 통한 촬영과 마찬가지로 망원경을 이용한 촬영 또한 경곗값이 존재한다. 이때 사진에서 하늘의 배경이 식별 가능한가 여부가 경곗값을 결정한다.

노출시간이 길어질수록 좋은 사진을 얻기 힘들어진다. 초점거리가 긴 경우에는 굉장히 정밀한 추적이 필요하다. 노출시간이 짧은 경우에는 가대의 모터만 괜찮다면 여기에 맡길 수 있다(이는 모터가 흔들리거나 덜컹거리지 않고 일정한 속도로 움직이는 것을 의미한다). 노출시간이 길면 잘 제어되고 통제된 추적이 필요하다.

여기에는 두 가지 방법이 존재한다. 먼저 보조 망원경을 주 망원경과 평행하게 거치하고 십자선 파인더나 오토가이더를 통해 추적하는 것이다. 두 번째는 소위 말하는 '비축 가이딩Off-Axis-Guiding'이다. 여기에는 비축 어댑터가 필요하며, 전문점에서 구할 수 있다. 이는 카메라 앞 주 망원경의 접안렌즈 접합부 안에서 빛의 경로 일부가 측면으로 반사시키며, 십자선 파인더나 오토가이더를 통한 추적에 활용된다. 매우 믿을 수 있고 정확한 해결책이지만 실전에서는 기준 별이 부족하므로 번거롭게 느껴질 수 있다.

더 나은 사진을 얻기 위한 촬영

카메라 렌즈에서 이미지 품질, 특히 사진 가장자리의 비네팅은 조리개를 닫음으로써 해결할 수 있다. 하지만 망원경을 이용해 촬영하는 경우에는 이러한 방법을 사용할 수 없다. 이때는 사진의 바탕을 균일하게(= 플랫하게) 비추기 위해 소위 말하는 '플랫필드 보정 flatfield correction'을 사용한다. 여기에도 마찬가지로 다양한 기술이 존재한다. 플랫필드 촬영을 위해서는 망원경의 개구에 흐릿한 빛만이 통과해야 한다. 망원경 개구에 종이 몇 장을 겹쳐 고정하는 방법이 대표적이다. 이때도 노출은 망원경을 통한 천문 촬영과 마찬가지로 이루어진다. 다만 ISO 값과 노출시간은 플랫필드를 사용하는 경우 전반적으로 회색빛이 돌도록 조절할 수 있다. 노이즈를 낮추기 위해서는 이러한 방법으로 여러 번 촬영한 뒤 사진 보정 프로그램을 이용해 보정해야 한다(192페이지 '디지털 사진 보정' 편 참고). 전문점에서는 촬영을 위한 기성품도 찾아볼 수 있다. 이곳에서 판매하는 라이트 패널은 밝기를 조절할 수 있으며, 크기도 다양하고, 위와 마찬가지로 흐릿하게 빛난다- 참으로 실용적이다.

소위 '다크dark'라고 하는, 매우 어두워 아무것도 보이지 않게 찍은 영상 기록은 관측 자료의 보정(캘리브레이션)에 있어서 아주 중요하다. 이러한 다크 영상 기록을 (소프트웨어를 이용한) 영상 처리 과정에서 제거해 줌으로써 카메라 내부 자체가 가지는 영상을 제거하는 데 도움을 준다.

플랫필드 촬영을 위해서는 전문점에서 구할 수 있는 라이트 패널을 사용하는 것이 가장 좋다.

천문 관측 영상 보정 과정에는 바이어스bias, 다크dark, 플랫flat 등의 개념이 있다. 여기에는 두 가지 방법이 존재한다. 첫 번째는 천체 사진 촬영 전에 카메라 사전 설정에서 '장노출 촬영 시 노이즈 감소' 기능을 선택하는 것이다. 그러면 카메라가 (약 1초 이상의) 모든 장노출 사진 촬영 이후 자체적으로 암흑 사진을 촬영한 뒤, 직전에 찍은 천체 사진에서 이를 제할 것이다. 더 좋은 방법은 두 번째 방법으로, 천체 사진 연속 촬영을 마치고 천체 사진 촬영 때와 같은 노출값으로(하지만 망원경이나 렌즈 뚜껑을 덮고) 별도의 암 사진을 연속 촬영하는 것이다. 이를 통해 사진 보정 시 암전류를 파악해 소프트웨어의 이미지 보정에 활용할 수 있다. 이미지 보정을 위해 소위 말하는 '바이어스' 촬영을 하는 것도 추천된다. 이는 닫힌 카메라를 이용한 촬영으로, 일반적인 사진 촬영 시와 같은 ISO 값으로 카메라의 가장 짧은(!) 노출시간 동안 촬영하는 것이다. 더 자세한 설명은 '디지털 사진 보정' 편에서 다루기로 한다.

장 초점거리와 사진 촬영

태양 흑점이나 달의 표면, 혹은 비교적 작은 행성의 표면을 포착하고자 할 때는 2 m가 넘는 매우 긴 초점거리가 요구된다. 카메라 액세서리인 텔레컨버터tele-converter로도 충분하지 않고, 망원경의 초점거리도 짧은 경우에는 어떻게 초점거리를 늘려야 할까? 일단 망원경 접안렌즈 접합부에 바로우 렌즈를 장착한다. 이는 짧은 광학기구로, 망원경의 초점거리를 늘려 준다. 여기에는 1.5×부터 5×까지 다양한 배율이 존재한다. 일부 바로우 렌즈의 경우, 렌즈에서 카메라 사이의 거리를 조절함으로써 초점거리를 변경할 수 있다.

바로우 렌즈 뒤의 거리가 짧으면 연장되는 초점거리는 '짧아진다.' 다시 말해 렌즈의 값이 2더라도 거리가 길면 4에서 5값만큼의 연장 효과를 얻을 수 있다. 여기에서 더 나아가는 것은 의미가 없다. 거리는 바로우 렌즈와 카메라 어댑터 사이에 끼우는 하나 혹은 다수의 연장 커넥터에 의해 결정된다. 물론 망원경의 상 품질을 저하시키지 않기 위해서는 품질이 좋은 광학 부품을 사용해야 한다. 이렇게 초점거리가 길어지면 피사체의 상도 확대된다. 초점거리는 '기본 초점거리'라고 불리며, 망원경의 '유효 초점거리'와 대조된다. 이제 우리는 천체 사진 촬영 고급반에 입문한 것이다.

이제 풀어야 할 숙제는 초점 잡기다. 초점거리가 늘어날수록 물체는 어두워지고, 노출 시간은 길어진다. 초점거리가 길수록 가대는 안정적이고, 추적도 정밀해져야 한다. 이 문제를 해결하는 것은 경험이 풍부한 아마추어 천문학자들에게도 큰 숙제지만 체계적인 촬영과 인내심을 통해 해결할 수 있다.

망원경과 휴대전화를 이용해 촬영하기 위해서는 접안렌즈를 무한초점 투사기로 사용한다.

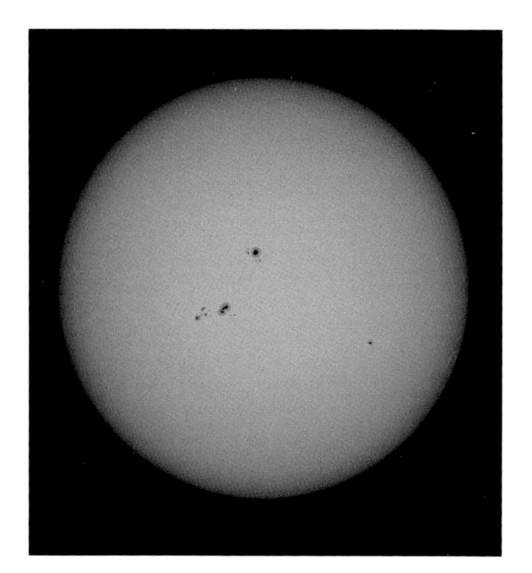

망원경 뒤에 장착한 무한초점 36 mm 카메라로 얻은 두 사진. 오른쪽은 반달, 위는 태양과 흑점이다.

망원경과 36 mm 카메라 혹은 휴대전화를 이용한 촬영

렌즈를 갈아 끼울 수 없는 디지털 카메라로도 망원경의 긴 초점거리를 이용할 수 있다. 이러한 방법을 '무한초점식 사진 촬영'이라고 한다. 이때 클램프를 이용해 망원경의 접안렌즈 뒤에 카메라와 렌즈를 장착할 수 있다. 물론 휴대전화용 고정 장치 또한 찾아볼 수 있다. 이를 통해 카메라는 관측자가 접안렌즈를 통해 관측하는 것과 동일한 상을 '보게' 된다. 망원경, 접안렌즈, 카메라로 구성된 장치의 유효 초점거리(f_{eff})는 배율(V)과 카메라 렌즈의 초점거리(f_{obj})를 통해 나타낼 수 있다.

$$f_{eff} = V \times f_{obj}$$

40배율의 접안렌즈와 100 mm 줌 카메라를 이용하면 4 m의 초점거리를 얻을 수 있다. 카메라는 접안렌즈와 가능한 한 가까이 장착되어야 한다. 100분의 1초의 짧은 노출 시에는 접안렌즈 뒤에서 손으로 카메라를 고정할 수도 있다. 카메라가 접안렌즈 뒤에 잘 고정되어 있다면, 망원경의 초점 조절장치를 이용해 초점을 잡는다. 카메라의 오토포커스 기능은 달이 프레임을 가득 채우는 정도가 아니면 잘 작동하지 않으며, 차라리 끄는 편이 현명하다. 초점은 초점 조절장치를 이용해 설정하며, 카메라 디스플레이와 여러 장의 연습 촬영이 필요하다. 달의 명암 경계선이 사진 중앙에 있다면 잘 조정한 것이다. 달 촬영을 위해 카메라 렌즈의 초점을 무한으로 맞추고, 배율은 최대로 설정한다(달이 온전히 화각에 들어오도록). 디지털 줌은 사용하지 않는 것이 좋다! 초점 조절장치를 사용해 달의 구조가 카메라 모니터에 뚜렷하게 나타나도록 하고, 사진 품질은 가장 높게 설정한다. 잊지 말아야 할 점은, 망원경을 통한 촬영의 노출시간이 100분의 1초를 넘어가는 경우에는 모터를 이용한 추적이 필요하다는 것이다.

태양을 촬영하는 경우에는 태양 필터를 망원경 앞(!)에 장착해야 하며, 노출 조건은 달과 유사하다.

디지털 사진 보정

천체 사진을 촬영할 때는 더 많은 빛을 모으기 위해 다수의 사진을 병합한다. 그런 다음 소프트웨어를 통해 이렇게 나온 사진의 대비, 색조, 선명도를 조절한다.

이제부터는 망원경이나 카메라 렌즈를 통해 촬영한 천체 사진에 대해 다룬다. 이후 컴퓨터를 이용해 천체 사진을 보정하고자 한다면 먼저 적합한 포맷에 대해 생각해야 한다. 카메라로는 RAW와 JPG 포맷 중 하나를 선택할 수 있다. 후자는 저장 공간을 아낄 수 있지만 사진 품질에 손상을 가져온다. 분명 우리가 원하는 것은 아니다. 따라서 후작업을 하고자 할 때는 RAW 포맷이 더 적합하다. 카메라 제조사의 소프트웨어나 사진 편집 프로그램을 이용하면 RAW 포맷의 단일 사진을 TIF 포맷(16비트)으로 전환할 수 있다. 이 포맷은 보정에 매우 적합하다.

첫 번째 단계는 카메라의 메모리카드에 기록된 모든 영상들을 PC의 하드디스크에 있는 폴더에 복사하고, 그 기록들을 확인하는 것이다. 저장된 기록의 대부분은 '빛light'들, 즉 촬영한 천체들의 영상 기록일 것이다. 만약 보정 과정에 필요한 것들도 촬영했을 경우에는 플랫과 다크 기록들이 있고, 카메라를 촬영할 때 아무런 노이즈 제거를 선택하지 않았다면 바이어스 기록도 그 안에 있을 것이다. 이러한 다양한 유형의 기록들은 별도의 폴더에 저장해 두는 것이 좋다.

몇 가지 예외적인 경우가 아니라면, 오직 '실수 없는' 사진만을 보정하도록 한다. 그렇다면 '실수 없는' 사진이라는 것은 대체 무엇일까? 천체 사진은 천체를 잘 추적한 사진을 의미하며, 흔들려서는 안 된다. 모든 별은 길게 끌리거나 불분명한 형태가 아닌, 점의 형태를 가져야 한다. 사진의 초점은 잘 맞춰져 있어야 하며, 선명해야 한다. 노출 또한 적당해야 한다. 노출 과다 사진, 예를 들어 물체가 너무 밝은 사진은 필요하지 않다. 노출 부족인 사진, 예를 들어 하늘이 완전히 검게 보이는 사진도 마찬가지다. 구름 덮인 사진 또한

1. 무보정 APS-C 센서 풀 스크린 형식의 단일 노출 사진. 망원경 초점거리는 1,100 mm, 인공위성의 흔적이 보인다.

(대부분) 배제된다. 개별 사진을 검사해 실수가 없는지 확인해야 한다.

이제 편집을 할 시점이다. 별 사진의 경우, 초점거리와 상관없이 단일 사진을 병합한다. 이를 스택stack이라고 한다. 스택은 '쌓다'를 의미하는 영어 단어다. 이렇게 모든 적합한 사진을 맞추어 쌓고 병합한다. 결과물의 노이즈는 단일 사진에 비해 매우 낮다. 2분씩 노출한 개별 사진이 100개라면 전체 노출시간은 100×2분 = 200분이 된다. 노이즈는 개별 사진 노이즈의 10분의 1로 줄어든다.

좋은 프로그램으로는 'Deep Sky Stacker'나 'Regim'을 꼽을 수 있다. 이를 통해서는 차후 통합적인 사진 보정 프로그램에 사용될 수 있도록 전체 사진의 기본적인 보정만이 가능하다. 여기에는 이외에도 PixInsight 등 수많은 스태킹 프로그램이 존재한다. 스태킹 프로그램은 개별 사진을 자동으로 정렬하고 flats, darks, bias 등 보정용 사진을 적용한다. 공식은 다음과 같다.

결과 = (light − dark)/(flat − bias)

결과물은 '보정된 영상'이라고 부르기도 한다. 이러한 후작업을 통해 사진 자체가 아니라 사진 속 점(픽셀)들에 할당된 밝깃값이 더해지거나 나누어지기 때문이다.

결과물에는 방해물이 존재해서는 안 된다. 즉 별은 점 모양이어야 하며, 비네팅은 없어야 한다. 필요한 경우 날아가는 유성이나 비행기 혹은 (자주 나타나는) 위성은 스태킹 설정 중 '중간 값median'을 선택함으로써 없앨 수 있다. 이제는 밝기 및 색상 그래디언트를 조절할 차례다. 사진 속 고르지 않은 하늘(빛공해, 황혼) 및/혹은 외부 조명(가로등)으로 인한 배경 밝기 변화(그레디언트)를 없애 준다.

스태킹 단계를 통해 나온 결과물은 전혀 아름답지 않다. 뒷배경은 너무 어둡고, 피사체도 마찬가지며, 대비는 너무 낮다. 간단한 보정 프로그램을 이용하면 사진의 밝기와 대비를 조절할 수 있다. 이러한 과정 이후에는 노이즈가 많은 개별 사진보다는 훨씬 나은 결과물을 얻을 수 있으며, 가스성운 등 훨씬 더 약한 구조도 식별할 수 있다. 피사체가 가운데에 오도록 사진을 자를 수도 있다. 어도비의 포토샵 등 전문적인 사진 편집 소프트웨어는 각 사진 레이어 편집, 기타 노이즈 감소, 스무딩과 선명도 증가 등 더 많은 옵션을 제공한다. 이러한 소프트웨어는 굳이 비싼 값을 주고 구입하지 않아도 비교적 저렴한 월 요금으로 구독할 수 있다.

사진 편집자, 특히 초보자는 때때로 지나친 목표를 추구하곤 한다. 이렇게 과하게 보정된 사진의 대표적인 예는 대비가 너무 심하거나 과하고 잘못된 색깔, 지나치게 선명도를 높인 구조 혹은 '다리미로 다린 듯 매끈한' 하늘 등이 존재한다. 노이즈는 자연스러운 것이며, 완전히 없애서는 안 된다. 노이즈를 지나치게 없앤 천체 사진은 너무 부자연스럽고 이상해 보일 뿐이다.

194페이지의 사진들은 4분 동안 노출해 촬영한 성운 NGC 2261의 개별 사진(외뿔소자리에 위치한 허블 변광성운)부터 완성본, 자주 발생하는 실수를 포함한 사진들이다.

2. 잘라낸 단일 사진

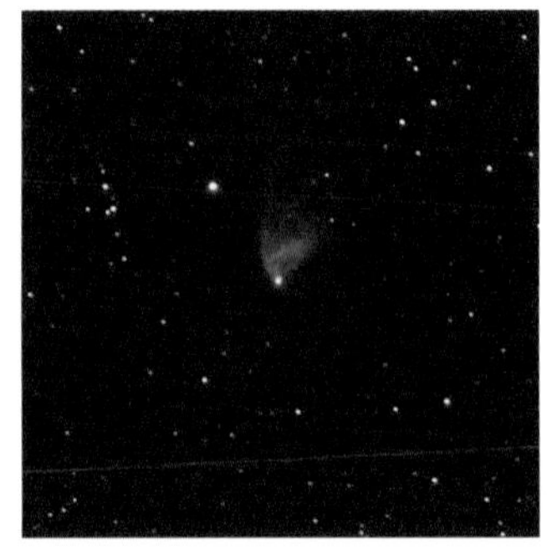

3. 단일 사진, 색깔과 대비를 보정, 뒷배경에 노이즈 강함

4. Deep Sky Stacker를 통해 스태킹을 한 합본, 18×4분 동안 노출, flats, darks, bias 촬영 보정. 스태킹 중 Median 필터를 사용해 한 사진에 나타난 방해물(인공위성) 제거

5. 합본, 대비 올림, 색깔 보정, 뒷배경의 노이즈 감소, 빛이 약한 별 및 성운의 필라멘트가 눈에 띈다.

6. 선명도를 지나치게 높인 경우

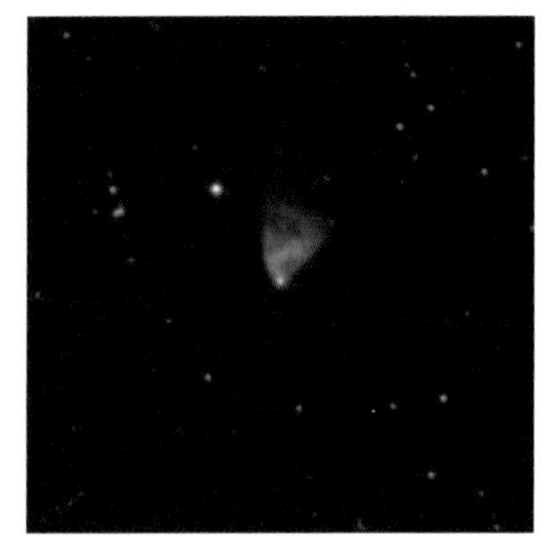

7. 스무딩을 지나치게 높인 경우

8. 대비를 지나치게 높인 경우

9. 하늘이 너무 어두운 경우

10. 완성된 사진

행성 사진과 장비

천문용 비디오카메라로는 디테일한 행성 사진을 촬영할 수 있다. 비디오 시퀀스를 통해 가능한 한 많은 사진을 촬영한 후 선별해 스태킹 과정을 통해 병합한다.

DSLR 카메라로 촬영하는 경우에는 초점거리가 길지라도 행성 표면은 이미지 센서 내에 매우 작게 나타나며, 거대한 사진 프레임 속 나머지는 사용되지 않은 채로 남겨진다. 당연히 행성 표면의 디테일은 알아볼 수 없다. 이를 위해서는 작은 센서 픽셀이 필요하다. 따라서 행성을 촬영하고자 할 경우에는 다른 종류의 카메라를 사용하는 것이 현명하다. 이러한 종류의 카메라는 DSLR과는 달리 다음과 같은 장점을 갖는다.

— 1초 동안 몇백 장의 사진을 촬영할 수 있는 비디오 촬영 기능
— 작은 픽셀과 높은 감도
— 작은 센서와 낮은 가격
— 작은 크기와 가벼운 무게

이러한 천문용 비디오카메라는 전문점에서 구할 수 있으며 Altair, Astrolumina, Atik, Celestron, The Imaging Source, ZWO 등 다양한 회사에서 제조된다. 대부분의 제품은 소프트웨어를 통해 컴퓨터로 제어할 수 있으며, USB 2.0이나 USB 3.1 규격으로 연결할 수 있다. 주의해야 할 점은 특정한 규격을 통해서만 카메라의 데이터를 전송할 수 있다는 점이다. 중고마켓에서 FireWire 규격의 카메라를 구입한다면 컴퓨터에도 이를 위한 포트가 있어야 한다. 이러한 포트를 통해 1초 동안 여러 개의 사진을 컴퓨터에 전송할 수 있기 때문에 '더 빠른' 규격을 사용하는 것이 좋다. USB 2.0은 오래전에 개발된 규격으로 속도가 느리기 때문에 USB 3.0이나 3.1을 사용하는 것을 권장한다. 비디오 파일을 '더 빠르게' 저장할 수 있는 SSD가 컴퓨터에 장착되어 있다면 더 많은 숫자의 행성 사진을 더 짧은 시간 안에 저장할 수 있다.

행성 촬영에는 큰 센서가 필요하지 않다. 카메라의 센서 크기는 3.6×2.7 mm에

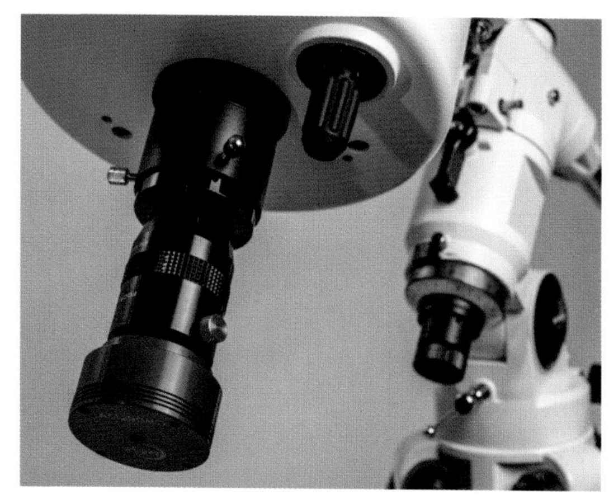

행성 촬영을 위해서는 천문용 비디오카메라가 사용되며, 대개 초점거리 연장을 위해 카메라와 망원경 사이에 바로우 렌즈를 장착한다.

작은 행성 촬영용 카메라는 포커서에 쉽게 장착할 수 있다. 여기에는 색록 방지를 위해 추가적으로 소위 말하는 ADC를 장착했으며, 초점거리를 연장하기 위해 플루오라이트 플랫필드 컨버터를 사용했다.

서 11.3×7.1 mm 사이, 픽셀의 수는 640×480픽셀에서 3,096×2,080 픽셀 사이면 충분하다. 최신 천문용 비디오카메라의 센서는 2.2~6 μm 크기의 픽셀을 갖는다. 이미지 센서의 단일 픽셀 크기가 작을수록 유효 초점거리와 노출시간은 짧아진다! 위 사진은 Astrolumina 컬러 비디오카메라로 촬영되었으며, 바로우 렌즈로 사용되는 Baader 플루오라이트 플랫필드 컨버터FFC를 통해 초점거리를 연장하고, 굴절 망원경 포커서에 2인치 연장피스를 장착했다. 카메라는 1과 4분의 1인치 어댑터를 통해 2인치 피스에 결합되었다. 연장되는 초점의 거리는 FFC와 카메라의 거리에 의해 결정된다. 이는 장착한 피스의 수를 통해 조절할 수 있다.

카메라에서 중요한 것은 프레임률과 비트 심도다. 프레임률은 초당 컴퓨터로 보내지는 사진(프레임)의 수를 의미한다. 컴퓨터 포트가 감당할 수 있는 속도가 너무 느리다면 데이터 정체로 인해 카메라의 성능을 온전히 활용할 수 없다. 행성이 또렷하게 보이는 시간은 길지 않기 때문에 짧은 시간 내 가능한 한 많은 단일 사진을 촬영하는 것이 중요하다. 예를 들어 초당 15프레임으로는 부족하며, 초당 200 이상의 프레임 정도면 충분하다. 저장된 단일 사진의 수가 많으면 '선명한' 사진도 더 많이 얻을 수 있다. 쓸 만한 단일 사진의 수가 많을수록 최종본의 노이즈도 적어지며, 보정을 통해 더 나은 사진을 얻을 수 있다. 카메라의 비트 심도는 얼마나 섬세하게 밝기 단계를 표현할 수 있는지를 알려 준다. 비트 심도가 8이면 카메라가 한 사진에서 $2^8 = 256$ 단계의 밝기 단계, 즉 0(검은색)에서 255(흰색)까지 나타낼 수 있다는 것을 의미한다. 비트 심도가 12면 $2^{12} = 4,096$ 단계를, 14면 검은색과 흰색 사이에 $2^{14} = 16,384$ 단

필터 휠을 사용하면 컬러 필터를 빠르게 교체할 수 있다.

계가 존재한다는 것을 의미한다. 밝기 단계의 수가 많을수록 사진 보정 시 더 섬세한 행성 사진을 얻을 수 있다. 8에서 14비트의 천문용 비디오카메라는 전문점에서 구할 수 있다. 2020년을 기준으로 전문점에서 판매되는 천문용 고속 카메라의 가격은 180~900유로 사이로, 카메라의 센서 크기와 픽셀 수, 비트 심도에 따라 차이가 난다.

행성을 또렷하게 볼 수 있는지 여부도 중요하다. 대기가 불안정하면 행성의 상도 '불안정'해질 뿐만 아니라 초점을 제대로 맞추기도 힘들어진다. 카메라를 제어하는 데 사용되는 노트북의 영향도 간과해서는 안 된다. 노트북은 무시할 수 없을 만큼의 열을 내뿜으며, 이로 인해 데워진 공기는 급격하게 상승한다. 이와 같은 '난로'가 주변에 있을 때 망원경을 통해 관측하는 것은 좋지 않다. 노트북이나 다른 열원(관측자 본인도 포함된다!)은 언제나 망원경 앞이 아닌 뒤에 위치해야 한다.

컬러 혹은 흑백 카메라?

비디오카메라에는 컬러와 흑백, 두 종류가 있다. 그렇다면 어떤 카메라를 사용하는 것이 좋을까? 컬러 카메라 센서에는 각 픽셀에 빨강, 초록, 파랑 색깔을 할당하는 필터 마스크가 장착되어 있다. 이를 베이어 매트릭스Bayer-Matrix라고 한다. 컬러 비디오카메라에서 세 가지 색깔의 픽셀은 전체 픽셀의 색상값을 보간하며, 이를 통해 컬러 사진이 출력된다. 픽셀이 결합되는 과정에서 이미지의 해상도(선명도)는 저하되지만 곧장 컬러 사진을 얻을 수 있다는 장점이 있다. 반대로 흑백 센서는 망원경을 통해 전달되는 빛을 동등하게 각 픽셀에 전달하며, 온전히 선명한 사진을 출력할 수 있다. 실질적으로 이러한 고민은 대기가 매우 안정적일 때만 의미가 있다. 일반적으로 최종본의 사진 선명도는 카메라의 베이어 매트릭스보다는 망원경의 해상도와 시야 상황에 따라 결정되기 때문이다.

흑백 카메라로 컬러 사진을 찍기 위해서는 빛이 빨강, 초록, 파랑 컬러 필터(RGB 필터)를 통과해야 한다. 각 컬러 필터는 순서대로 빛이 닿는 카메라 앞에 장착된다. 전문점에서는 다양한 크기의 RGB-표준 필터를 찾아볼 수 있다. 이때 행성의 상이 또렷하게 나타날 수 있도록 좋은 품질의 필터를 구매하는 것이 중요하다. 천문용 비디오카메라에는 포커서에 장착할 수 있도록 1과 4분의 1인치

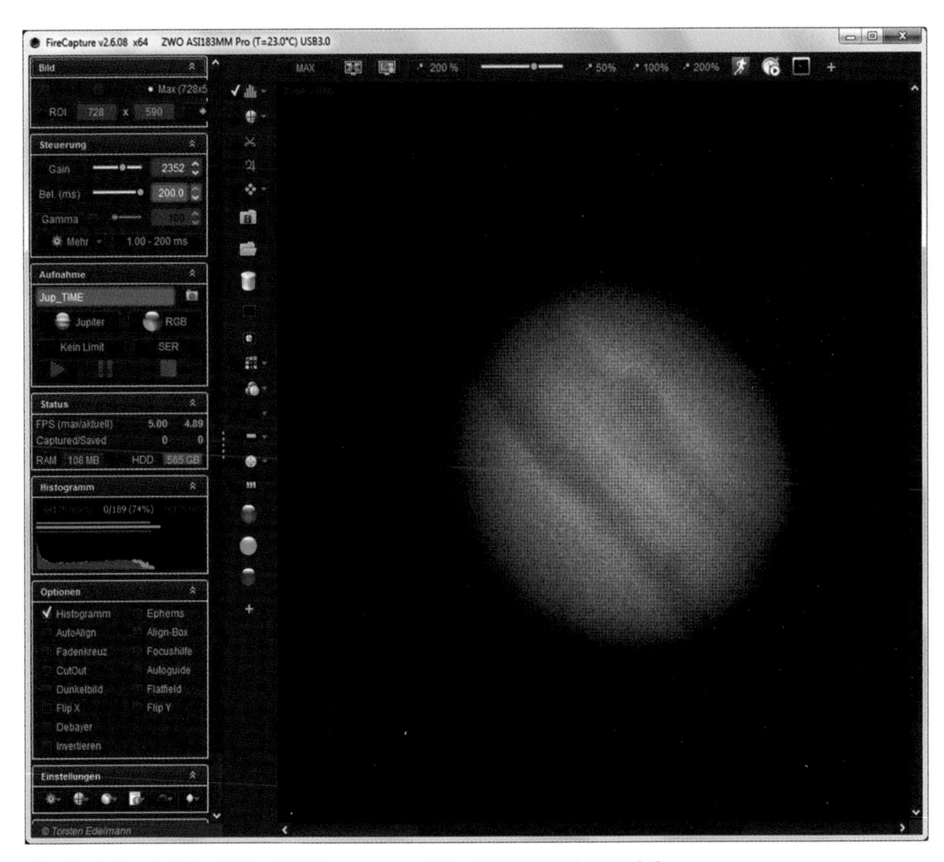

천문용 비디오카메라로 촬영 시 주로 Firecapture라는 소프트웨어가 사용된다.

의 연결 부품이 포함되어 있기 때문에 보통은 1과 4분의 1인치 지름의 필터가 적합하다.

빛의 경로에 필터를 고정하기 위해서는 나사를 이용해 필터는 카메라의 1과 4분의 1인치 어댑터에 장착하거나 필터 서랍이나 필터 슬라이드, 필터 휠을 사용한다. 이러한 부품은 카메라 앞, 포커서 안쪽에 장착한다(앞 페이지 그림 참고). 필터 서랍은 가장 저렴한 가격을 자랑하지만 각 필터에 장착되기 때문에 매번 필터를 교환해야 하는 번거로움이 있다. 필터 슬라이드에는 한 번에 여러 개의 필터를 장착할 수 있으며, 슬라이드를 통해 수동으로 필터를 움직일 수 있다. 필터 휠도 비슷한 방법으로 작동하며, 마찬가지로 관측 전에 여러 개의 필터를 장착할 수 있다. 필터 휠은 수동으로 움직이는 제품과 모터로 움직이는 제품이 있다. 이러한 부품의 장점은 필터를 갈아 끼울 때 카메라를 탈착할 필요가 없다는 점이다. 다시 말해 매번 초점을 새로 맞출 필요가 없으며, 카메라 방향도 바뀌지 않는다. 덕분에 차후에 수월하게 필터 촬영본을 하나의 컬러 사진으로 병합할 수 있다.

필터를 활용한 이러한 방식의 촬영은 매우 손이 많이 간다. 컬러 행성 촬영본을 얻기 위해서는 각각 R,G,B 색으로 촬영된 3개의 사진이 필요하다. 따라서 흑백 촬영과 비교했을 때 3배의 시간이 더 소요된다. 물론 컬러 카메라를 사용한 것보다는 더 나은 품질의 컬러 사진을 얻을 수 있다는 장점도 있다. 카메라를 통해 다음과 같은 방식으로 행성을 촬영한다고 가정해 보자.

— 카메라: 컬러
— 센서 크기: 7.4 mm×4.9 mm
— 픽셀 수: 3,072×2,048
— 픽셀 크기: 2.4 μm
— 비트 심도: 14
— 프레임률: 50~190프레임/초
— 커넥터: USB 3.0

이러한 카메라를 초점거리가 980 mm인 130 mm 구경의 굴절 망원경에 장착한다고 가정해 보자. 이 카메라는 USB 3.0을 통해 노트북에 연결하며, 노트북은 USB 3.0 포트를 갖추고 있으며, 하드 드라이브의 저장 공간 또한 충분하다고 가정한다. 컴퓨터와 카메라 사이의 거리가 2 m 이상이라면 카메라의 전송 신호가 약해지지(느려지지) 않도록 액티브 연장 케이블을 사용하는 것이 좋다. 카메라를 제어하기 위해서는 카메라 제조사가 제공하는 소프트웨어나 다양한 카메라를 제어할 수 있는 프리웨어인 FireCapture를 사용한다. 이제는 최적의 초점거리를 찾을 때다. 가정 속 카메라의 픽셀 크기는 0.0024 mm이며, 망원경은 1.0각초의 해상도

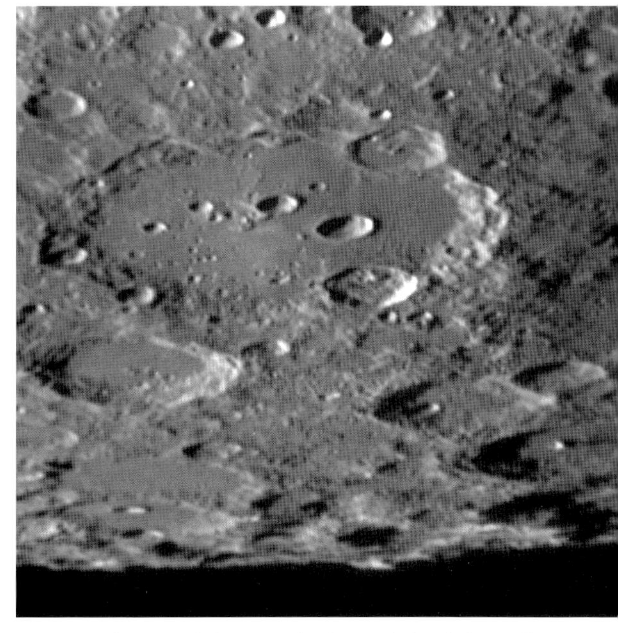

달의 크레이터인 클리비우스 주변. 천문용 비디오카메라로 촬영되었다.

를 가지고 있으므로 배율은 픽셀당 0.5각초 이하가 되도록 선택해야 한다. 초점거리가 980 mm인 경우, 24각초의 지름을 가진 행성의 상은 0.114 mm의 크기로 센서에 맺힌다. 가정 속 카메라에서는 48픽셀이 약간 넘는 크기다. 이때 1픽셀은 0.51각초를 갖게 되므로, 픽셀당 최대 0.5각초라는 조건에 매우 근접한다.

따라서 초점거리는 1.5배 연장되는 것만으로도 충분하다. 2× 바로우 렌즈를 이용하면 초점거리는 1,960 mm로 늘어나며, 배율은 픽셀당 0.26각초가 된다. 상당히 괜찮은 조건이다. 카메라 픽셀이 크면, 예를 들어 4.8 μm면 픽셀에는 0.26각초가 할당된다. 따라서 픽셀이 커질수록 망원경의 해상도를 활용하기 위해 필요한 초점거리도 길어진다.

행성 사진과 촬영

이제 모든 것이 준비되었다. 행성은 망원경 중앙에 위치하며, 추적 기능이 작동하고, 케이블도 연결되었다. 카메라 프로그램은 컴퓨터에서 구동 중이며, 소프트웨어는 카메라를 인식했다. 이제 어떻게 행성을 촬영해야 할까?

짧은 시간 내에 가능한 한 많은 사진을 찍어야 하기 때문에 비디오카메라를 사용해야 한다. 카메라가 행성을 제대로 향하고 있다면 컴퓨터 모니터를 통해 카메라에 맺히는 행성의 상을 볼 수 있을 것이다.

설정하기

이 시점에서 상은 또렷하게 맺히지 않는다. 따라서 먼저 포커서를 통해 초점을 맞춰야 한다. 이는 쉽지 않을 수 있다. 사진에는 어쨌거나 노이즈가 강하고, 행성의 상은 대기 불안정으로 인해 흔들리기 때문이다.

이제 단일 사진의 노출시간과 프레임률, 감마값과 게인을 설정해야 한다. 노출시간이 너무 짧으면(1,500분의 1초) 사진은 너무 어두워지며, 게인은 높게 설정되어야 한다(최대 1,023 중 900). 이때 사진 속 노이즈는 더 커지며, 사진은 또렷하지 않아진다. 노출시간이 길어지면 사진은 밝아지고, 게인은 낮게 설정되어야 한다. 이때 노이즈는 작아지지만 행성의 모습이 왜곡되거나 흐려질 수 있다. 이러한 흐릿함은 포커서를 통해 초점을 다시 맞추는 것으로는 해결되지 않는다. 따라서 촬영 시에는 짧은 노출시간과 높지 않은 게인 사이에서 타협해야 하며, 게인값은 가능하다면 3분의 1 지점(100~350)을 넘어서는 안 된다. 그렇다고 해서 행성의 상이 과노출되어서는(타버려서는) 안 된다. 행성의 상은 중간 정도의 어두운 회색으로 맺혀야 한다.

이제는 단일 사진의 노출을 설정해야 한다. 행성의 밝기를 나타내는 히스토그램의 밝은 끝부분은 낮은 종 곡선을 그리며, 곡선은 히스토그램의 왼쪽 4분의 1 지점에 위치하되, 왼쪽 끝까지 치우치지 않는 것이 중요하다. 이는 노출 부족을 의미하기 때문이다. 이는 노출시간을 줄일 뿐만 아니라 저장할 사진의 수를 늘리는 데도 도움이 된다. 대기가 심하게 불안정한 경우에는 이러한 설정을 유지하기가 힘들다.

감마값은 행성의 대비를 결정한다. 감마값이 높아지면 낮은 밝깃값의 대비가 높아진다. 즉 행성 상은 비교적 균일한 밝기를 가지게 되며, 매끈한 사진이 나타난다. 감마값이 낮아지면 높은 밝기 범위의 대비를 높여 준다. 명암이 뚜렷할수록 사진도 뚜렷해지지만 노이즈는 커진다. 이는 빛이 약한 행성의 가장자리에서 특히 더 드러나는데, 이는 아무

2시간 간격으로 촬영한 목성과 대적점. 자전하는 모습을 볼 수 있다.

토성의 비디오 촬영본은 카시니 간극과 행성의 그림자를 명확하게 보여 준다.

도 원하지 않을 것이다. 초심자라면 감마값은 기본값에서 건드리지 않는 것이 좋다.

프레임률은 당연히 가능한 가장 높은 값을 설정해야 한다. 이는 사진의 크기, 즉 픽셀의 수에 의해 결정된다. 640×480 픽셀 센서는 총 30만 7,200개의 픽셀을, 1,920×1,080 픽셀의 HD 해상도의 사진은 207만 픽셀을 갖는다. 큰 사진은 작은 사진보다 더 긴 전송 시간이 필요하다. 사진의 전송이 길어질수록 컴퓨터에 전송되는 1초당 사진의 수도 적어진다. 따라서 프레임률을 최적화하기 위해서는 사진의 전체가 아닌 일부만을 전송하는 것이 좋다. 소프트웨어를 이용하면 사진 중 행성이 있는 부분만을 따로 선택할 수 있다. 이를 위해서는 가

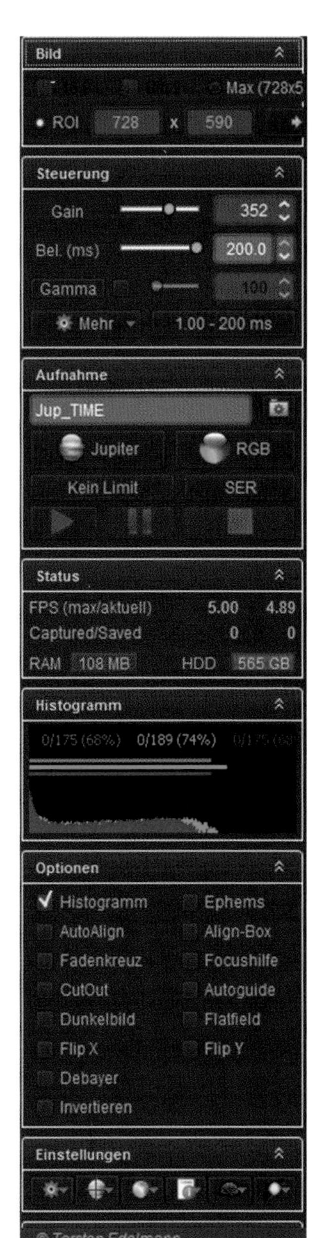

행성 촬영을 위한 소프트웨어 Firecapture의 주요 요소. 위에서부터 아래로 설명. ROI = 픽셀 단위의 관심 영역, Gain = 이미지 게인, Bel.(ms) = 노출시간, Gamma = 감마값, SER=파일 포맷, FPS = 프레임률, Histogramm = 히스토그램 Auto Align = 자동 정렬

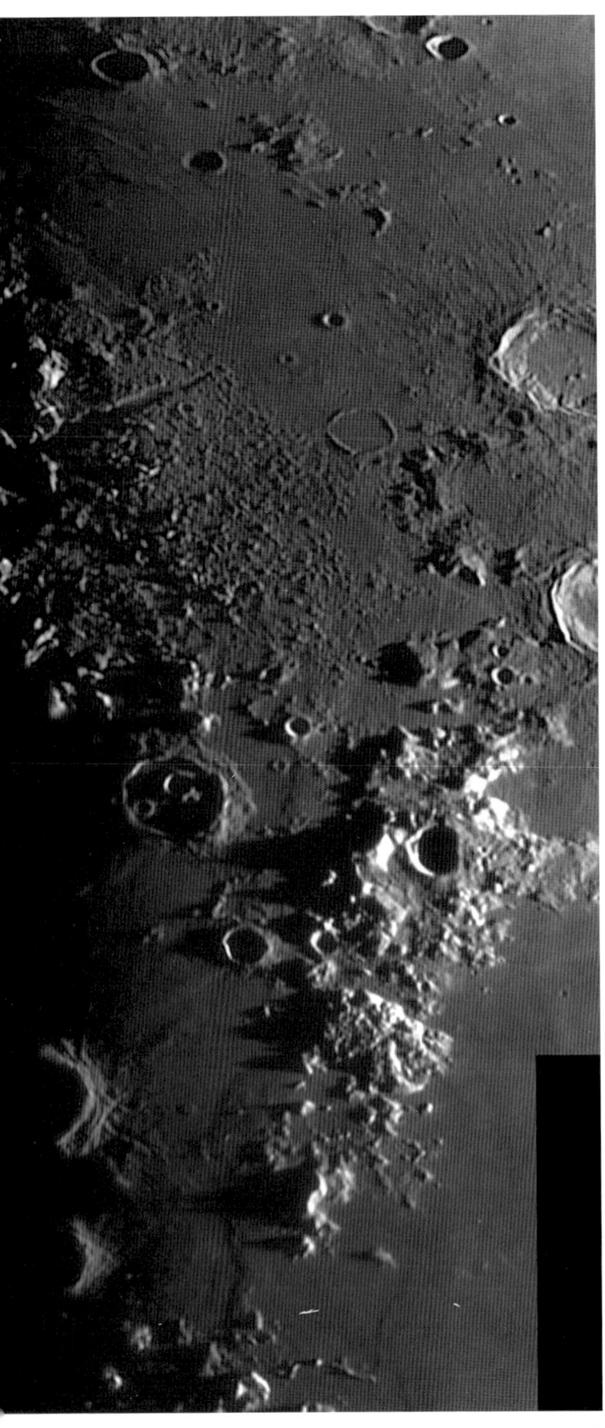

천문용 비디오카메라의 작은 센서로 달의 큰 부분을 담기 위해서는 모자이크 방식을 활용해야 한다.

대의 추적이 정확한지, 몇 분 동안 행성이 카메라 렌즈 속 같은 위치에 머무르는지를 확인해야 한다. 만약 그렇지 않다면 추적장치를 보정하거나 배율을 낮추도록 한다. 행성이 꼭 렌즈 정중앙에 있을 필요는 없으며, 설정된 곳에 위치하기만 하면 된다. 촬영용 소프트웨어에는 '오토 센터링' 옵션이 존재한다. 이는 센서의 한계를 넘어서지 않는 범위 내에서 행성을 정해진 시야에 고정시킨다. 이 옵션을 선택하는 것을 추천한다.

행성의 비디오를 얼마나 오래 촬영할 것인지도 생각해야 한다. 이론적으로는 저장소가 가득 찰 때까지 비디오를 촬영할 수 있다. 하지만 시간이 흐름에 따라 천체는 자전하고 변화하기 때문에 이는 한계에 부딪칠 수밖에 없다. 행성의 자전으로 인해 표면의 디테일이 흐려지지 않을 만큼만 비디오를 촬영해야 한다. 비디오의 단일 사진, 즉 프레임은 나중에 병합되므로 첫 번째와 마지막 비디오 프레임이 촬영된 시간은 자전으로 인해 디테일이 크게 변하지 않을 정도로 가까워야 한다.

예시 130/980 mm의 망원경으로 촬영한다고 가정해 보자. 1각초의 시야와 2배 바로우 렌즈를 통해 얻은 유효 초점거리를 바탕으로 비디오 촬영한다면, 디테일 변화 Δx는 0.5각초를 넘어서는 안 된다. 화성을 촬영한다고 가정해 보자. 화성의 겉보기 지름 D_{Pl}은 20각초이며 자전에 걸리는 시간 t_U는 24.660시간이다. 최대 비디오 길이 t_{Vid}는 다음과 같이 구할 수 있다.

$$t_{Vid} = \Delta x / D_{Pl} \cdot t_U / \pi$$

따라서 $t_{Vid} = 0.5'' / 20'' \times 24.660\ h / \pi = 0.1963\ h = 11.8$분이다. 화성의 각지름이 작아지면 더 오랫동안 촬영할 수 있으며, 반대로 망원경의 해상도가 높아질수록 촬영 가능한 시간은 짧아진다. 화성의 촬영 시간은 비교적 긴 편이다. 자전 주기가 짧은 목성과 비교해 보자. 같은 망원경을 사용한다고 가정하면 $\Delta x = 0.5''$, $D_{Pl} = 48.0''$, $t_U = 9.84\ h$이며, 최대 촬영 시간은 2분에 불과하다. 촬영을 시작하면 소프트웨어는 프레임을 계산한다. 최종 숫자는 다른 설정들과 마찬가지로 관측일지에 기록해야 한다. 이를 통해 실제 사진 혹은 프레임률을 알 수 있다. 프레임률 = 개별 사진의 수/비디오 길이(초)다. 이제 계산해 보자. 정말로 초당 100프레임 이상 촬영했는가?

화성 컬러 비디오 촬영을 위한 위의 조건은 당연히 흑백 비디오 촬영에도 똑같이 적용된다. 하지만 차례대로 모든 색깔(R, G, B)로 비디오를 촬영해야 하므로 모든 색깔이 11.8분 이내에 촬영되어야 한다는 점을 주의해야 한다. 이 시간을 넘지 않아야만 화성의 자전으로 인한 흐림이 나타나지 않는다. 필터 교환과 초점을 맞추는 데 소요되는 시간을 고려했을 때 비디오는 색깔당 4분을 넘어서는 안 된다.

비디오 저장

카메라 소프트웨어를 통해 컴퓨터 내 저장 경로와 비디오 파일의 이름을 지정할 수 있다. 파일 포맷으로는 AVI를 설정한다. 관찰을 통해 촬영한 모든 비디오는 한 폴더에 저장하는 것이 좋다. 파일 이름에는 자동으로 천체 이름, 비디오가 촬영된 날짜와 시간 및 촬영 순번이 입력된다. saturn_2021-07-27_23-15-18_3.avi 이런 식으로 말이다. 이는 중유럽을 기준으로 2021년 7월 27일 23_15_18시에 촬영된 세 번째 토성의 비디오라는 것을 의미한다. 설정된 시간대에 주의하고 촬영 시간이 촬영 시작, 중간 혹은 끝난 시각을 의미하는지를 확실히 해야 한다. 차후 평가 시에는 촬영 시간의 중간 값을 사용한다.

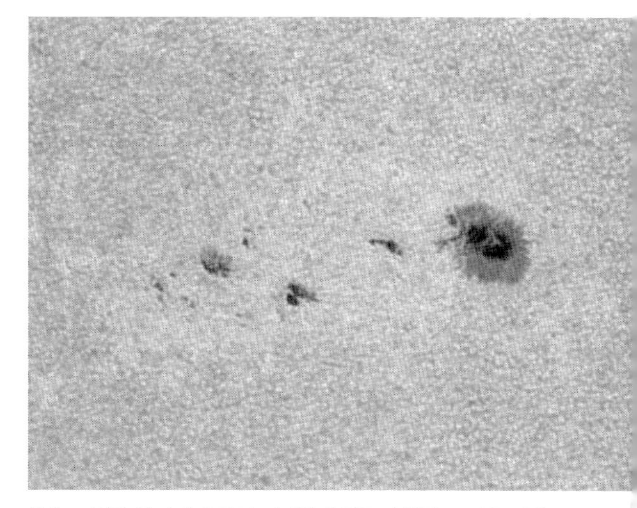

관측 조건이 좋다면 흑점의 디테일과 광구의 쌀알 조직을 제대로 관측할 수 있다.

그렇다면 행성을 촬영한 컬러 비디오는 용량을 얼마나 차지할까? 640×480 픽셀 센서를 사용하고, 전체 픽셀의 수가 30만 7,200개에 비트 심도가 8이라면 1픽셀은 1바이트를 차지한다. 이는 각 밝깃값이다. 세 가지 색깔을 사용하기 때문에 단일 사진이 차지하는 용량은 307,200픽셀×3바이트/픽셀 = 921,600바이트다. 프레임률이 1초당 100프레임이고, 비디오의 길이가 2분이라면, 1만 2,000프레임이 저장되어야 하므로 총 11기가바이트가 소모된다! 비디오의 길이가 같다면 흑백 카메라로 찍은 영상의 용량은 컬러 카메라로 찍은 영상의 3분의 1밖에 되지 않는다. 물론 세 가지 색깔을 병합해 비디오를 촬영하고자 한다면 용량은 다시 똑같이 높아진다.

앞서 든 화성의 예시를 다시 사용하면 11.8분 길이의 컬러 비디오는 65기가바이트 이상의 용량을 갖는다. 이는 보정 프로그램을 이용해 스태킹하기에는 지나치게 크다. 비디오가 길어질수록 컴퓨터에 에러가 발생할 확률도 높아진다. 따라서 높은 프레임률의 짧은 비디오를 여러 개 녹화하는 것이 권장된다. 이렇게 하면 행성이 또렷한 순간을 포착하기에도 용이하다. 훌륭한 단일 사진을 많이 얻을수록 최종본의 품질도 좋아진다.

전송되는 사진의 크기를 200×200 픽셀로 줄이고 프레임률을 초당 160프레임으로 높이면 2분 동안 1만 9,200프레임을 얻을 수 있으며, 2.3기가바이트의 용량을 소모한다. 이는 행성 비디오 촬영에서 현실적인 값이다.

관찰을 시작하기 전에는 저장 공간이 충분한지를 먼저 확인해야 한다(컴퓨터의 하드디스크, USB 저장소 혹은 다른 저장소 등).

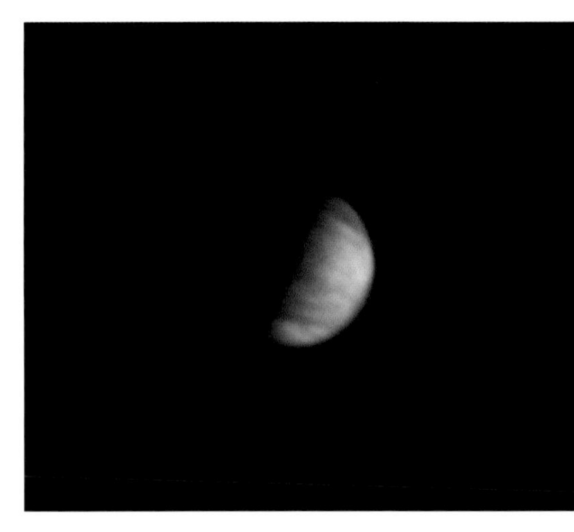

금성 촬영을 위해 UV와 IR선(자외선과 적외선) 사진들을 하나의 사진으로 병합했다. 금성 대기의 구름이 명확하게 드러난다.

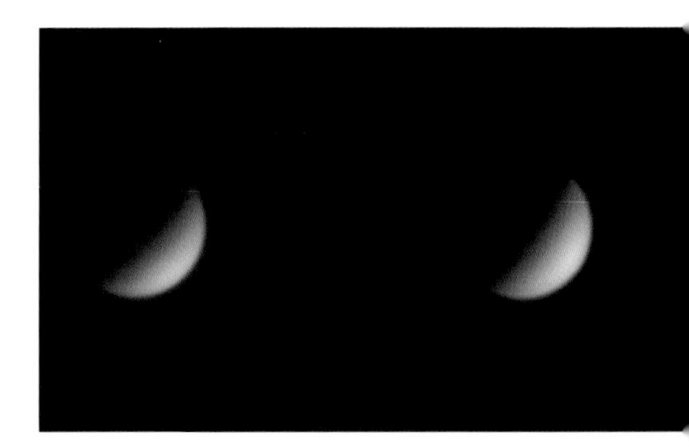

금성 사진. 왼쪽은 컬러 사진이며 오른쪽은 IR 필터를 이용한 흑백 사진이다.

컬러 필터 사용

일반적인 행성 관측과 마찬가지로 사진과 비디오 촬영 시에도 컬러 사진을 위해 필요한 RGB필터 이외에도 다른 종류의 (컬러) 필터를 사용할 수 있다. 필터가 가지는 효과는 일반 행성 관찰 시와 다르지 않다. 행성의 어떠한 부분은 특정한 필터-더 강한 대비 등-를 통해 더 잘 알아볼 수 있다. 어떤 필터가 어떤 목적에 적합한지는 206페이지 표에서 다루

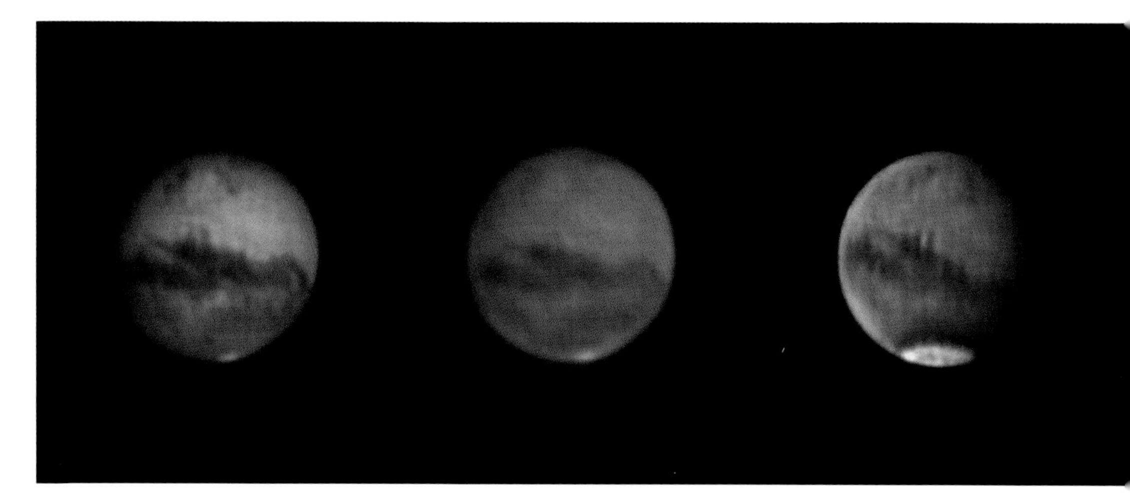

시야가 좋지 않을 때의 화성(왼쪽과 중간) 사진. 오른쪽 사진은 시야가 괜찮을 때의 화성이며, 왼쪽 사진은 RGB와 IR 필터를 이용해 촬영한 화성, 중간과 오른쪽은 RGB 필터만을 이용해 촬영한 화성이다. 시야가 좋지 않을 때는 IR 사진과 병합하면 더 나은 결과물을 얻을 수 있다.

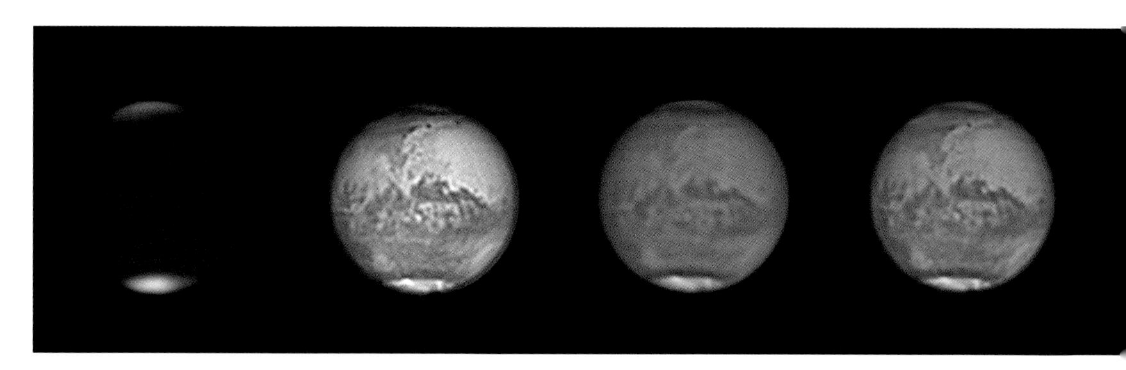

왼쪽부터 오른쪽: 자외선, 적외선, RGB 촬영한 화성과 위 사진을 병합한 사진

도록 한다. 대기가 불안정한 경우 붉은 필터보다는 파란 필터가 더 적합하다. 필터를 이용한 촬영도 RGB 촬영과 마찬가지로 결합할 수 있다. 한번 시도해 보자! 근적외선 필터에 대해서는 아직 언급하지 않았다. 이는 순전히 사진 용도로만 활용할 수 있다. 사람의 눈으로는 적외선을 알아볼 수 없지만 카메라 센서는 그렇지 않다. 이러한 필터를 이용하면 근적외선보다 더 짧은 빛의 스펙트럼(가시광선 포함)을 차단할 수 있다. 이러한 필터의 효과는 전반적으로 일반 관측 시 붉은 필터와 크게 다르지 않지만 더 강력하며, 대기 불안정 보정 효과도 훨씬 크다.

위 그림은 시야가 좋지 않을 때의 근적외선 필터의 효과를 보여 준다. 왼쪽과 중간 사진은 대기가 굉장히 불안정할 때 촬영된 것이며, 오른쪽 사진은 대기가 불안정하지 않을 때 촬영된 것이다. RGB 촬영본과 IR 촬영본을 병합한 왼쪽 사진에서는 화성의 구조가 시야가 괜찮은 상황에서 RGB 필터로 촬영한 사진만큼이나 뚜렷하게 나타난다. 컬러 필터에 대해 설명한 아래 표에는 소위 말하는 IR-행성 필터라 불리는 IR 742에 대해서도 다루고 있다. 숫자는 투광곡선 끝의 위치를 나타낸다. 파장이 742 nm인 경우 단파장에서 장파장으로 향하는 투광곡선은 50%의 값을 갖는다. Schott-RG-850 필터 등 파장이 더 긴 에지 필터도 사용 가능하다. 주의할 것은 근적외선 필터를 사용하는 경우 카메라에 장착되어 있는 적외선 필터를 제거해야 한다는 것이다!

병합에는 'LRGB 테크닉'이 활용되며 포토샵, CCD Night 2005, Fitswork 혹은 프리웨어인 Gimp를 이용한다. 즉 흑백 사진(이 경우에는 IR 필터를 이용해 촬영된 사진)을 컬러 카메라 혹은 R, G, B 필터와 흑백 카메라를 이용해 촬영한 컬러 사진과 병합한다. LRGB에서 L은 휘도luminance를 의미한다. 휘도는 밝기 정보를, RGB는 색상 정보를 갖는다. 각 정보를 담은 4개의 사진은 크기와 형태가 동일해야 한다. 시야가 좋지 않은 경우 IR 사진이 RGB 사진에 비해 더 또렷한 사진을 제공하며, 이 사진을 휘도 사진으로 설정한다. 사진 보정 프로그램을 이용해 이러한 사진들을 쌓아 병합한다. 소프트웨어에 따라 세세한 과정에는 차이가 있을 수 있기 때문에 여기에서는 더 깊이 다루지 않는다.

205페이지 사진에서 볼 수 있듯이 IR 사진과 병합하는 것은 시야가 안 좋을 때 쓸 수 있는 응급 처방이다. 시야가 좋을 때는 순수한 RGB 사진만으로도 더 좋은 결과를 가져온다. 가시광선에서의 망원경 해상도가 근적외선에서보다 약 50% 더 좋기 때문이다.

행성 촬영에서의 컬러 필터

필터	색상	행성	효과
WRATTEN 47	보라색	금성	구름의 대비 향상
WRATTEN 80A	파란색	화성	화성의 Blue Clearing, 극관, 구름 관찰 향상
WRATTEN 58A	초록색	목성	대적점 대비 향상
WRATTEN 58A	초록색	토성	극점 대비 향상, 소용돌이 관측 가능성 향상
WRATTEN 12	노란색	화성	먼지폭풍 식별 가능성 향상
WRATTEN 25	붉은색	수성	낮하늘 관측 시 대비 향상
WRATTEN 25	붉은색	금성	낮하늘 관측 시 대비 향상
WRATTEN 25	붉은색	화성	밝은 사막 지형과 어두운 지역 간 대비 증가
IR 742	근적외선	금성	구름 구조 대비 증가
IR 742	근적외선	화성	더 나은 시야, 먼지폭풍 대비 증가

행성 사진과 보정

하루 동안 촬영한 모든 비디오를 저장했다면 사진 보정을 시작할 차례다. 일단 사진을 스태킹하는 것이 중요하다. 이것만으로도 충분히 좋은 결과물을 얻을 수 있을 것이다.

비디오 편집은 보통 3~4개의 단계로 구분할 수 있다.

1. 비디오에서 훌륭한 개별 사진 선택하기
2. 개별 사진을 스태킹(병합)해 하나의 사진으로 만들기
3. 이렇게 만들어진 사진 편집하기

일반적으로 1단계와 2단계는 하나의 소프트웨어를 이용해 한 번에 이루어진다. 2020년을 기준으로 이를 위해 사용할 수 있는 프리웨어 프로그램으로는 AviStack2나 Autostakkert!3를 꼽을 수 있다. 이미 오래된 프리웨어인 Giotto는 여전히 사용 가능하다. 2020년 기준으로 새로운 소프트웨어는 Planetary System Stacker다. 이러한 프로그램으로도 3단계를 어느 정도는 수행할 수 있다. 물론 병합된 사진을 다른 사진 보정 프로그램을 이용해 편집할 수도 있다. 흑백 카메라와 컬러 필터를 이용해 사진을 촬영했다면 색상마다 1단계와 2단계를 각각 수행해야 한다. 그다음 세 가지 색깔의 사진을 모두 병합해 하나의 컬러 사진을 생성한 뒤 3단계를 수행한다.

1. 사진 선택

프로그램은 몇천 개의 단일 사진으로 이루어진 비디오에서 좋은 품질의 개별 사진을 식별한다. 이렇게 수많은 파일을 직접 하나하나 확인하는 것은 당연히 불가능하다. 여기에서 '좋은 품질'이란 행성의 상이 충분히 알아볼 수 있을 만큼만 뭉개졌거나 완전히 선명한 단일 사진을 의미한다. 프로그램에 따라 이용되는 알고리즘은 다양하지만 결론적으로 결과물은 비슷하다. AutoStakkert!3, AviStack2와 Planetary System Stacker는 Giotto와는 다르게 전체 개별 사진을 병합할 뿐만 아니라 '좋은 품질의' 사진 영역만을 모자이크처럼 짜 맞추거나 중첩하기도 한다. 사진마다 또렷한 부분이 다를 수 있기 때문에 이는 굉장히 쓸모 있는 기능이라고 할 수 있다. 이때 프로그램은 선명한 사진 중에서도 특히 선명한 부분을 스태킹에 사용한다.

2. 스태킹

때로는 스태킹만으로도 훌륭한 결과물을 얻을 수 있다. 208페이지 오른쪽 위 그림은 목성을 촬영한 비디오에서 선별한 '좋은' 사진 중 하나이며, 아래 사진은 1만 개의 개별 사진 중 상위 5%의 사진을 병합한 결과물이다.

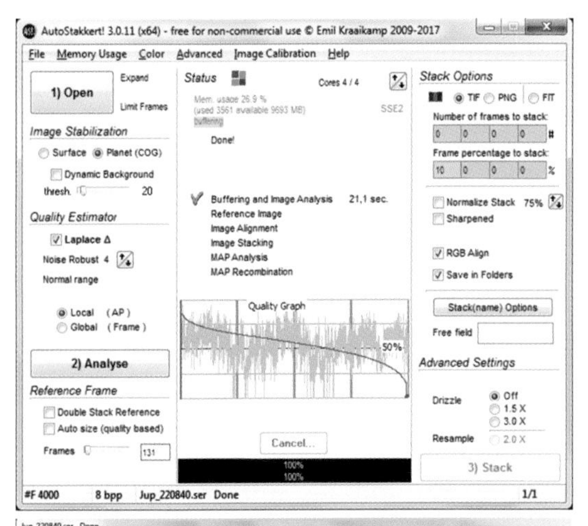

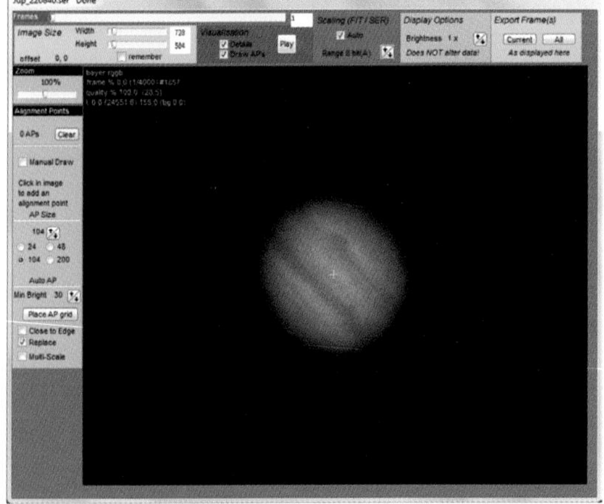

소프트웨어 AutoStakkert를 이용해 비디오를 분석하고 최고의 촬영본을 하나의 사진으로 병합한다.

목성의 비디오 촬영본. 위쪽은 원본 이미지이며, 아래는 여러 사진을 병합한 사진이다.

위 사진은 전체 비디오에서 가장 훌륭한 사진 중 하나지만 심한 노이즈 때문에 실질적으로 디테일을 하나도 알아볼 수 없으며, 자랑할 만한 결과물이 되지는 못한다. 사진의 노이즈는 병합을 통해 감소시킬 수 있다-신호 대 노이즈 비율이 높아지는 것이다. 이미지의 수가 많아질수록 노이즈는 적어진다. 정확히는 사진 개수의 제곱근으로 감소한다. 1,000장의 사진을 사용하면 노이즈는 약 32분의 1로 줄어든다. 이는 굉장히 눈에 띄는 결과물을 가져올 것이다. 상황에 따라 다르지만 몇 분 길이의 비디오는 몇천 장의 사진으로 이루어진다!

예시 프레임률이 80프레임/초이고, 길이가 180초인 행성 비디오가 있다고 가정하자. 이 비디오는 1만 4,400개의 프레임으로 이루어진다. 모든 사진의 품질이 좋지만은 않기 때문에 모두 스태킹하는 것은 의미가 없다. 하지만 프로그램을 이용하면 상위 20%의 사진만을 병합할 수 있다. 정확히는 2,880개의 사진이다. 이렇게 되면 노이즈는 개별 사진에 비해 $1/\sqrt{2880} = 1/54$로 줄어들며, 개별 사진에서는 노이즈 때문에 잘 보이지 않는 디테일을 또렷하게 만들 수 있다. 비디오를 촬영하는 동안 대기가 안정적이었다면 병합에 사용되는 사진의 비율을 40에서 80%로 올릴 수 있다. 반대로 시야 상황이 좋지 않았다면 병합할 사진의 수를 5%까지 줄여야 할 수도 있다. 적절한 비율을 설정하기 위해서는 경험이 필요하며, 때로는 무작정 시도해 보는 것도 도움이 된다. 관측일지에 대기 불안정에 대해 기록해 놓은 것이 있다면 이때 지표로서 사용할 수 있다.

3. 사진 보정

병합한 사진이 너무 어둡다면, 즉 픽셀값이 히스토그램의 아래쪽에 치우쳐 있다면 밝기나 색조의 값을 조절해야 한다. 컬러 사진의 경우 색깔이 산란된 것을 발견할 수 있을 것이다. 즉 행성의 아래쪽 가장자리는 붉고 위쪽 가장자리는 푸른색을 띨 것이다. 이는 지구 대기로 인해 나타나는 현상이다. 프리즘을 통과해 스펙트럼을 만드는 빛을 통해 알 수 있듯이 푸른빛은 붉은빛보다 더 크게 산란된다. 이러한 효과를 '대기 분산'이라고 한다. 전문점에서는 이를 보정하기 위한 '대기 분산 보정기Atmospheric Dispersion Corrector' 줄여서 ADC를 찾아볼 수 있다. 이를 빛이 들어오는 입구인 카메라 앞에 설치해 더 나은 결과물을 얻을 수 있다.

대기 분산 보정을 위한 ADC.여기에 존재하는 2개의 레버를 통해 보정값을 설정할 수 있다.

이러한 보정기를 사용할 수 없을 때는 따로 보정해 주어야 한다. RGB-보정 기능을 사용해(프로그램에 따라 이름이 다를 수 있다) 붉은 컬러 채널과 파란 컬러 채널을 녹색 채널과 일치시킨다. 컬러 사진의 디테일이 명확하게 살아날 것이다. 비디오가 흑백 카메라와 R, G, B 필터를 통해 촬영되었다면 온전하게 합쳐지도록 직접 병합하면 된다. 후처리를 통해 대기 분산을 보정할 수 있다면 왜 ADC를 사용해야 할까? 210페이지 사진은 각각 보정되지 않은 사진(왼쪽), RGB 채널 보정 사진(중간), ADC 보정 사진(오른쪽)이다. ADC를 이용해 보정한 사진이 소프트웨어를 통해 RGB 채널을 보정한 사진보다 더 선명하고, 색깔도 더 명확하게 구별된다는 사실을 알 수 있을 것이다. 이러한 현상은 컬러 채널 내에서도 분산이 존재해 컬러 채널 내의 이미지가 이미 번져 있기 때문에

왼쪽: 지구 대기로 인해 멀리 위치한 천체인 토성에 색수차가 나타난다.
중간: 차후 컬러 채널 정렬을 통해 색수차를 완화할 수는 있지만 사진은 여전히 선명하지 않다.
오른쪽: 색수차를 보정한 ADC를 사용한 촬영본.

나타난다. 행성 표면에서의 명암이 비교적 적고 개별 사진의 노이즈로 인해 사진이 흐릿해지기 때문에 '선명도' 조절 기능은 매우 중요하다. 선명도를 높이면 밝기가 낮은 부분이 강조된다. 대비를 조절하면 완만한(넓은) 밝기 곡선의 크기를 바꿀 수 있다. 프로그램에는 결과물을 향상시키기 위해 시도해 볼 수 있는 다양한 매개변수가 존재한다. 물론 조심해야 할 것도 있다. 지나치게 선명도를 높이면 어두운 디테일 주변에 밝은 가장자리가 생기거나 밝은 구조 주변에 어두운 가장자리가 생기는 등 실제로는 존재하지 않는 자잘한 디테일이 생겨나기도 한다. 이러한 가장자리는 실제로 존재하지 않으며, 선명도가 지나치게 높아짐에 따라 생성된 인공물이라고 할 수 있다(밝거나 어두운 가장자리를 강조하는 경우 생겨나는 오버 슈트). 이는 선명도를 다시 낮춤으로써 해결할 수 있다. 선명도를 조절함으로써 생겨날 수 있는, 하지만 누구도 원하지 않는 다른 효과는 다시 선명해진 노이즈다. 스태킹을 통해 노이즈를 애써 줄였다 하더라도 선명도를 지나치게 높이면 노이즈는 되살아난다. 211페이지 사진은 화성의 사진으로, 주요 보정 단계를 보여준다. 여기에는 ADC 없이 150 mm 망원경으로 2012년 3월에 촬영된 비디오가 사용되었다. 왼쪽 첫 번째는 스태킹을 마친 사진이다. 비디오 프레임의 노출시간이 너무 짧게 설정되었기 때문에 사진은 어둡게 나타난다. 두 번째는 색조 값 보정을 통해 밝기를 올리고, RGB 채널을 정렬한 뒤의 사진이다. 세 번째는 선명도 조절을 거친 뒤의 사진이다. 여기에서는 자잘한 구조도 잘 알아볼 수 있지만, 노이즈도 다소 나타난 것을 볼 수 있다. 마지막은 노란색의 색조 밸런스를 파란색으로 약간 조정한 최종 결과물이다.

색 분해와 병합

흑백 카메라와 R, G, B 필터를 이용해 3개의 비디오를 촬영하고, 병합하고, 보정했다

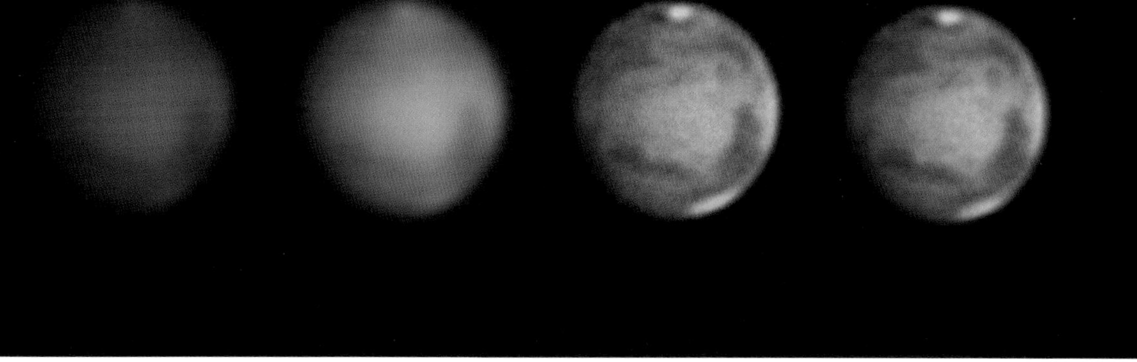

사진 편집 과정. 왼쪽부터 오른쪽: 병합, 밝기 조절 및 RGB 정렬, 선명도 조절, 색상 밸런스 조절

면 각 색깔에 대한 결과물이 존재할 것이다. 이렇게 색깔별로 존재하는 사진은 병합되어 하나의 컬러 사진을 이룬다. 먼저 이 3개의 사진을 편집 프로그램에서 열고, 비어 있는 RGB 색상 사진과 검은 배경을 따로 생성한다. 이때 생성된 사진의 크기는 적어도 앞에서 언급한 세 사진의 크기와 일치해야 한다.

비어 있는 RGB 사진에서 R 채널을 선택한다. R-회색조 사진에서 모든 픽셀을 마킹한 후 클립보드에 복사하고, RGB 사진의 R 채널에 삽입한다. G 및 B 채널에서도 마찬가지로 진행한다. RGB 사진에서 해당 채널을 선택하고 각 색상과 일치하는 사진의 픽셀을 복사해 붙여넣기 한다. 이제 RGB 사진에서 모든 컬러 채널을 선택한다. 이제 컬러로 이루어진 행성의 사진이 완성되었다.

물론 처음에는 이러한 컬러 사진 속 모든 채널이 온전히 일치하지 않을 것이다. 각 비디오를 촬영하는 동안 카메라 화각 속 행성의 위치가 바뀔 수 있기 때문이다(이를 방지하기 위해 촬영하는 동안 '오토 센터링' 기능을 사용할 수도 있다). 이러한 경우에는 컬러 채널을 정렬해야 한다. 가장 많은 디테일이 살아 있는 컬러 채널을 기본으로 설정해 다른 두 컬러 채널을 여기에 맞춰 정렬한다. 그 다음에는 선명도나 스무딩, 밝기나 대비, 색상 균형 등 세부적인 사항을 조절한다.

저장

사진을 저장할 때는 JPG가 아닌 무손실 사진 포맷인 TIF로 저장하는 것을 권장한다. 이렇게 저장된 결과물은 필요한 경우 원하는 사진 보정 프로그램을 통해 계속해서 편집될 수 있다. 가능하다면 주요한 보정 지점에서 중간 저장을 하는 것이 좋다. JPG는 파일의 크기를 줄여야 할 때 사용한다.

파일 이름에는 천체명, 날짜, 비디오 촬영 중 중간 지점 시간, 시간대, 혹은 망원경이나 행성의 중심 경선 등 중요한 사진 정보를 입력해야 한다. 텍스트 기능을 이용하면 사진 내에 이러한 정보를 입력한 두 번째 사진 파일을 생성하고 저장할 수도 있다.

관측일지

관측일지는 실질적인 관측을 수행하는 데 굉장히 큰 도움을 준다. 여기에는 자신만의 관측을 기록해야만 경험 속에서 얻은 지식을 차후에 사용할 수 있다.

관측일지를 이용하면 어떤 천체가 이전에는 어떤 모습으로 관측되었는지, 성공적인 관측 비법은 무엇이었는지, 다음번에는 무엇을 보완해야 할지를 기록하고 추후 참고할 수 있다. 자신의 경험을 다른 사람과 공유하는 것도 천체 관측뿐만 아니라 천문학 전체에서 지대하고, 실질적이며, 멋진 자양분이 된다. 누군가와 함께하면 즐거움은 커지는 법이다. 이 책의 저자 베르너 셀닉은 험하게 다루어도 괜찮을 만큼 튼튼한 A5 노트를 관측일지로 사용한다. 그림을 그릴 때는 하얀 종이를 클립보드에 끼워 사용한다. 습기나 갑작스러운 비(이런 일은 종종 벌어진다)에도 글씨가 번지지 않도록 필기구로는 방수 연필을 추천한다.

관측 기록하기

관측일지는 일기와 비슷하다. 여기에는 자신만의 단어로 무엇을 관찰했고, 무엇을 경험했는지를 기록한다. 예를 들자면 다음과 같은 것을 기록할 수 있다.

1. 관측한 천체나 현상의 이름
2. MEZ(중유럽 표준시)나 MESZ(일광 절약 시간대) 등 시간대, 관측 날짜와 시간
3. 정확한 관측 장소
4. 기온과 (가능하다면) 습도
5. '1 = 매우 청명함'부터 '5 = 매우 안개 낌'으로 나타낸 대기(시야) 상황
6. '1 = 매우 훌륭함'부터 '5 = 관측 불가능'으로 나타낸 대기 불안정 정도
7. 사용한 기구
8. 사용한 접안렌즈와 배율
9. 필터 사용 여부
10. 관측한 천체에 대한 첫인상과 이에 관한 자세한 설명
11. 작은 그림을 남기는 것은 언제나 좋다.

천체 사진을 위한 관측일지

특히 천문 촬영 시에는 더욱더 세심한 기록이 필요하다. 디지털카메라로 촬영하는 경우에는 대부분의 정보가 자동으로 사진 파일에 저장된다. 각 사진은 관측자가 알아볼 수 있도록 순서대로 명확한 번호를 부여해야 한다. 이러한 번호는 나중에 문서 이름에 포함하거나 인쇄한 종이에 적어 두는 것이 좋다. 다음과 같은 촬영 데이터와 촬영 조건은 항상 정리하고 기록해 두어야 한다.

1. 촬영 번호
2. 촬영한 천체
3. 촬영 장소

4. 촬영을 시작한 날짜와 시간
5. 노출시간
6. 사용한 카메라의 본체(센서의 크기 때문에 중요하다)
7. 사용한 카메라의 조리개(조리개의 개방 정도)
8. 초점거리와 활용한 렌즈(줌 범위와 작동 초점거리)
9. 사용한 필터
10. 기온과 습도
11. 대기(시야) 상황
12. 대기 불안정 정도
13. 촬영 품질
14. 연속 촬영의 경우 관련 표시
15. 연속 촬영의 경우 사진의 숫자와 촬영에 소요된 시간

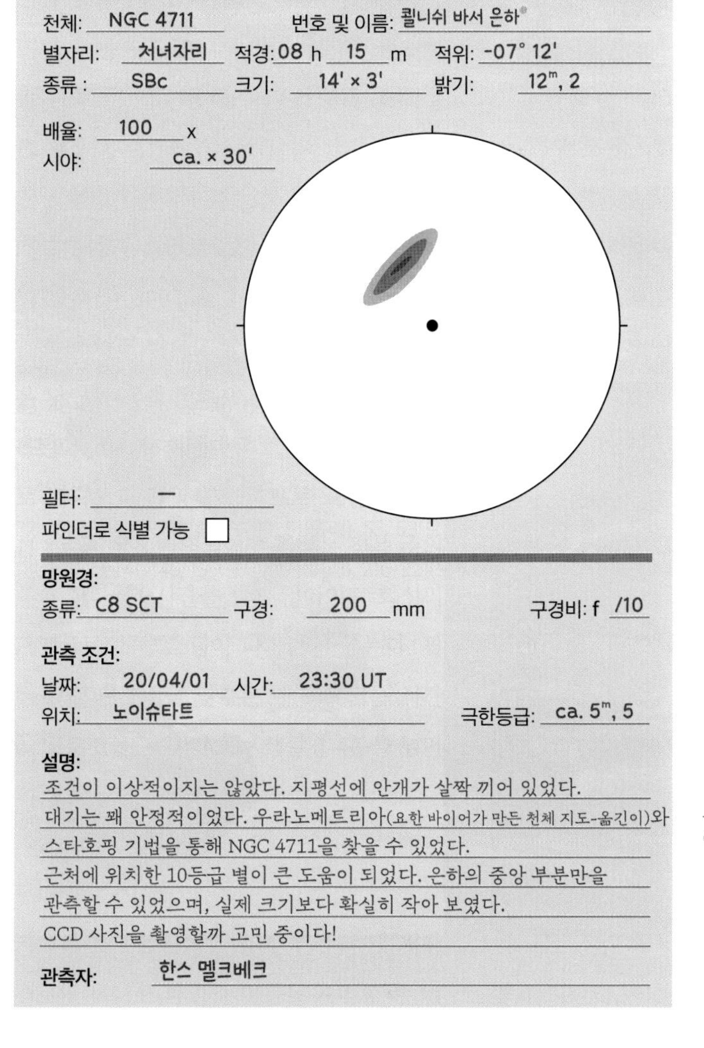

관측일지

천체: NGC 4711 번호 및 이름: 쾰니쉬 바서 은하*

별자리: 처녀자리 적경: 08 h 15 m 적위: -07° 12'

종류 : SBc 크기: 14' × 3' 밝기: 12^m, 2

배율: 100 x

시야: ca. × 30'

필터: ㅡ

파인더로 식별 가능 □

망원경:

종류: C8 SCT 구경: 200 mm 구경비: f /10

관측 조건:

날짜: 20/04/01 시간: 23:30 UT

위치: 노이슈타트 극한등급: ca. 5^m, 5

설명:

조건이 이상적이지는 않았다. 지평선에 안개가 살짝 끼어 있었다.
대기는 꽤 안정적이었다. 우라노메트리아(요한 바이어가 만든 천체 지도-옮긴이)와
스타호핑 기법을 통해 NGC 4711을 찾을 수 있었다.
근처에 위치한 10등급 별이 큰 도움이 되었다. 은하의 중앙 부분만을
관측할 수 있었으며, 실제 크기보다 확실히 작아 보였다.
CCD 사진을 촬영할까 고민 중이다!

관측자: 한스 멜크베크

* Kölnisch Wasser는 향수 오드콜로뉴의 독일식 이름인데, 쾰른의 물리학자가 이 은하를 발견한 뒤 향수의 이름을 따 명명했다.

별자리 지도: 북극 부근

큰곰자리
사냥개자리
작은곰자리
용자리
살쾡이자리
기린자리
마차부자리
카시오페이아자리
세페우스자리
백조자리
페르세우스자리
도마뱀자리
북극성
파드
메라크
메그레즈
알리오스
미자르
알카이드
알코르
두베
탈리타
무스시다
기아우사르
투반
에다시크
코카브
페르카드
라스타반
그루미엄
엘타닌
에라이
알페라크
알데라민
미르파크
루크바
카프
쉐다르

별자리 지도: 남극 부근

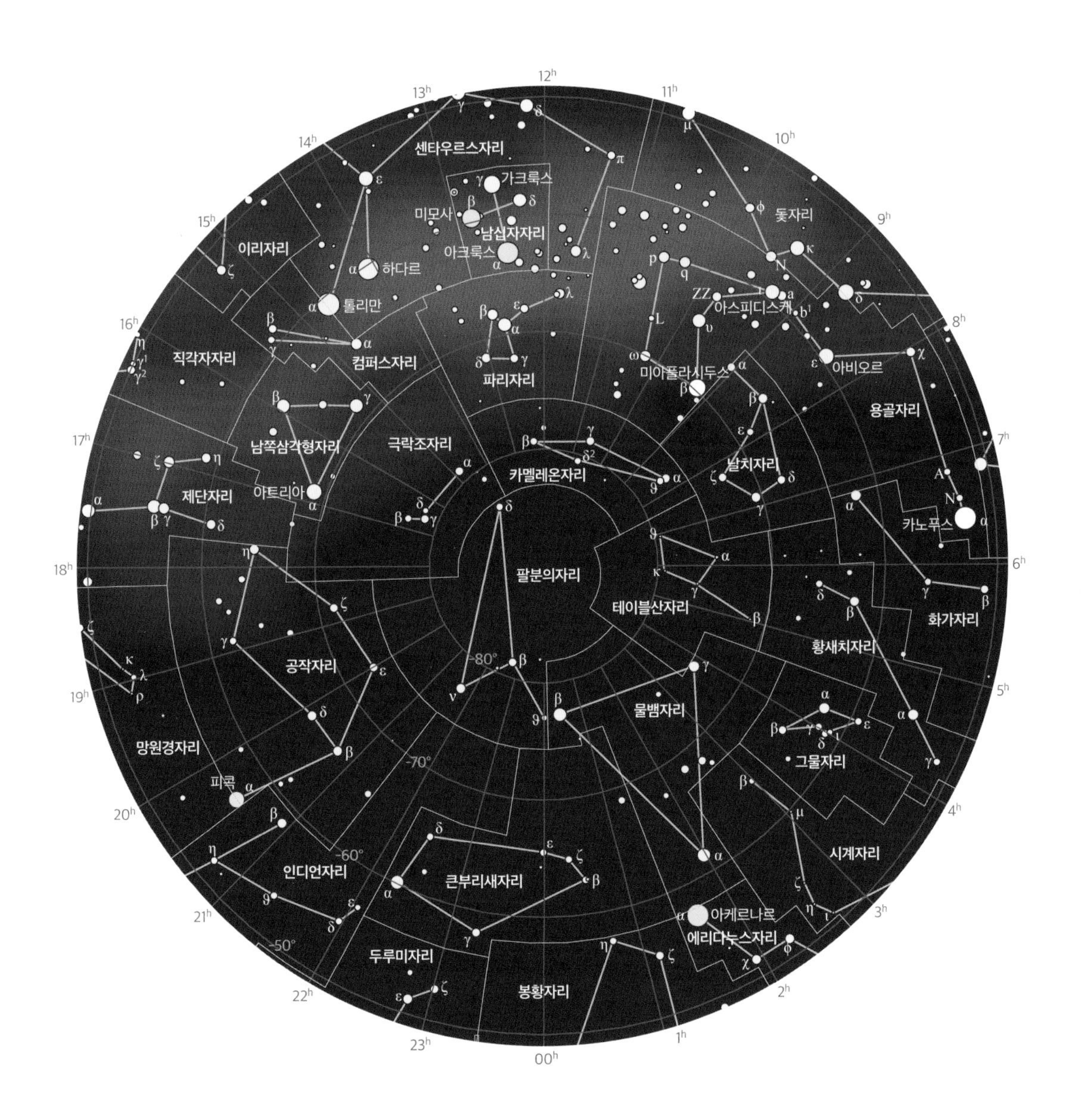

센타우르스자리
가크룩스
미모사
남십자자리
아크룩스
하다르
톨리만
이리자리
직각자자리
컴퍼스자리
파리자리
돛자리
아스피디스케
아비오르
미아플라시두스
용골자리
남쪽삼각형자리
극락조자리
카멜레온자리
날치자리
카노푸스
제단자리
아트리아
팔분의자리
테이블산자리
화가자리
황새치자리
공작자리
물뱀자리
그물자리
망원경자리
피콕
시계자리
인디언자리
큰부리새자리
아케르나르
에리다누스자리
두루미자리
봉황자리
-80°
-70°
-60°
-50°

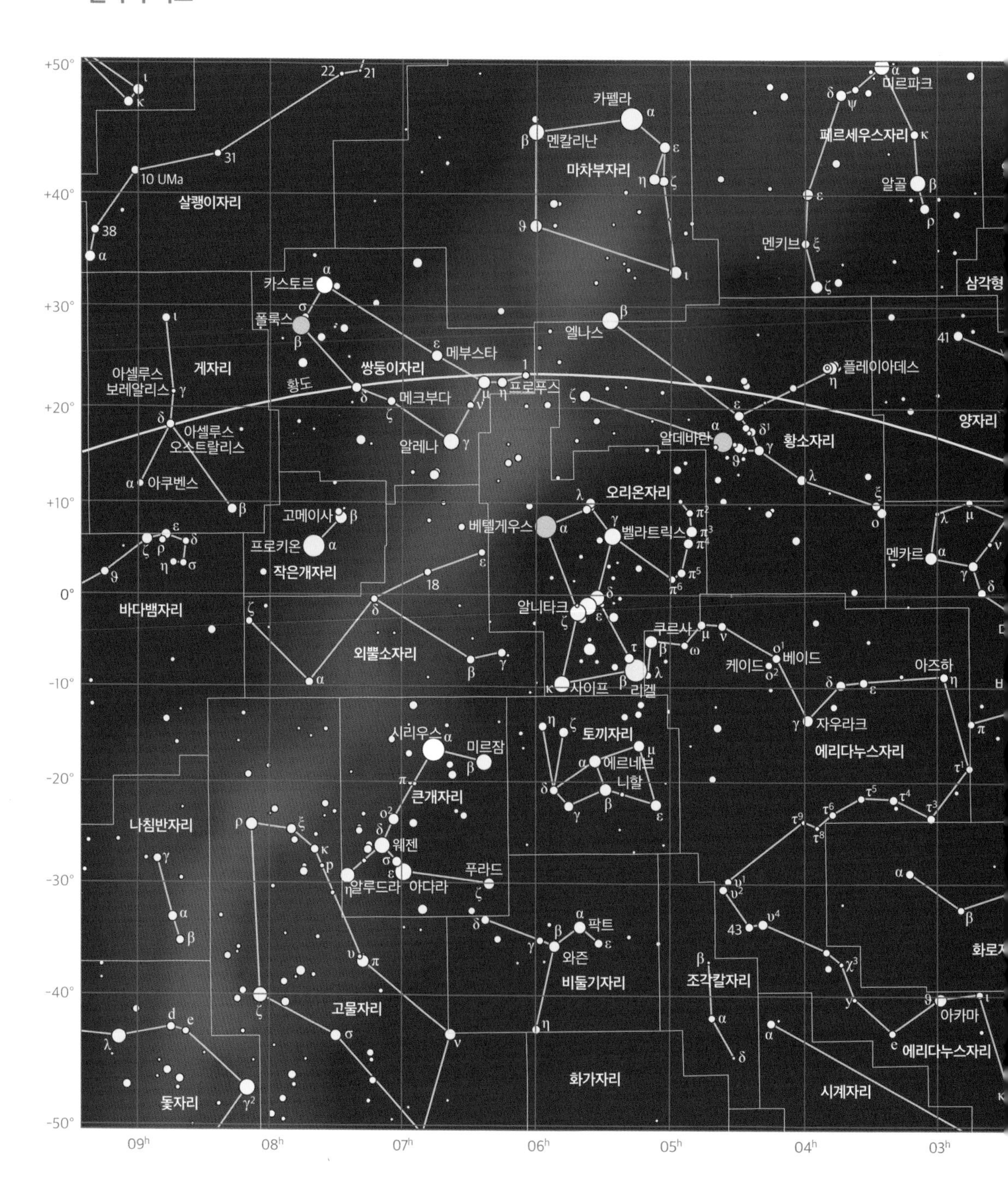

카펠라
멘칼리난
마차부자리
페르세우스자리
미르파크
알골
멘키브
삼각형
살쾡이자리
10 UMa
카스토르
폴룩스
엘나스
메부스타
게자리
쌍둥이자리
황도
메크부다
프로푸스
아셀루스 보레알리스
아셀루스 오스트랄리스
플레이아데스
알데바란
황소자리
양자리
알레나
아쿠벤스
오리온자리
고메이사
프로키온
작은개자리
베텔게우스
벨라트릭스
멘카르
바다뱀자리
알니타크
외뿔소자리
쿠르사
케이드
베이드
아즈하
사이프
리겔
자우라크
시리우스
미르잠
토끼자리
에리다누스자리
에르네브
니할
큰개자리
나침반자리
웨젠
알루드라
아다라
푸라드
팍트
와즌
화로자리
비둘기자리
조각칼자리
고물자리
아카마
에리다누스자리
화가자리
시계자리
돛자리
09h
08h
07h
06h
05h
04h
03h

9-21시 적도 지역

미르파크
알골
알라마크
미라크
안드로메다자리
삼각형자리
도마뱀자리
데네브
백조자리
마타르
시라흐
스카트
페가수스자리
작은여우자리
하말
세리탄
양자리
마르카브
알게니브
오시리스
수알로킨
물고기자리
호맘
에니프
돌고래자리
조랑말자리
키탈파
멘카르
알레샤
황도
비함
사달멜리크
미라
고래자리
사달수드
아즈하
바텐 카이토스
데네브 카이토스
스카트
데네브 알게디
나시라
물병자리
염소자리
포말하우트
남쪽물고기자리
화로자리
조각가자리
현미경자리
두루미자리
아카마
에리다누스자리
안카
봉황자리
알나이르
인디언자리
+50°
+40°
+30°
+20°
+10°
0°
-10°
-20°
-30°
-40°
-50°
03h
02h
01h
00h
23h
22h
21h

+50°
+40°
+30°
+20°
+10°
0°
-10°
-20°
-30°
-40°
-50°
21h
20h
19h
18h
17h
16h
15h
데네브
백조자리
사드르
거문고자리
베가
술라패트
셸리아크
헤라클레스자리
북쪽왕관자리
네카르
세기누스
목동자리
누사칸
겜마
이자르
알비레오
작은여우자리
코그네포로스
화살자리
수알로킨
로타네브
라스 알게티
아르크투
타라제드
라스 알하게
알타이르
돌고래자리
독수리자리
알샤인
키탈파
조랑말자리
세발라이
우누칼하이
마르픽
뱀자리(꼬리)
물병자리
뱀주인자리
예드 프리어
예드 포스테리어
알바리
주벤에샤마리
알게디
방패자리
뱀자리(머리)
다비흐
천칭자리
사빅
주벤엘게누비
그라피아스
염소자리
황도
카우스 보레알리스
눈키
안타레스
γ Sco
아셀라
알나슬
궁수자리
전갈자리
카우스 오스트랄리스
샤울라
레사스
현미경자리
루크바트
남쪽왕관자리
이리자리
아르카브
망원경자리
제단자리
직각자자리

21-9시 적도 지역

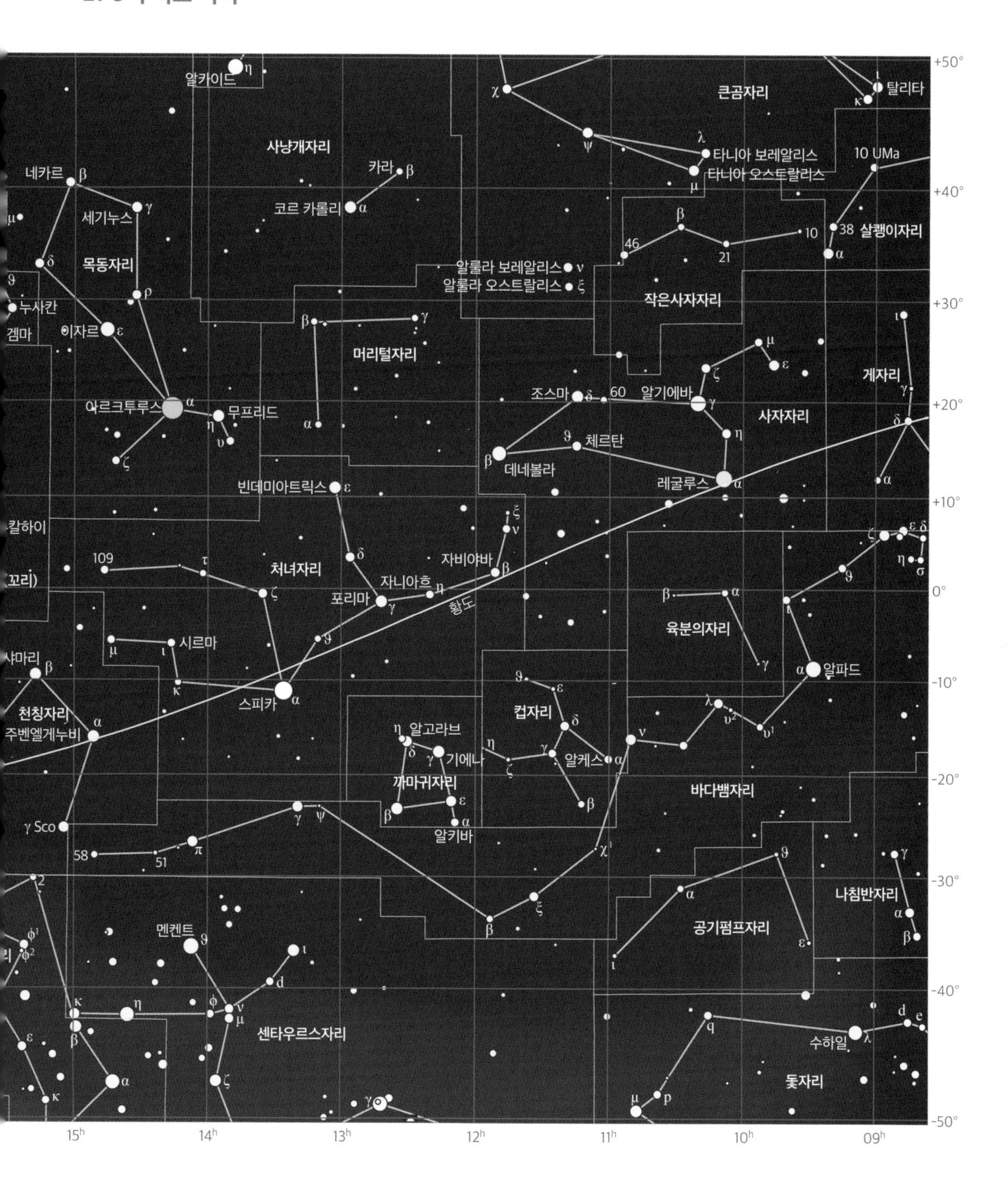

알카이드
큰곰자리
탈리타
사냥개자리
타니아 보레알리스
타니아 오스트랄리스
10 UMa
네카르
카라
세기누스
코르 카롤리
살쾡이자리
목동자리
알룰라 보레알리스
알룰라 오스트랄리스
작은사자자리
누사칸
이자르
머리털자리
게자리
조스마
알기에바
사자자리
아르크투루스
무프리드
체르탄
데네볼라
레굴루스
빈데미아트릭스
칼하이
처녀자리
자비야바
자니아흐
포리마
황도
육분의자리
시르마
알파드
스피카
천칭자리
주벤엘게누비
컵자리
알고라브
기에나
알케스
까마귀자리
바다뱀자리
알키바
γ Sco
나침반자리
공기펌프자리
멘켄트
센타우루스자리
수하일
돛자리
+50°
+40°
+30°
+20°
+10°
0°
-10°
-20°
-30°
-40°
-50°
15h
14h
13h
12h
11h
10h
09h

참고문헌

천문학 도서

Bohnet, I.: **Die 42 größten Rätsel der Physik**
Vom Quantenschaum bis zum Rand des Universums

Büker, M.: **Was den Mond am Himmel hält**
Der etwas andere Streifzug zu unserem kosmischen Begleiter

Celnik, W. E.: **Kosmos Mars-Guide**
Der Praxisratgeber zum roten Planeten

Cox, B., Forshaw, J.: **Warum ist E = mc2?**
Einsteins berühmte Formel verständlich erklärt

Cox, B., Forshaw, J.: **Was wiegt das Universum?**
Eine Wissensreise vom Alltag zum Urknall

Dambeck, T.: **Sternenwelten**
Glanzlichter der Galaxis

Emmerich, M., Melchert, S.: **Alles über Astronomie**
Das ganze Universum zum kleinen Preis

Hahn, H. M.: **Was tut sich am Himmel**
Das Pocket-Jahrbuch für Naturbeobachter

Hahn, H. M.: **Welches Sternbild ist das?**
Der kleine Sternführer für die Jackentasche

Herrmann, D.B.: **Atlas astronomischer Traumorte**
Entdeckungsreisen auf den Spuren der Sternkunde

Hermann, D.B.: **Die Harmonie des Universums**
Von der rätselhaften Schönheit der Naturgesetze

Hermann, D.B.: **Himmelskunde**
Planeten, Sterne, Galaxien

Herrmann, J.: **Welcher Stern ist das?**
Der Klassiker für erste Himmelstouren

Keller, H.-U.: **Kompendium der Astronomie**
Umfangreiches Lehrbuch und Nachschlagewerk

Keller, H.-U.: **Kosmos Himmelsjahr**
Das beliebte Astronomie-Jahrbuch mit allen Infos zum Lauf von Sonne, Mond und Sternen

Koch, B., Korth, S.: **Die Messier- Objekte**
Die 110 klassischen Ziele für Himmelsbeobachter

König, M., Binnewies, S.: **Bildatlas der Galaxien**
Die Astrophysik hinter den Astrofotografien

Lorenzen, D.H.: **Hubble**
Atemberaubende Bilder aus dem All

Mokler, F.: **Astronomie und Universum**
Was wir über das Weltall wissen

Pröschold, B.: **Reiseziel Sternenhimmel**
Die dunkelsten Beobachtungsplätze in Deutschland und Europa

Roth, H.: **Der Sternenhimmel**
Das Jahrbuch für Amateurastronomen mit ausführlichem Astrokalender für jeden Tag

Schilling, G., Tirion, W.: **Sternenbilder**
Atlas mit allen Sternbildern und den dort entdeckten Himmelsobjekten

Schittenhelm, K.: **Sterne finden ganz einfach**
Die 25 schönsten Sternbilder sicher erkennen

Vaas, R.: **Hawkings neues Universum**
Wie es zum Urknall kam

Vaas, R.: **Jenseits von Einsteins Universum**
Von der Relativitätstheorie zur Quantengravitation

Vaas, R.: **Tunnel durch Raum und Zeit**
Schwarze Löcher, Zeitreisen und Überlicht-geschwindigkeit

Vogel, M.: **Kosmos Sternführer für unterwegs**
Sternbilder und Planeten entdecken und beobachten

Wilde, A.: **Unsichtbar und überall**
Den Geheimnissen des Erdmagnetfelds auf der Spur

별자리 지도 및 성도

Hahn, H. M.; Weiland G.: **Drehbare Mini-Sternkarte**
Die handliche Sternkarte für unterwegs

Hahn, H. M.; Weiland G.: **Drehbare Kosmos-Sternkarte**
Der Klassiker für Hobbyastronomen

Hahn, H. M.; Weiland G.: **Drehbare Kosmos-Sternkarte XL**
Die große Sternkarte für bessere Lesbarkeit

Hahn, H. M.; Weiland G.: **Nachtleuchtende Sternkarte für Einsteiger**
Einfach Sterne finden – leuchtet im Dunkeln

Hahn, H. M.; Weiland G.: **Sternkarte für Einsteiger**
Die Sternbilder sicher erkennen

Karkoschka, E.: **Atlas für Himmelsbeobachter**
Die 250 schönsten Deep-Sky-Objekte

Karkoschka, E.: **Sterne finden am Südhimmel**
Vom Mittelmeer bis zur Südhalbkugel

잡지

Astronomie-das Magazin
www.astronomie-magazin.com
Nachrichten aus Wissenschaft, Technik und Szene

Astronomie und Raumfahrt im Unterricht
www.friedrich-verlag.de
Astronomie-Zeitschrift für Lehrer

Journal für Astronomie
www.sternfreunde.de
Das Mitgliedermagazin der VdS mit vielen Praxis-beiträgen

Orion
www.orionmedien.ch
Die Fachzeitschrift für jeden Astronomieinteressierten

Sterne und Weltraum
www.spektrum.de
Alles über Astronomie und Weltraumforschung

소프트웨어

AstroArt
www.msb-astroart.com
Bildverarbeitungssoftware mit Teleskopsteuerung

AutoStakkert!
www.autostakkert.com
Freeware zur Verarbeitung von Filmen

AviStack
www.avistack.de
Freeware zur Verarbeitung von Filmen

DeepSkyStacker
http://deepskystacker.free.fr/german/
Freeware zur Vorverarbeitung von Astroaufnahmen

FireCapture
www.firecapture.de
Freeware zur Aufnahme mit Astro-Videokameras

Fitswork
www.fitswork.de
Freeware zur Astro-Bildverarbeitung

Gimp
www.gimp24.de
Freeware zur Bildbearbeitung

Guide 9.0
www.astro-shop.de
Sternkartensoftware für Amateurastronomen

Redshift
www.redshiftsky.com
Preisgekröntes Planetariumsprogramm; erhältlich für Windows, MacOS und als App für iOs und Android

Regim
www.andreasroerig.de/regim/regim.xhtml
Freeware zur Astro-Bildverarbeitung

Stellarium
www.stellarium.org
Fotorealistische Darstellung des Sternenhimmels

The Sky
www.intercon-spacetec.de
Professionelle Sternkartensoftware

천문 웹사이트

facebook.com/kosmos.astronomie
twitter.com/kosmos_astro
instagram.com/kosmos.astronomie
Aktuelle Himmelsereignisse und mehr von KOSMOS

www.astronomie.de
Portal und Diskussionsforum

www.astrotreff.de
Der Treffpunkt für Hobbyastronomen

www.calsky.de
Berechnungen für Himmelsereignisse

www.heavens-above.com
Infos über Sichtbarkeit von Satelliten

www.kosmos-himmelsjahr.de
Die Homepage zum Jahrbuch mit Himmelsvorschau

www.sternfreunde.de
Homepage der Vereinigung der Sternfreunde

망원경 및 액세서리

astrolumina
Alfred-Wirth-Straße 12, 41812 Erkelenz
www.astrolumina.de

Astroshop Nimax GmbH
Otto-Lilienthal-Straße 9, 86899 Landsberg am Lech
www.astroshop.de

Baader Planetarium GmbH
Zur Sternwarte 4, 82291 Mammendorf
www.baader-planetarium.de

Fernrohrland
Max-Planck-Straße 28, 70736 Fellbach
www.fernrohrland-online.de

Intercon Spacetec
Gablinger Weg 9, 86154 Augsburg
www.intercon-spacetec.de

Teleskop-Service Ransburg GmbH
Von-Myra-Straße 8, 85599 Parsdorf
www.teleskop-express.de

천문 여행

Alpenhof Sattlegger
Emberger Alm 2, 9771 Berg/Drautal, Österreich
www.alpsat.at

Eclipse-Reisen.de
Weberstraße 8, 53113 Bonn
www.eclipse-reisen.de

Kultur & Reisen
Neuendettelsauer Straße 22, 90449 Nürnberg
www.wissenschafts-reisen.de

SaharaSky
45700 Zagora, Marokko
www.saharasky.net

천문 단체

Vereinigung der Sternfreunde e.V.
Postfach 1169, 64629 Heppenheim
www.sternfreunde.de

Österreichischer Astronomischer Verein
Baumgartenstraße 23/4, 1140 Wien, Österreich
www1.astroverein.at

Schweizerische Astronomische Gesellschaft
8200 Schaffhausen, Schweiz
www.sag-sas.ch

찾아보기

ㄱ

가니메데 116
가스꼬리 133
가스성운 164
가을의 별자리 38
각속도 88
감도(ISO 값) 181
강교점 44
개기일식 27, 103
겉보기 역행운동 53
겉보기운동 20
게자리 33
겨울의 별자리 35
경위대식 가대 74
관측일지 214
광환(코로나) 26
교점월 46
구경비 66
구상성단 168
굴절 망원경 68
궁수자리 34
권운 15
균시차 21, 23
극관 113
극축 망원경 77
근일점 20
금성 48, 107
금환일식 26, 103
기본 초점거리 192
기준원 83, 85

ㄴ

남중 16
남회귀선(동지선) 44
내합 48
노출시간 181
뉴턴식 망원경 70

ㄷ

다크 191
달 42, 88
달의 위상 42
대기 분산 211
대기 분산 보정기 211
대기광 25
대기섬광 64
대적점 115
돕소니언 망원경 74
디지털 사진 보정 194

ㄹ

레굴루스 36
리겔 35

ㅁ

망원경 62
먼지꼬리 133
명왕성 123
목성 51, 115
무리 현상 14
무한초점식 사진 촬영 193
물고기자리 34
물병자리 34
미자르 150

ㅂ

바다 91
바로우 렌즈 73, 192
바이어스 191
반사 망원경 69
반사성운 164
밝기 등급 32
방위각 18
배율 64
백도 44
백야 26
뱀주인자리 34, 37
베이어 매트릭스 199
베텔게우스 35
변광성 152
별똥별 55, 128
병합 212
보름달 44
봄의 별자리 36
북극성 30, 39
북두칠성 39
북회귀선(하지선) 44
분해능 63
블랙홀 149

비트 심도 198
빛의 굴절 13
빛의 산란 12

ㅅ

사로스 주기 47
사자자리 33, 36
사진 보정 211
사진용 삼각대 185
산개성단 161
상대 흑점 수 98
상변화 109
색 분해 212
색지움렌즈 69
샤이너 방법 76
선명도 63
성간 물질 163
세계 표준시(UT) 22
세차운동 45
세팅 76
소닉붐 16
소행성 125
수성 48, 106
슈미트 카세그레인식 망원경 71
스타 다이어고널 72
스타호핑 기법 84
스태킹 195, 209
스펙트럼 선 145
승교점 44
시리우스 32
시민박명 24
시차각 140
식변광성 152
쌍둥이자리 33
쌍성 149
쌍안경 62, 67

ㅇ

알골 152
알코르 150
암흑성운 157
야광운 15
양자리 34
여름의 별자리 37
연속 촬영 188
연주운동 20
염소자리 34
오리온자리 31
오토 센터링 204
오토가이더 187
온도 단위 97
외합 48
요일 이름 54
원일점 20
월식 47, 92
유로파 116
유성 55
유성우 56
유성체 128
유효 초점거리 192
은하 156, 172
이오 116
인공위성 56
일면통과 50
일식 26, 103

ㅈ

적경축 75
적도 좌표계 31
적도의식 가대 75, 185
적색거성 148
적위축 75
전갈자리 34
절대 등급 142
점근거성열 147
정오선 혹은 자오선 17
정중 16
주계열 147
주극 26
중선 17
중성자별 149
집광력 62

ㅊ

채층 101
처녀자리 33
천문 가대 74
천문단위(AU) 20
천문용 비디오카메라 197
천왕성 55, 122
천정 17
천정점 24
천체투영관 27
천칭자리 34
최대 이각 109
충 52
칭동 88

ㅋ

카시니 간극 120
카이퍼 벨트 126
칼리스토 116
코마 133
큰곰자리 39

ㅌ

타이탄 121

태양 94
태양일 21
텔라드 83
토성 51, 119
투영법 94
특수 카메라 179

ㅍ

파장 13
페가수스 38
표준시간대 22
프레임률 198
플랫 191
플랫필드 보정 191
플레어 100
플루오라이트 플랫필드 컨버터(FFC) 198
필터 슬라이드 200
필터 휠 200
필터법 95

ㅎ

항성일 21
항해박명 25
해왕성 55, 123
햇무리 14
행성상성운 167
허블순차 174
허셜 프리즘 96
헐레이션 14
헤라클레스자리 37
헤르츠스프룽-러셀 도표 147
헤시오도스 효과 93
혜성 59, 131
홍염 101
화성 51, 110
황금빛 손잡이 92
황도 13궁 32
황소자리 34
회절환 64
회합주기 50
흑점 96
흡수선 145

기타

ADC 211
Hα선 100
NEOs 126
TNOs 126
UFO 54

이미지 출처

Archenhold-Sternwarte: p. 130(아래); **Wolfgang Bischof**: p. 206(위); **Werner E. Celnik**: p. 6, 7, 11, 12(위), 25, 27, 34, 44, 45, 46(아래), 47, 50, 54, 56(아래), 58, 59, 63(왼쪽), 84(왼쪽), 88(오른쪽), 89(위), 89(오른쪽 아래), 90(오른쪽 위), 90(아래), 91(왼쪽 위), 93(왼쪽 위), 93(오른쪽), 95, 96(모두), 97, 98(아래), 108, 127, 132(위), 136, 143, 145, 160, 167, 169, 175, 179, 191, 194, 196, 198, 199, 201, 204, 213, 102-103, 105(모두), 109(오른쪽), 113(아래), 117(가운데), 115(위), 118(모두), 119(아래), 120(오른쪽), 128(오른쪽 아래), 128-129, 132(왼쪽), 135(모두), 138-139, 148-149, 149(오른쪽 위), 150(모두), 154, 164-165, 165(오른쪽 위), 176-177, 182(아래), 183(모두), 186(왼쪽), 187(모두), 189(오른쪽), 203(왼쪽 아래), 207(아래), 210(오른쪽); **Mark Emmerich/Sven Melchert**: p. 134(오른쪽); **Bernd Flach-Wilken**: p. 89(왼쪽 아래), 120(왼쪽), 165(왼쪽 아래); **Uwe Glahn**: p. 65(위); **Torsten Hansen/Stefan Binnewies**: p. 112; **Andreas Kammerer**: p. 134(아래); **Manfred Kiau**: p. 49(아래); **Bernd Koch**: p. 166, 165(오른쪽 아래), 172(아래), 173(위); **Kosmos Verlag**: p. 180; **Ralf Kreuels**: p. 14(아래), 40(위), 109(왼쪽), 124(오른쪽 위), 211, 212; **Michael Kunze**: p. 172(위); **Wolfgang Lille**: p. 98(위); **ESA**: p. 130(아래); **Eumetsat**: p. 16; **Sven Melchert**: p. 56(위), 57, 62, 67(왼쪽), 90(왼쪽 위), 93(왼쪽 아래), 182(위), 200, 203(오른쪽), 203(위), 205, 206(아래), 210(왼쪽); **NASA/ESA/STScI**: p. 111, 115(왼쪽); **NASA/JPL**: p. 106, 107(모두), 110, 115(오른쪽), 116(위), 119(위), 122, 123, 124(왼쪽), 126; **Uwe Pilz**: p. 91(오른쪽 위); **Stefan Seip**: p. 8-9, 12(아래), 13(위), 14, 15(위), 23(오른쪽 아래), 26, 28-29, 60-61, 65(아래), 73(오른쪽), 101(왼쪽 아래, 오른쪽 아래), 130(위), 149(오른쪽 아래), 161(모두), 171(위), 178, 186(오른쪽), 190(왼쪽), 193(모두); **Stefan Seip/Kosmos**: p. 68(모두), 73(왼쪽), 75(위), 76, 77(위), 78-81(모두), 82(모두), 83(모두), 84(오른쪽), 192, 197, 189(왼쪽), 190(오른쪽); **Gunther Schulz**: p. 17(아래), 18, 19, 20, 30, 33(아래), 43, 48, 49(위), 67(오른쪽), 69, 71(모두), 74, 75(아래), 77(아래), 81(오른쪽 아래), 85, 88(왼쪽), 94, 132(가운데), 152, 153, 157, 215; **Stefan Schurig/KOSMOS**: p. 173(아래); **Rainer Sparenberg**: p. 41, 158-159; **Mario Weigand**: p. 86-87, 113(위), 124(오른쪽 가운데), 124(오른쪽 아래), 188, 207(위); **Gerhard Weiland**: p. 10, 17(위), 21, 22, 23(왼쪽 위), 32-33, 35, 36, 37, 38, 39, 40(아래), 45, 51(위), 51(아래), 53, 63(오른쪽), 99, 100, 102(왼쪽 아래), 102(오른쪽 아래), 114, 117(아래), 128(왼쪽 아래), 141, 146, 155(모두), 171(아래), 216-221(모두).

사계절 천체 관측

초판 인쇄 2023년 05월 25일
초판 발행 2023년 05월 30일

지은이 베르너 E. 셀닉, 헤르만-미카엘 한
옮긴이 김지현
감수 김순욱
펴낸이 조승식
펴낸곳 ㈜도서출판 북스힐
등록 1998년 7월 28일 제 22-457호
주소 서울시 강북구 한천로 153길 17
블로그 blog.naver.com/booksgogo
이메일 bookshill@bookshill.com
전화 02-994-0071
팩스 02-994-0073

ISBN 979-11-5971-498-6
정가 19,000원